一般化線形モデル入門

原著 第2版

Annette J. Dobson 著

田中 豊・森川敏彦・山中竹春・冨田 誠 訳

共立出版

An Introduction to Generalized Linear Models *by Annette J. Dobson*– 2nd edition
Copyright © 2002 by Chapman & Hall/CRC.

Authorized translation from English language edition published by Chapman & Hall/CRC Press, part of Taylor & Francis Group LLC. All Rights Reserved.

日本語版になる本書は，共立出版（株）が翻訳出版したものです．

序　文

　データ解析のための統計ツールは，近年，急速な進歩を遂げ，1990年に出版した本書初版はいささか古くなってきた感がある．初版を出版した当初の目的は，学部学生や他の分野の研究者にも理解してもらえるような平易な記述で，統計的モデル構築に対する統一的な理論的・概念的枠組を提供することであった．この第2版でも当初の目的を継承し，取り扱う統計手法に，名義ロジスティック回帰や順序ロジスティック回帰，生存時間解析，経時データやクラスターデータの解析など最新の統計手法を含む形に増補・拡充した．これらの統計手法は厳密には一般化線形モデルの定義に当てはまらないが，基礎となっている原理や方法はきわめて類似しており，それらを含めても統一的に説明するという目的を損なうことはない．

　第2版は，初版に比べてより大きく数値計算に依存している．計算のある部分はスプレッドシート型のプログラムで行うことができるが，統計ソフトウェアを利用しなければならない部分も多い．また，グラフィカルな方法にも重点をおいた．たとえば，探索的データ解析におけるグラフィカルな表現，（尤度関数などの）数値的最適化の可視化，モデルチェックのための残差プロットなどである．

　本書で利用したデータは以下に示す出版社のウェブサイトから入手可能である．

　　　www.crcpress.com/e_products/downloads/default.asp

　最後に，オーストラリアのQueensland大学およびNewcastel大学の同僚と

学生の皆さんから本書の内容について有益な示唆とコメントを頂いたことに対して感謝の意を表したい．

Annette J.Dobson

訳者序文

本書は Annette J. Dobson: *An Introduction to Generalized Linear Models, Second Edition*, Chapman & Hall (2002). の全訳である．15 年前に本書初版を翻訳し，『統計モデル入門 —回帰モデルから一般化線形モデルまで—』として出版した．当時は"一般化線形モデル"という概念が一般には馴染みの薄いものであったが，その後の統計学の進歩と普及はめざましく，"一般化線形モデル"という用語は広く浸透してきた．そこで，この第 2 版は原著の表題を直訳し，『一般化線形モデル入門 原著第 2 版』とした．

本書の特徴は，初版と同様，"一般化線形モデル"の当てはめという視点で，各種の統計手法に関する推定・検定を統一的に解説している点にあり，初版に比べると，近年，研究の進んだ最新の統計手法までを含む形に大幅に増補・拡充がなされている．すなわち，この第 2 版では t 検定，回帰分析，分散分析から，ロジスティック回帰（名義および順序尺度の多値反応を含む），ポアソン回帰ならびに対数線形モデル，パラメトリックな生存時間解析，経時データや集落（またはクラスター）サンプリング・データの解析までを取り上げ，一般化線形モデルを想定して，最尤法を用いて帰無仮説に対応する単純なモデルと対立仮説に対応するより複雑なモデルを当てはめ，尤度比検定によりモデル選択（仮説検定）を行うという形で統一的に解説している．

2006 年度から 2007 年度にかけて，田中が南山大学大学院数理情報学研究科の統計学を専攻する院生のゼミのテキストとして使用して輪講を行ったが，参加した院生には好評で，それまで別々の方法として理解していた各種の統計手法が，"一般化線形モデルの当てはめ"により同じ原理で説明できることを学び，統計理論に関する理解を深めてもらうことができた．同様に，森川が久留米大

学大学院医学研究科バイオ統計学群での院生を対象にした「バイオ統計モデリング II」の講義において本書を基に作成した講義ノートを用いたが，学生の反応はきわめて良いものであった．記述は簡にして要を得ており，詳しい条件の吟味は参考文献にまかせ，理論の流れをわかりやすく解説している．統計的方法をある程度マスターした学部上級生・大学院生・研究者・技術者のための中級～上級のテキスト・参考書として最適であると考える．

著者序文にあるように使用されているデータは原著出版社 Chapman & Hall のウェブサイトから入手可能である．一般化線形モデルのプログラムは，SAS や S-Plus などの商用ソフトのみならず，フリーソフト R のパッケージでも容易に実行可能であり，例題のデータを分析しながら読み進むと，一層理解が深まるであろう．なお，第 8 章において順序回帰に関するいくつかのモデルが提示されているが，たとえば SAS の一般化線形モデル用プロシジャである GENMOD や LOGISTIC では，累積ロジットモデルは，より限定的な比例オッズモデルとして解析され，隣接ロジットモデルもモジュール化されていない．ソフトによっては本書で紹介されたすべてはサポートされていない可能性があることを注意しておきたい．

最後に，著者も第 1 章で断り書きを入れているように，原著には表記法上の確率変数と観測値の区別，あるいは推定量と推定値の区別が不明瞭になっている箇所が散見される．今回の翻訳にあたり，統一的にどう表記するべきか悩んだが，無理に原著の表記を直すと正確な記述にはなる一方で，前後の接続に問題が生じる場合も多い。したがって，明らかに修正を要すると思われる箇所を除き，原則として原著の表記を残すことにした．若干の曖昧さは残るが，前後関係から意味を取り違えることはないものと考えている．

2008 年 8 月

訳　者

目　次

序　文 i

訳者序文 iii

第1章　序　論 1
   1.1　背　景 1
   1.2　範　囲 2
   1.3　表記法 6
   1.4　正規分布および正規分布から導かれる分布 8
   1.5　二次形式 11
   1.6　推　定 13
   1.7　演習問題 18

第2章　モデルの当てはめ 21
   2.1　はじめに 21
   2.2　例 21
   2.3　統計モデル構築のいくつかの原理 35
   2.4　説明変数についての表記法とコーディング 41
   2.5　演習問題 45

第3章　指数型分布族と一般化線形モデル 51
   3.1　はじめに 51
   3.2　指数型分布族 52

3.3	指数型分布族の性質	55
3.4	一般化線形モデル	58
3.5	例　題	60
3.6	演習問題	63

第4章　推　定　67

4.1	はじめに	67
4.2	例：圧力釜の故障時間	67
4.3	最尤推定	73
4.4	ポアソン反応変数に対する回帰分析の例	76
4.5	演習問題	79

第5章　推　測　81

5.1	はじめに	81
5.2	スコア統計量の標本分布	83
5.3	テイラー級数近似	86
5.4	最尤推定量の標本分布	87
5.5	対数尤度比統計量	89
5.6	逸脱度の標本分布	91
5.7	仮説検定	97
5.8	演習問題	100

第6章　正規線形モデル　103

6.1	はじめに	103
6.2	基本的な結果	104
6.3	重回帰	110
6.4	分散分析	116
6.5	共分散分析	130
6.6	一般線形モデル	133
6.7	演習問題	134

第 7 章　2 値変数とロジスティック回帰　　139

- 7.1　確率分布 139
- 7.2　一般化線形モデル 140
- 7.3　用量反応モデル 141
- 7.4　一般ロジスティック回帰モデル 146
- 7.5　適合度統計量 151
- 7.6　残差統計量 153
- 7.7　その他の診断法 155
- 7.8　例：老化と WAIS 156
- 7.9　演習問題 159

第 8 章　名義および順序ロジスティック回帰　　163

- 8.1　はじめに 163
- 8.2　多項分布 164
- 8.3　名義ロジスティック回帰 165
- 8.4　順序ロジスティック回帰 173
- 8.5　一般的なコメント 178
- 8.6　演習問題 179

第 9 章　計数データ，ポアソン回帰および対数線形モデル　　181

- 9.1　はじめに 181
- 9.2　ポアソン回帰 182
- 9.3　分割表の例 189
- 9.4　分割表に対する確率モデル 193
- 9.5　対数線形モデル 195
- 9.6　対数線形モデルにおける統計的推測 197
- 9.7　数値例 197
- 9.8　注　釈 201
- 9.9　演習問題 201

第 10 章　生存時間解析　　　　　　　　　　　　　　　**205**

10.1　はじめに 205
10.2　生存関数とハザード関数 207
10.3　経験生存関数 213
10.4　推　定 216
10.5　推　測 218
10.6　モデルのチェック 219
10.7　例：寛解持続期間 221
10.8　演習問題 223

第 11 章　クラスターデータおよび経時データ　　　　　　　**227**

11.1　はじめに 227
11.2　例：脳卒中発作からの回復過程 230
11.3　正規データに対する繰返し測定モデル 236
11.4　非正規データに対する繰返し測定モデル 240
11.5　多段階モデル 242
11.6　例：脳卒中発作からの回復過程（続き） 246
11.7　コメント 248
11.8　演習問題 249

ソフトウェア　　　　　　　　　　　　　　　　　　　　　　**253**

参考文献　　　　　　　　　　　　　　　　　　　　　　　　**254**

索　引　　　　　　　　　　　　　　　　　　　　　　　　　**259**

第1章
序　　論

1.1　背　景

　本書は一般化線形モデルについて解説し，広く使われているいろいろな統計的方法の統一的な取扱いを示すことをねらいとしている．また統計モデル構築の考え方をいろいろな例を用いて説明する．読者には，統計学の原理と方法になじみがあること，とりわけ，推定，標本分布，仮説検定の概念，t検定や分散分析，単回帰，分割表の独立性のカイ2乗検定などを利用した経験，さらには行列代数と微積分について，若干の知識を仮定する．

　この種の分析をするためにはコンピュータの利用が不可欠である．本書で取り上げる分析を行うことができる統計のプログラム，言語，パッケージソフトは多いが，おのおのの分析を異なるプログラムを用いて行い，そのため統一的構造が見えなくなっていることが多い．

　本書のアプローチに適合する手続きを備えたプログラムや言語としては，**Stata**，**S-PLUS**，**Glim**，**Genstat**，**SYSTAT** などがある．他のプログラムにも適切なモジュールが絶えず追加されているので，このリストは包括的なリストではない．

　加えて，本書を通じて学ぶ際に，行列代数や微積分，反復計算を行う数学ソフトを使いこなせると，便利であろう．

1.2 範 囲

本書で取り上げる統計的手法は，すべて人やものの集まりに対してなされた，いくつかの測定値の間の関係の分析に関するものである．例をあげると，測定値としては少年少女の身長または体重と年齢でもよいし，種々の生育条件下での作物の収量であってもよい．そのうち，**説明変数** (explanatory variable)，**予測変数** (predictor variable)，**独立変数** (independent variable) ―ただし，この最後の用語はときどき誤解を招く―などと呼ばれる変数の値に応じて変動する測定値のことを，**反応変数** (response variable)，**結果変数** (outcome variable)，**従属変数** (dependent variable) などと呼び，確率変数として扱う．説明変数の方は，通常，例えば，実験計画によって固定された値のように，ランダムでない測定値または観測値として扱う．

反応変数および説明変数は次のような尺度の中のいずれかを用いて測定される．

1. **名義分類** (nominal classifiation) または**名義尺度** (nominal scale): 例えば，赤，緑，青; はい，いいえ，不明．特に **2 値変数** (binary, dichotomous or binomial variable) の場合には，例えば，男・女; 死亡・生存; 非鋸歯状葉・鋸歯状葉のように 2 つのカテゴリーからなる．3 つ以上のカテゴリーがあるとき，**多項** (polychotomous, polytomous or multinomial) 変数と呼ぶ．

2. カテゴリー間に何らかの自然の順序のある**順序分類** (ordinal classifiation) または**順序尺度** (ordinal scale): 例えば，若年，中年，老年; 拡張期血圧の $\leq 70, 71\text{-}90, 91\text{-}110, 111\text{-}130, \geq 131$ mmHg のような分類．

3. 少なくとも理論的に，ある連続体の上のどこにでも落ちる可能性のある**連続的な** (continuous) 測定値: 例えば，重さ，長さ，時間．(この尺度は**間隔尺度** (interval scale) と**比尺度** (ratio scale) ―後者は意味のある原点が定義できる―の両方を含む) 連続的な測定値に特有の例として，電子部品の故障といった特別な事象が発生するまでの時間がある．測定開始時点から故障までの時間を**故障時間** (failure time) という．

名義尺度や，順序尺度は，**カテゴリー変数** (categorical variable) あるいは**離散変数** (discrete variable) とも呼ばれ，通常，おのおののカテゴリーに対す

る観測値の数,すなわち**計数** (count) または**度数** (frequency) が記録される.連続データについては個々の測定値が記録される.連続的な尺度で測定される変数に対して**量的** (quantitative),名義的測定値に対して(ときには順序的な測定値に対しても)**質的** (qualitative) という用語がしばしば用いられる.質的な説明変数を**因子** (factor),そのカテゴリーを因子の**水準** (level) と呼び,量的な説明変数を**共変量** (covariate) と呼ぶ.

統計解析の方法は,反応変数と説明変数の測定の尺度に依存する.

本書では,主に,説明変数はいくつかあるが,反応変数が1つであるような統計的方法を取り上げる.別の個体からの反応変数は統計的に独立な確率変数であると仮定する.ただし相関のあるデータを扱った最終章では,この条件を緩める.表1.1に,反応変数と説明変数の尺度のいろいろな組合せに対応する統計解析の主要な方法の名前と,それについて述べている章を示す.

表 1.1 反応変数と説明変数の尺度に対応する主要な統計的手法と本書で扱う章

反応変数(章)	説明変数	手法
連続(6章)	2値	t検定
	名義,3つ以上のカテゴリー	分散分析
	順序	分散分析
	連続	重回帰
	名義と少数個の連続	共分散分析
	カテゴリーと連続	重回帰
2値(7章)	カテゴリー	分割表,ロジスティック回帰
	連続	ロジスティック,プロビットなどの用量反応モデル
	カテゴリーと連続	ロジスティック回帰
3カテゴリー以上の名義(8, 9章)	名義	分割表
	カテゴリーと連続	名義ロジスティック回帰
順序(8章)	カテゴリーと連続	順序ロジスティック回帰
計数または度数(9章)	カテゴリー	対数線形モデル
	カテゴリーと連続	ポアソン回帰
故障時間(10章)	カテゴリーと連続	生存時間解析(パラメトリック)
相関のある反応(11章)	カテゴリーと連続	一般化推定方程式,多段階モデル

第1章では，本書で使われるいくつかの統計理論を要約する．第2-5章では，その後の章に共通する理論的枠組みについて説明し，後の章では特定の種類のデータを分析する方法に焦点を合わせている．

　第2章では，統計モデル構築の考え方を示す．モデル構築のプロセスは次の4つのステップからなる．

1. モデルの2つの部分を特定する：反応変数と説明変数を連結する関係式および反応変数の確率分布．
2. モデルの中で用いられているパラメータを推定する．
3. モデルがデータにどのくらいよく適合しているかチェックする．
4. 信頼区間，パラメータに関する仮説検定などの推測を行う．

　第3-5章では，理論的な背景について述べる．第3章は，正規分布，ポアソン分布，2項分布などを含む**指数型分布族** (exponential family of distribution) について説明し，さらに，線形回帰やその他多くのモデルを特殊な場合として含む**一般化線形モデル** (generalized linear models)（Nelder and Wedderburn (1972) によって定義された）について述べる．第4章では，一般化線形モデルにおける推定とモデルの当てはめの方法について述べる．

　第5章では，一般化線形モデルにおける統計的推測の方法を概観する．これらの多くは与えられたデータを，モデルがどの程度よく記述するかにもとづく．例えば，**仮説検定** (hypothesis testing) は，まず対立する2つのモデル（1つは帰無仮説に対応し，他方はより一般的な仮説に対応する）を明確にすることから始まる．次におのおののモデルの「適合度」を測る検定統計量を計算し，これらを比較する．典型的には，帰無仮説に対応するモデルの方がより単純である．したがって，もし2つのモデルが同程度に適合しているなら，通常，節約の原則にもとづき帰無仮説に対応するモデルの方を選択する（すなわち，帰無仮説を採択する）．

　第6章は，**線形重回帰** (multiple linear regression) と**分散分析** (analysis of variance; ANOVA) について説明する．線形重回帰は，1つの連続的な反応変数といくつかの連続的な説明変数（あるいは予測変数）の関係を調べるための標準的な方法である．分散分析 (ANOVA) は連続的な反応変数とカテゴリカルまたは質的な説明変数（因子）の場合に用いられ，**共分散分析** (analysis of covariance; ANCOVA) は説明変数のうち少なくとも1つが連続的であるときに使用される．最近ではそれらすべての場合に対して同じ計算ツールが使われることが多い．**重回帰** (multiple regression) あるいは**一般線形モデル** (general linear model) という用語は，1つの連続的な反応変数と複数個の説明変数の関係を分析する種々の方法を包括して用いられる．

第7章は，2値反応データを分析する方法を扱う．もっともよく知られた方法はロジスティック回帰であるが，それは反応変数と，質的または連続的ないくつかの説明変数の間の関係をモデル化するときに利用される．反応変数と用量 (dose) を表す1つの連続的な変数との関係を分析するいくつかの方法についても考える．その中には，生物検定法 (bioassay) における用量-反応データを分析するために開発された**プロビット分析**も含まれる．ロジスティック回帰は，近年，反応変数を3つ以上の名義カテゴリーや順序カテゴリーが扱える形に一般化されている．名義尺度の場合，**名義（または多項）ロジスティック回帰** (nomial or multinomial logistic regression)，順序尺度の場合，**順序ロジスティック回帰** (ordinal logistic regression) と呼ばれる．これらの方法については第8章で議論する．

第9章は，**計数データ** (count data) の分析について述べる．計数データとは，**分割表** (contingency table) の形に表される度数であることもあるし，交通事故のような事象の生起度数かもしれない．例えば，交通事故の数の場合なら，登録車両の数や運転者の走行距離といったいくつかの説明変数との関係について解析する必要がある．モデルの構築は，計数データの分布がポアソン分布によって，少なくとも近似的に，表されうるという仮定にもとづく．こうした方法には，**ポアソン回帰** (Poisson regression) と**対数線形モデル** (log-linear model) がある．

生存時間解析 (survival analysis) とは故障時間の分析方法に用いられる一般的な用語である．第10章で述べるパラメトリックな方法は，故障時間に仮定される確率分布が指数型分布族に属さない場合もあるが，一般化線形モデルの枠組に当てはめることができる．

一般化線形モデルは，反応変数が独立な確率変数でなく互いに相関するような条件にまで拡張されている．例えば，反応変数が同一の対象からの**繰返し測**

定値 (repeated measurements) であったり，**集落（またはクラスター）サンプリング** (clustered sampling) から得られた互いに関連する個体集団からの測定値であったりする場合である．そのようなデータを分析するため，**一般化推定方程式** (generalized estimating equations; GEE's) を用いる方法が，一般化線形モデルの場合と類似した技法を使って開発された．この方法については第11章で，相関するデータを扱う別のアプローチである**多段階モデル** (multilevel modelling) とあわせて説明する．

　一般化線形モデルの他の例は McCullagh and Nelder(1989), Aitkin et al.(1989), Healy(1988) などの本で論じられている．また特定の種類の一般化線形モデルについては Hosmer and Lemeshow (2000)，Agresti(1990, 1996)，Collett(1991, 1994)，Diggle, Liang and Zeger(1994)，Goldstein(1995) など，多くの本がある．

1.3　表記法

　一般に確率変数をイタリック体のアルファベットの大文字，観測値を対応する小文字で表す．例えば，観測値 $y_1, y_2, \ldots, y_N$ は確率変数 $Y_1, Y_2, \ldots, Y_N$ の実現値とみなされる．ギリシャ文字はパラメータ（母数），対応するローマ字のイタリック体は推定量または推定値を表す．場合により記号^を推定量または推定値を表すために用いる．例をあげると，パラメータ β に対する推定量または推定値は $\hat{\beta}$ または b により表す．しかし，文脈から意味が明らかであったり，他の表し方の強い伝統（ランダムな誤差項を e とか ε で表すような）があるときに無理に合わせることは避け，上の原則に厳密には従わない．

　ベクトルと行列は，ランダムであるかどうかにかかわらず，それぞれ太字のアルファベットの小文字と大文字で表す．例えば，**y** は観測値のベクトル

$$\begin{bmatrix} y_1 \\ \vdots \\ y_n \end{bmatrix}$$

または確率変数のベクトル

$$\begin{bmatrix} Y_1 \\ \vdots \\ Y_n \end{bmatrix}$$

を表し，$\boldsymbol{\beta}$ はパラメータのベクトル，$\mathbf{X}$ は行列を表す．上つき添字 ^{T} は行列の転置を表し，たとえば，列ベクトルを行の形で表すとき $\boldsymbol{y} = [Y_1, \ldots, Y_N]^T$ とする．

連続的な確率変数 Y の確率密度関数（または Y が離散的なときの確率関数）を

$$f(y; \boldsymbol{\theta})$$

と表す．ここに $\boldsymbol{\theta}$ は分布のパラメータである．

和を表すためにドット ($\cdot$)，平均を表すためにバー ($^-$) を用い

$$\bar{y} = \frac{1}{N} \sum_{i=1}^{N} y_i = \frac{1}{N} y.$$

のように使用する．

確率変数 Y の期待値と分散はそれぞれ，$E(Y)$，$\mathrm{var}(Y)$ と表す．例えば，確率変数 $Y_1, \ldots, Y_n$ が独立で，$E(Y_i) = \mu_i$, $\mathrm{var}(Y_i) = \sigma_i^2$ $(i = 1, \ldots, n)$，確率変数 W が $Y_1, \ldots, Y_n$ の**線形結合** (linear combination) で以下のように表せるとする．

$$W = a_1 Y_1 + a_2 Y_2 + \ldots + a_n Y_n \tag{1.1}$$

ただし，$a_1, \ldots, a_i$ は定数である．このとき W の期待値は

$$E(W) = a_1 \mu_1 + a_2 \mu_2 + \ldots + a_n \mu_n \tag{1.2}$$

と表され，その分散は

$$\mathrm{var}(W) = a_1^2 \sigma_1^2 + a_2^2 \sigma_2^2 + \ldots + a_n^2 \sigma_n^2 \tag{1.3}$$

と表される．

1.4 正規分布および正規分布から導かれる分布

本書で使われる多くの推定量や検定統計量の標本分布は正規分布と関係がある．それらは正規分布に従う確率変数から導かれるという形で直接的に関係するか，あるいは，大標本に対する中心極限定理を通して漸近的に関係するか，のいずれかで正規分布と関係している．本節では，それらの分布に対して定義と表記法を与え，それらの間の関係を要約する．後の章では本節の結果がしばしば利用されるが，その準備としてそれらの結果を利用するための演習問題を章末に用意した．

1.4.1 正規分布

1. 確率変数 Y が平均 μ，分散 σ^2 の正規分布に従うとき，その確率密度関数は

$$f(y;\mu,\sigma^2) = \frac{1}{\sqrt{2\pi\sigma^2}}\exp\left[-\frac{1}{2}\left(\frac{y-\mu}{\sigma}\right)^2\right]$$

であり，$Y \sim N(\mu,\sigma^2)$ と表す．

2. 平均 0，分散 1 の正規分布を**標準正規分布** (standard Normal distribution) と呼び，Y が標準正規分布に従うとき，$Y \sim N(0,1)$ と表す．

3. $Y_1,\ldots,Y_n$ を $Y_i \sim N(\mu_i,\sigma_i^2), i=1,\ldots,n$ であるような確率変数，Y_i と Y_j の共分散を

$$\mathrm{cov}(Y_i,Y_j) = \rho_{ij}\sigma_i\sigma_j$$

と表す．ここに ρ_{ij} は Y_i と Y_j の相関係数を表す．このとき，$Y_1,\ldots,Y_n$ の同時分布は平均ベクトルとして $\boldsymbol{\mu} = [\mu_1,\ldots,\mu_n]^T$，分散共分散行列として対角要素が σ_i^2，非対角要素が $\rho_{ij}\sigma_i\sigma_j$ $(i \neq j)$ であるような行列 $\boldsymbol{V}$ を持つ**多変量正規分布** (multivariate Normal distribution) である．このことを $\mathbf{y} \sim \boldsymbol{N}(\boldsymbol{\mu},\boldsymbol{V})$ と書く．ここに $\mathbf{y} = [Y_1,\ldots,Y_n]^T$ である．

4. 確率変数 $Y_1,\ldots,Y_n$ は独立に正規分布に従い，$Y_i \sim N(\mu_i,\sigma_i^2), i=1,\ldots,n$ であり，

$$W = a_1Y_1 + a_2Y_2 + \ldots + a_nY_n$$

とする．ただし，$a_1, \ldots, a_i$ は定数である．このとき，W も正規分布に従い，式 (1.2) と (1.3) より

$$W = \sum_{i=1}^{n} a_i Y_i \sim N\left(\sum_{i=1}^{n} a_i \mu_i, \sum_{i=1}^{n} a_i^2 \sigma_i^2\right)$$

である．

1.4.2 カイ 2 乗分布

1. 自由度 n の**中心カイ 2 乗分布** (central chi-squared distribution) は，標準正規分布に従う n 個の独立な確率変数 $Z_1, \ldots, Z_n$ の 2 乗和の分布として定義される．このことを

$$X^2 = \sum_{i=1}^{n} Z_i^2 \sim \chi^2(n)$$

のように表す．行列を用いた表記法では，$\mathbf{z} = [Z_1, \ldots, Z_n]^T$ ならば $\mathbf{z}^T \mathbf{z} = \sum_{i=1}^{n} Z_i^2$ なので，$X^2 = \mathbf{z}^T \mathbf{z} \sim \chi^2(n)$ と表す．

2. X^2 が自由度 n のカイ 2 乗分布 $\chi^2(n)$ に従うとき，期待値は $E(X^2) = n$，分散は $\mathrm{var}(X^2) = 2n$ である．

3. $Y_1, \ldots, Y_n$ が独立に正規分布に従う確率変数で，$Y_i \sim N(\mu_i, \sigma_i^2)$ であるとき

$$X^2 = \sum_{i=1}^{n} \left(\frac{Y_i - \mu_i}{\sigma_i}\right)^2 \sim \chi^2(n) \tag{1.4}$$

である．その理由は変数 $Z_i = (Y_i - \mu_i)/\sigma_i$ が標準正規分布 $N(0, 1)$ に従うからである．

4. $Z_1, \ldots, Z_n$ が分布 $N(0, 1)$ に従う互いに独立な確率変数で $Y_i = Z_i + \mu_i$ とする．ただし，$\mu_1, \ldots, \mu_n$ は少なくとも 1 つがゼロでない．このとき

$$\sum Y_i^2 = \sum (Z_i + \mu_i)^2 = \sum Z_i^2 + 2 \sum Z_i \mu_i + \sum \mu_i^2$$

の分布は $\chi^2(n)$ と比べて，平均も分散も大きく，それぞれ $n + \lambda$, $2n + 4\lambda$ である．ただし，$\lambda = \sum \mu_i^2$ とする．この分布を自由度 n，**非心パラメータ** (non-centrality parameter) λ の**非心カイ 2 乗分布** (non-central chi-squared distribution) と呼び，$\chi^2(n, \lambda)$ と表す．

5. $Y_1,\ldots,Y_n$ が必ずしも互いに独立でなく，ベクトル $\mathbf{y} = [Y_1,\ldots,Y_n]^T$ が多変量正規分布に従う，すなわち $\mathbf{y} \sim \boldsymbol{N}(\boldsymbol{\mu},\mathbf{V})$，とする．ただし，分散共分散行列 $\mathbf{V}$ は正則で，逆行列 $\mathbf{V}^{-1}$ を持つ．このとき

$$X^2 = (\mathbf{y}-\boldsymbol{\mu})^T\mathbf{V}^{-1}(\mathbf{y}-\boldsymbol{\mu}) \sim \chi^2(n) \tag{1.5}$$

である．

6. 一般に，$\mathbf{y} \sim \boldsymbol{N}(\boldsymbol{\mu},\mathbf{V})$ であるとき，確率変数 $\mathbf{y}^T\mathbf{V}^{-1}\mathbf{y}$ は非心カイ2乗分布 $\chi^2(n,\lambda)$ に従う．ただし，$\lambda = \boldsymbol{\mu}^T\mathbf{V}^{-1}\boldsymbol{\mu}$ である．

7. $X_1^2,\ldots,X_m^2$ が中心または非心カイ2乗分布に従う互いに独立な確率変数で $X_i^2 \sim \chi^2(n_i,\lambda_i)$ であるとき，それらの和は自由度 $\sum n_i$, 非心パラメータ $\sum \lambda_i$ のカイ2乗分布に従う．すなわち

$$\sum_{i=1}^m X_i^2 \sim \chi^2\left(\sum_{i=1}^m n_i, \sum_{i=1}^m \lambda_i\right)$$

である．この性質はカイ2乗分布の**再生性** (reproductive property) と呼ばれる．

8. $\mathbf{y} \sim \boldsymbol{N}(\boldsymbol{\mu},\mathbf{V})$，$\mathbf{y}$ は n 個の要素を持ち，$\mathbf{V}$ は階数 (rank)$k < n$ で特異，したがって，逆行列が一意には定まらないものとする．このとき $\mathbf{V}$ の一般逆行列を $\mathbf{V}^-$ と表すと，確率変数 $\mathbf{y}^T\mathbf{V}^-\mathbf{y}$ は自由度 k, 非心パラメータ $\lambda = \boldsymbol{\mu}^T\mathbf{V}^-\boldsymbol{\mu}$ の非心カイ2乗分布に従う．カイ2乗分布の性質の詳細については Rao (1973) の第3章を参照されたい．

1.4.3 t 分布

自由度 n の t 分布 (t-distribution) は2つの独立な確率変数の比として定義される．分子は標準正規分布に従う確率変数，分母は中心カイ2乗分布に従う確率変数をその自由度で割って平方根をとったものである．つまり，

$$T = \frac{Z}{(X^2/n)^{1/2}} \tag{1.6}$$

である．ここに $Z \sim N(0,1)$, $X^2 \sim \chi^2(n)$ であり，Z と X^2 は独立とする．このことを $T \sim t(n)$ と表す．

1.4.4 F 分布

1. 自由度 n と m を持つ**中心 F 分布** (central F-distribution) は 2 つの独立な中心カイ 2 乗確率変数をそれぞれの自由度で割ったものの比として定義される.

$$F = \frac{X_1^2}{n} \bigg/ \frac{X_2^2}{m} \quad (1.7)$$

ただし, $X_1^2 \sim \chi^2(n)$, $X_2^2 \sim \chi^2(m)$ であり, X_1^2 と X_2^2 は互いに独立であるとする. 上のことを $F \sim F(n, m)$ と表す.

2. t 分布と F 分布の関係として式 (1.6) を 2 乗し, 式 (1.7) の定義を用いることにより

$$T^2 = \frac{Z^2}{1} \bigg/ \frac{X^2}{n} \sim F(1, n) \quad (1.8)$$

が得られる. すなわち自由度 n の t 分布 $t(n)$ に従う確率変数の 2 乗は自由度 $(1, n)$ の F 分布 $F(1, n)$ に従う.

3. **非心 F 分布** (non-central F-distribution) は, 2 つの独立な確率変数をそれぞれの自由度で割ったものの比として定義される. 分子は非心カイ 2 乗分布, 分母は中心カイ 2 乗分布である. すなわち,

$$F = \frac{X_1^2}{n} \bigg/ \frac{X_2^2}{m}$$

ここで $X_1^2 \sim \chi^2(n, \lambda)$, $X_2^2 \sim \chi^2(m)$ であり, X_1^2 と X_2^2 は互いに独立とする. 非心 F 分布の平均は同じ自由度を持つ中心 F 分布の平均よりも大きくなる.

1.5 二次形式

1. 二次形式とはすべての項の次数が 2 である多項式である. したがって, $y_1^2 + y_2^2$ や $2y_1^2 + y_2^2 + 3y_1 y_2$ は y_1, y_2 についての二次形式であるが, $y_1^2 + y_2^2 + 2y_1$ や $y_1^2 + 3y_2^2 + 2$ はそうでない.

2. $\mathbf{A}$ を次のような対称行列とおく. すなわち, $a_{ij} = a_{ji}$ とする.

$$\begin{bmatrix} a_{11} & a_{12} & \ldots & a_{1n} \\ a_{21} & a_{22} & \ldots & a_{2n} \\ \vdots & & \ddots & \vdots \\ a_{n1} & a_{n2} & \ldots & a_{nn} \end{bmatrix}$$

このとき,式 $\mathbf{y}^T \mathbf{A} \mathbf{y} = \sum_i \sum_j a_{ij} y_i y_j$ は y_i の二次形式である.$(\mathbf{y}-\boldsymbol{\mu})^T \mathbf{V}^{-1} (\mathbf{y}-\boldsymbol{\mu})$ は $(y_i - \mu_i)$ の二次形式であるが,y_i の二次形式ではない.

3. 二次形式 $\mathbf{y}^T \mathbf{A} \mathbf{y}$ と行列 $\mathbf{A}$ は,要素のすべてが 0 でない任意の $\mathbf{y}$ に対して $\mathbf{y}^T \mathbf{A} \mathbf{y} > 0$ であるとき,**正定値** (positive definite) であると言われる.正定値であるための必要十分条件は次のすべての行列式が正となることである.

$$|A_1| = a_{11}, \ |A_2| = \begin{vmatrix} a_{11} & a_{12} \\ a_{21} & a_{22} \end{vmatrix}, \ |A_3| = \begin{vmatrix} a_{11} & a_{12} & a_{13} \\ a_{21} & a_{22} & a_{23} \\ a_{31} & a_{32} & a_{33} \end{vmatrix}, \ \ldots, \ |A_n| = \det \mathbf{A}$$

4. 行列 $\mathbf{A}$ の階数は二次形式 $Q = \mathbf{y}^T \mathbf{A} \mathbf{y}$ の自由度とも呼ばれる.

5. $Y_1, \ldots, Y_n$ をそれぞれ正規分布 $N(0, \sigma^2)$ に従う独立な確率変数と仮定する.$Q = \sum_{i=1}^n Y_i^2$ とおき,$Q_1, \ldots, Q_k$ を Y_i の二次形式として次の関係が成り立つとする.

$$Q = Q_1 + \ldots + Q_k$$

ここで Q_i は自由度 m_i $(i = 1, \ldots, k)$ を持つ.すると $m_1 + m_2 + \ldots + m_k = n$ のとき,かつそのときに限り,$Q_1, \ldots, Q_k$ は独立な確率変数であり,$Q_1/\sigma^2 \sim \chi^2(m_1)$, $Q_2/\sigma^2 \sim \chi^2(m_2)$, $\ldots$, $Q_k/\sigma^2 \sim \chi^2(m_k)$ となる.

これは Cochran の定理である.証明や適用例については Hogg and Craig (1995) を参照せよ.非心分布について同様の結果が成り立つことについては Rao(1973) の第 3 章を参照せよ.

6. Cochran の定理より次が成り立つ.2 つの確率変数 $X_1^2 \sim \chi^2(m)$, $X_2^2 \sim \chi^2(k)$ (ただし,$m > k$) があるとする.その差が非負定値 (non-negative definite),すなわち $X^2 = X_1^2 - X_2^2 \geq 0$ ならば,$X^2 \sim \chi^2(m-k)$ である.[†]

1.6 推 定

1.6.1 最尤推定

$\mathbf{y} = [Y_1, \ldots, Y_n]^T$ を確率変数ベクトルとし，Y_i の同時確率密度関数を次のように表す．

$$f(\mathbf{y}; \boldsymbol{\theta})$$

ただし，$\boldsymbol{\theta}$ はパラメータのベクトル $\boldsymbol{\theta} = [\theta_1, \ldots, \theta_p]^T$ である．

尤度関数 (likelihood function)$L(\boldsymbol{\theta}; \mathbf{y})$ は代数的には同時確率密度関数 $f(\mathbf{y}; \boldsymbol{\theta})$ と同じであるが，表記が，$\boldsymbol{\theta}$ を固定したときの確率変数 $\mathbf{y}$ を考えることから $\mathbf{y}$ を固定したときのパラメータ $\boldsymbol{\theta}$ を考えるように変更されている．L は確率変数ベクトル $\mathbf{y}$ の関数として定義され，それ自体が確率変数である．Ω をパラメータベクトル $\boldsymbol{\theta}$ の可能なすべての値を含む集合と定義し，Ω を**パラメータ空間** (parameter space) と呼ぶ．$\boldsymbol{\theta}$ の**最尤推定量** (maximum likelihood estimator) は尤度関数を最大にする $\hat{\boldsymbol{\theta}}$ である．すなわち

$$L(\hat{\boldsymbol{\theta}}; \mathbf{y}) \geq L(\boldsymbol{\theta}; \mathbf{y}), \qquad \boldsymbol{\theta} \in \Omega$$

対数関数は単調関数であるので，$\hat{\boldsymbol{\theta}}$ は**対数尤度関数** (log-likelihood function)$l(\boldsymbol{\theta}; \mathbf{y})$ $= \log L(\boldsymbol{\theta}; \mathbf{y})$ を最大にする値でもある．

$$l(\hat{\boldsymbol{\theta}}; \mathbf{y}) \geq l(\boldsymbol{\theta}; \mathbf{y}), \qquad \boldsymbol{\theta} \in \Omega$$

多くの場合，尤度関数そのものよりも対数尤度関数について計算する方が容易である．

通常，推定量 $\hat{\boldsymbol{\theta}}$ は対数尤度関数を $\boldsymbol{\theta}$ の各要素 θ_j に関して微分して 0 とおいた，次の連立方程式を解くことにより得られる．

$$\frac{\partial l(\boldsymbol{\theta}; \mathbf{y})}{\partial \theta_j} = 0, \qquad j = 1, \ldots, p \tag{1.9}$$

---

†カイ 2 乗分布の定義より次のように証明できる．カイ 2 乗分布に従う確率変数は自由度と等しい個数の独立な標準正規変量の 2 乗和として定義される．X_1^2 と X_2^2 に対応する m あるいは k 個の標準正規変量のベクトルを $\mathbf{Z}, \mathbf{U}$ で表すと，$X_1^2 - X_2^2 \geq 0$ の条件より，$\mathbf{U}$ の要素は $\mathbf{Z}$ の要素の線形結合で表され，適当な線形変換を行うと X^2 は $(m-k)$ 個の標準正規変量の 2 乗和で表されることが導かれる．原著では "X_1^2 と X_2^2 が互いに独立で $X^2 = X_1^2 - X_2^2 \geq 0$ かつ $m > k$ ならば $X^2 \sim X^2(m-k)$ である" となっているが，"X_1^2 と X_2^2 が互いに独立"の部分は思い違い．結果として X_2^2 と X^2 が互いに独立となる．

そして，式 (1.9) の解が $l(\boldsymbol{\theta};\mathbf{y})$ の最大値に対応するかのチェックのためには 2 階導関数．
$$\frac{\partial^2 l(\boldsymbol{\theta};\mathbf{y})}{\partial \theta_j \partial \theta_k}$$
を $\boldsymbol{\theta}=\hat{\boldsymbol{\theta}}$ とおいて計算した行列が負定値 (negative definite) 行列となっているかを調べる必要がある．例えば，$\boldsymbol{\theta}$ が 1 次元で 1 つだけの要素 θ を持つ場合，次の式をチェックする必要があるということである．
$$\left[\frac{\partial^2 l(\boldsymbol{\theta};\mathbf{y})}{\partial \theta^2}\right]_{\theta=\hat{\theta}} < 0$$
パラメータ空間 Ω の境界上の値 $\boldsymbol{\theta}$ で $l(\boldsymbol{\theta};\mathbf{y})$ の局所最大値（極値）を与える $\boldsymbol{\theta}$ があるかどうかのチェックもまた必要となる．すべての局所最大値を調べて，その中で最大となる値 $\hat{\boldsymbol{\theta}}$ が最尤推定量となる．（本書で取り上げたほとんどのモデルにおいて，唯一の局所最大値が存在し，方程式 $\partial l/\partial \theta_j = 0, j=1, \ldots, p$ の解である）．

最尤推定量の重要な性質の 1 つに，$g(\boldsymbol{\theta})$ をパラメータ $\boldsymbol{\theta}$ の任意の関数とするとき，$g(\boldsymbol{\theta})$ の最尤推定量は $g(\hat{\boldsymbol{\theta}})$ となるという性質がある．これは $\hat{\boldsymbol{\theta}}$ の定義から明らかであり，最尤推定量の**不変性** (invariance property) と呼ばれる．したがって，最尤推定を行うのに便利なパラメータの関数に対して尤度関数を最大化し，最尤推定量の不変性を利用して必要なパラメータの最尤推定量を求めればよい．

原理上は，$\hat{\boldsymbol{\theta}}$ を数値的に見つけることができれば，尤度関数や対数尤度関数を微分したり式 (1.9) を解く必要はない．実際に，数値的近似法は一般化線形モデルにおいて非常に重要である．

最尤推定量の他の性質として，一致性，十分性，漸近有効性，漸近正規性があげられる．これらの性質については Cox & Hinkley(1974) や Kalbfleisch ((1985), 第 1, 2 章) などの本で議論されている．

1.6.2　例：ポアソン分布

$Y_1, \ldots, Y_n$ を次に示すような，同じパラメータ θ を持つポアソン分布に従う独立な確率変数とする．

$$f(y_i; \theta) = \frac{\theta^{y_i} e^{-\theta}}{y_i!}, \qquad y_i = 0,\ 1,\ 2,\ \ldots$$

その同時分布は

$$\begin{aligned} f(y_1,\ \ldots,\ y_n; \theta) &= \prod_{i=1}^{n} f(y_i; \theta) = \frac{\theta^{y_1} e^{-\theta}}{y_1!} \times \frac{\theta^{y_2} e^{-\theta}}{y_2!} \times \ldots \times \frac{\theta^{y_n} e^{-\theta}}{y_n!} \\ &= \frac{\theta^{\Sigma y_i} e^{-n\theta}}{y_1! y_2! \ldots y_n!} \end{aligned}$$

のようになり,尤度関数 $L(\theta; y_1,\ \ldots,\ y_n)$ もまた同じ式で表される.最尤推定値 $\hat{\theta}$ を見つけるためには対数尤度関数

$$l(\theta; y_1,\ \ldots,\ y_n) = \log L(\theta; y_1,\ \ldots,\ y_n) = \left(\sum y_i\right) \log \theta - n\theta - \sum (\log y_i!)$$

を利用する方が便利である.l の導関数は

$$\frac{dl}{d\theta} = \frac{1}{\theta} \sum y_i - n$$

となり,これを 0 とおいて次の解を得る.

$$\hat{\theta} = \sum y_i / n = \bar{y}$$

$d^2 l/d\theta^2 = -\sum y_i/\theta^2 < 0$ であるので,l は $\theta = \hat{\theta}$ のとき最大となり,$\bar{y}$ が最尤推定値であることが確認できる.

1.6.3 最小 2 乗推定

$Y_1,\ \ldots,\ Y_n$ をそれぞれ期待値 $\mu_1,\ \ldots,\ \mu_n$ を持つ独立な確率変数とし,各期待値はパラメータベクトル $\boldsymbol{\beta} = [\beta_1,\ \ldots,\ \beta_p]^T,\ p < n$,の関数であるとする.すなわち

$$E(Y_i) = \mu_i(\boldsymbol{\beta})$$

最小 2 乗法 (method of least squares) の最も簡単な形は観測値 Y_i と期待値 μ_i の差の平方和を最小にする推定量 $\hat{\boldsymbol{\beta}}$ を見つけることである.

$$S = \sum [Y_i - \mu_i(\boldsymbol{\beta})]^2$$

通常 $\hat{\boldsymbol{\beta}}$ は S を各要素 β_j に関して微分し,連立方程式

$$\frac{\partial S}{\partial \beta_j} = 0, \qquad j = 1, \ldots, p$$

を解くことにより得られる.

　もちろん解が最小値に対応しているか(すなわち 2 回微分した行列が正定値行列であるか)のチェックが必要であり,これらの解とパラメータ空間の境界での局所最小値の中から大域的最小値を求める必要がある.

　ここで Y_i は,それぞれすべてが等しくはない分散 σ_i^2 を持つとしよう.このとき次の重み付き平方和を最小にする方が望ましい.

$$S = \sum w_i [Y_i - \mu_i(\boldsymbol{\beta})]^2$$

ただし,重みは $w_i = (\sigma_i^2)^{-1}$ である.このようにすると,信頼性が低い観測値 (Y_i が大きい分散を持つ観測値) は推定値に対して影響が少なくなる.

　より一般的に,$\mathbf{y} = [Y_1, \ldots, Y_n]^T$ を平均ベクトル $\boldsymbol{\mu} = [\mu_1, \ldots, \mu_n]^T$ と分散共分散行列 $\mathbf{V}$ を持つ確率変数ベクトルとする.**重み付き最小 2 乗推定量** (weighted least squares estimator) は次の S を最小にすることによって得られる.

$$S = (\mathbf{y} - \boldsymbol{\mu})^T \mathbf{V}^{-1} (\mathbf{y} - \boldsymbol{\mu})$$

1.6.4　推定に関する注釈

1. 最尤法と最小 2 乗法との重要な相違点は,最小 2 乗法の方は期待値(と場合により分散共分散行列)の式を特定するだけで,反応変数 Y_i の分布について何も仮定しなくてよいという点である.一方,最尤推定量を求めるためには,Y_i の同時確率分布が特定されていなければならない.
2. 多くの場合において,最尤推定量と最小 2 乗推定量は同じになる.
3. 尤度関数や対数尤度関数を最大にするパラメータを求めたり,あるいは平方和を最小にするパラメータを求めるためには,微積分より数値計算的な方法が必要とされることが多い.

1.6.5 例：サイクロン（熱帯低気圧）

表 1.2 は，1956-7（期間 1）から 1968-9（期間 13）までの 13 期間に，北オーストラリアにおいて発生したサイクロンの数を示している (Dobson and Stewart (1974))．

表 1.2 13 期間のサイクロンの発生の数

期間	1	2	3	4	5	6	7	8	9	10	11	12	13
サイクロンの数	6	5	4	6	6	3	12	7	4	2	6	7	4

第 i 期におけるサイクロンの数を Y_i とする．ただし，添え字 i は，$i=1,\cdots,13$ である．Y_i は，パラメータ θ のポアソン分布に従う独立な確率変数とする．1.6.2 項より，$\hat{\theta}=\bar{y}=72/13=5.538$ と計算することができる．別のアプローチとして対数尤度関数を最大にする θ の値を数値的に求める方法もある．y_i に対する対数尤度関数の成分は，

$$l_i = y_i \log \theta - \theta - \log y_i!$$

と表され，対数尤度関数の値は，これらの成分の和であるから

$$l = \sum_{i=1}^{13} l_i = \sum_{i=1}^{13}(y_i \log \theta - \theta - \log y_i!)$$

となる．第 3 項の $\sum_1^{13} \log y_i!$ は定数であり，第 1 項と第 2 項のみが θ を含んでいる．したがって，この 2 項が最適化の計算に関連している．パラメータ θ のいろいろな値に対する対数尤度関数をプロットするため，それぞれの y_i に対して $(y_i \log \theta - \theta)$ を計算し，その結果を加えて $l^* = \sum(y_i \log \theta - \theta)$ を計算する．図 1.1 はパラメータ θ に対する l^* の値をプロットした図を示す．

図 1.1 から明らかに最大値は $\theta=5$ と $\theta=6$ との間に存在している．この図から，$\hat{\theta}$ を得るための反復手順の初期値が得られる．単純な 2 分法の計算結果を表 1.3 に示す．まず，関数 l^* が，近似値 $\theta^{(1)}=5$ と $\theta^{(2)}=6$ に対して計算され，それ以降の $k=3,4,\cdots$ に対する近似値 $\theta^{(k)}$ は，それ以前の最大および 2 番目に大きい l^* の値に対応する 2 つの θ の値の平均により計算される（例えば，$\theta^{(6)}=\frac{1}{2}(\theta^{(5)}+\theta^{(3)})$）．7 回の反復で，小数第 2 位まで正しい推定値 $\hat{\theta} \simeq 5.54$ が得られている．

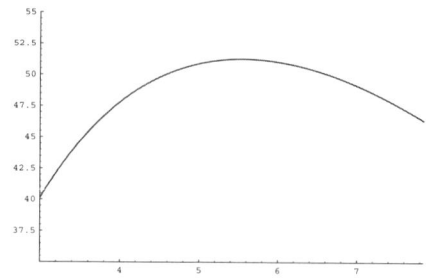

図 1.1 表 1.2 のサイクロンデータに対する最尤推定値の位置を示す図（横軸：θ，縦軸：l^*）

表 1.3 1 期当たりのサイクロンの期待値に対する最尤推定値への逐次近似プロセス

k	$\theta^{(k)}$	l^*
1	5	50.878
2	6	51.007
3	5.5	51.242
4	5.75	51.192
5	5.625	51.235
6	5.5625	51.243
7	5.5313	51.24354
8	5.5469	51.24352
9	5.5391	51.24360
10	5.5352	51.24359

1.7 演習問題

1.1 Y_1 と Y_2 は独立な確率変数で，$Y_1 \sim N(1,3)$, $Y_2 \sim N(2,5)$ とする．$W_1 = Y_1 + 2Y_2$, $W_2 = 4Y_1 - Y_2$ とするとき，W_1 と W_2 の同時分布を求めよ．

1.2 Y_1 と Y_2 は独立な確率変数で，$Y_1 \sim N(0,1)$, $Y_2 \sim N(3,4)$ とする．

(a) Y_1^2 はどのような分布に従うか．

(b) $\mathbf{y} = \begin{bmatrix} Y_1 \\ (Y_2 - 3)/2 \end{bmatrix}$ とするとき，$\mathbf{y}^T \mathbf{y}$ を求めよ．また，それはどのような分布に従うか．

(c) $\mathbf{y} = \begin{pmatrix} Y_1 \\ Y_2 \end{pmatrix}$ とし，その分布が $\mathbf{y} \sim \mathbf{N}(\boldsymbol{\mu}, \mathbf{V})$ とするとき，$\mathbf{y}^T \mathbf{V}^{-1} \mathbf{y}$ の式を求めよ．また，その分布を答えよ．

1.3 Y_1 と Y_2 との同時分布が $\mathbf{Y} \sim \mathbf{N}(\boldsymbol{\mu}, \mathbf{V})$ に従うとき，以下の問いに答えよ．ただし，

$$\boldsymbol{\mu} = \begin{pmatrix} 2 \\ 3 \end{pmatrix}, \quad \mathbf{V} = \begin{pmatrix} 4 & 1 \\ 1 & 9 \end{pmatrix} \text{ とする.}$$

(a) $(\mathbf{y} - \boldsymbol{\mu})^T \mathbf{V}^{-1} (\mathbf{y} - \boldsymbol{\mu})$ の式を求めよ. また, それはどのような分布に従うか.
(b) $\mathbf{y}^T \mathbf{V}^{-1} \mathbf{y}$ の式を求めよ. また, それはどのような分布に従うか.

1.4 $Y_1, \cdots, Y_n$ は, 独立に $N(\mu, \sigma^2)$ に従う確率変数であるとし, $\bar{Y}$ と S^2 を以下のように定義する.

$$\bar{Y} = \frac{1}{n} \sum_{i=1}^{n} Y_i, \quad S^2 = \frac{1}{n-1} \sum_{i=1}^{n} (Y_i - \bar{Y})^2$$

(a) $\bar{Y}$ はどのような分布に従うか.
(b) $S^2 = \frac{1}{n-1} \left[\sum_{i=1}^{n} (Y_i - \mu)^2 - n(\bar{Y} - \mu)^2 \right]$ を示せ.
(c) (b) から $\sum (Y_i - \mu)^2 / \sigma^2 = (n-1) S^2 / \sigma^2 + \left[(\bar{Y} - \mu)^2 n / \sigma^2 \right]$ が成り立つ. これより, $\bar{Y}$ と S^2 が独立であることをどのようにして推論するか.
(d) $(n-1) S^2 / \sigma^2$ の分布を答えよ.
(e) $\dfrac{\bar{Y} - \mu}{S / \sqrt{n}}$ の分布を答えよ.

1.5 この問題は, $Y_1, \cdots, Y_n$ がパラメータ θ を持つ独立なポアソン分布に従う 1.6.2 項の例題の続きの問題である.

(a) $E(Y_i) = \theta$ であることを示せ. (ただし, $i = 1, \cdots, n$).
(b) $\theta = e^\beta$ とする. このとき β の最尤推定量を求めよ.
(c) $S = \sum (Y_i - e^\beta)^2$ を最小化して, β の最小 2 乗推定量を求めよ.

1.6 表 1.4 のデータはオーストラリア, ニューサウスウェールズ州のマスウェルブルックにおける 16 個体の雌の蛾 (light brown apple moth) から産まれてくる雄と雌の幼虫の数のデータである (Lewis (1987)).

(a) 雌 16 個体のおのおのから産まれる幼虫のうち, 雌の比率を計算せよ.
(b) それぞれの群 ($i = 1, \cdots, 16$) における雌の幼虫の数を Y_i と表し, その群の幼虫全体の数を n_i と表す. Y_i を 2 項分布に従う独立な確率変数であるとすると, 確

表 1.4 16 匹の雌の蛾から産まれた雄と雌の幼虫の数

群	雌	雄	群	雌	雄
1	18	11	9	33	38
2	31	22	10	12	14
3	34	27	11	19	23
4	33	29	12	25	31
5	27	24	13	14	20
6	33	29	14	4	6
7	28	25	15	22	34
8	23	26	16	7	12

率関数は次のように表される.

$$f(y_i; \theta) = \binom{n_i}{y_i} \theta^{y_i} (1-\theta)^{n_i - y_i}$$

微積分を用いて,パラメータ θ の最尤推定量 $\hat{\theta}$ を求め,データに対する当てはまりを評価せよ.

(c) 数値的な方法により,パラメータ $\hat{\theta}$ を求め,(b) から得られた結果と比較せよ.

第2章
モデルの当てはめ

2.1 はじめに

モデルの当てはめのプロセスは次の4つのステップからなる．

1. モデルの特定 − 反応変数と説明変数を連結する関係式および反応変数の確率分布の2つの部分を指定することによりモデルを特定する．
2. モデルのパラメータの推定．
3. モデルの妥当性のチェック − モデルはどのくらいよくデータに当てはまり，データを要約しているか．
4. 推測 − モデルのパラメータに関する仮説検定と信頼区間の計算および結果の解釈．

本章では，これらのステップについて，まず，2つの小データセット例を用いて説明し，次に，いくつかの一般的な原則について議論する．最後に，後の章で必要となる説明変数の表記法とコード化について節を設けて説明する．

2.2 例

2.2.1 慢性の病状

女性の健康に関するオーストラリアの縦断研究（Brownら (1996)）のデータによると，農村部に住む女性は，より進んだ医療サービスにアクセスしやすい都市部に住む女性よりも，一般開業医（家庭医）で診察を受ける回数が少ない．

表 2.1 一般開業医の利用度が同程度の，都市部の 26 人の女性と農村部の 23 人の女性の慢性病状の数

都市群
0 1 1 0 2 3 0 1 1 1 2 0 1 3 0 1 2 1 3 3 4 1 3 2 0
$n = 26$, 平均: 1.423, 標準偏差: 1.172, 分散: 1.374
農村群
2 0 3 0 0 1 1 1 1 0 0 2 2 0 1 2 0 0 1 1 1 0 2
$n = 23$, 平均: 0.913, 標準偏差: 0.900, 分散: 0.810

その理由として，農村部の女性がより健康であるのか，あるいは医者不足，来院する費用の大きさ，長距離の移動といった構造的要因が，一般開業医のサービスを受ける妨げになっているのかは明らかではない．表 2.1 はオーストラリアのニューサウスウェールズ州の都市部に住む女性（都市群）と農村部に住む女性（農村群）の慢性的な病状（高血圧や関節炎）の数を示している．どちらの群の女性も，70–75 歳，同じ社会経済的地位，一般開業医への来院回数が 1996 年に 3 回以下であるという条件でサンプリングされている．興味のある問題は以下のとおりである．慢性病状の数によって診察の必要性を評価するとき，一般開業医の利用度が同じこれらの 2 群は，同程度の必要性を持つのだろうか．

ポアソン分布は，群内の標本平均と標本分散がほぼ同じ値を持つ計数データに対する妥当な確率モデルとして知られている．Y_{jk} は j 群の k 番目の女性の病状数を表す確率変数，$j = 1$ が都市群，$j = 2$ が農村群，を表すものとする．ただし，$k = 1, \ldots, K_j$ で $K_1 = 26, K_2 = 23$ である．Y_{jk} は互いに独立で，病状数の期待値を表すパラメータ θ_j を持つポアソン分布に従うと仮定する．

上に述べた問題は，帰無仮説 $H_0 : \theta_1 = \theta_2 = \theta$, 対立仮説 $H_1 : \theta_1 \neq \theta_2$ の検定として定式化することができる．H_0 を検定するため，モデル当てはめアプローチでは 2 つのモデルを当てはめる．1 つは仮説 H_0 が真と仮定したモデル

$$E(Y_{jk}) = \theta; \quad Y_{jk} \sim Poisson(\theta) \tag{2.1}$$

もう 1 つは H_0 が真でないと仮定したモデル

$$E(Y_{jk}) = \theta_j; \quad Y_{jk} \sim Poisson(\theta_j) \tag{2.2}$$

で，$j = 1, 2$ である．H_1 に対する H_0 の検定は，2 つのモデル (2.1) と (2.2) がデータにどのくらいよく当てはまっているかを比較することによって行う．2

つのモデルの当てはまりがほぼ等しいときには，H_0 を棄却する理由はほとんどない．もし，明らかに式 (2.2) の当てはまりが良いのなら，H_0 は棄却され，H_1 が採択されるであろう．

H_0 が真のとき，Y_{jk} の対数尤度関数は次のようになる．

$$l_0 = l(\theta; \mathbf{y}) = \sum_{j=1}^{J} \sum_{k=1}^{K_j} (y_{jk} \log \theta - \theta - \log y_{jk}!) \tag{2.3}$$

今回の場合では $J = 2$ である．1.6.2 節で示されたように最尤推定値は次のようになる．

$$\hat{\theta} = \sum \sum y_{jk}/N$$

ここに $N = \sum_j K_j$ である．表 2.1 のデータに対する推定値は $\hat{\theta} = 1.184$ であり，この $\hat{\theta}$ とデータ y_{jk} を式 (2.3) に代入することにより対数尤度関数の最大値 $\hat{l}_0 = -68.3868$ を得る．

H_1 の方が真であれば，対数尤度関数は次のようになる．

$$\begin{aligned} l_1 = l(\theta_1, \theta_2, \mathbf{y}) &= \sum_{k=1}^{K_1} (y_{1k} \log \theta_1 - \theta_1 - \log y_{1k}!) \\ &+ \sum_{k=1}^{K_2} (y_{2k} \log \theta_2 - \theta_2 - \log y_{2k}!) \end{aligned} \tag{2.4}$$

（式 (2.3) と式 (2.4) の l_0 と l_1 の下付き添え字はそれぞれ仮説 H_0 と H_1 への繋がりを強調するために使用）．式 (2.4) から最尤推定値は $\hat{\theta}_j = \sum_k y_{jk}/K_j$ ($j = 1, 2$) である．この例の場合，$\hat{\theta}_1 = 1.423$, $\hat{\theta}_2 = 0.913$ で対数尤度関数は最大となり，これらの値を式 (2.4) に代入すると $\hat{l}_1 = -67.0230$ となる．対数尤度関数 l_1 は l_0 に比べて 1 つ多いパラメータを持つので，最大値はつねに l_0 と同じか，l_0 より大きくなる．その違いが統計的に有意であるかどうか決めるためには，対数尤度関数の標本分布を知る必要がある．これについては第 4 章を参照せよ．

$Y \sim Poisson(\theta)$ のとき，$E(Y) = \text{var}(Y) = \theta$ となり，$E(Y)$ の推定値 $\hat{\theta}$ は Y の**当てはめ値** (fitted value)，$Y - \hat{\theta}$ は**残差** (residual) と呼ばれる（残差の他の定義も可能．2.3.4 項を参照）．モデルの妥当性を検討するための多くの方法

表 2.2 慢性病状データ（表 2.1）の観測値とモデル (2.1) と (2.2) に対する標準化残差

Y の値	度数	標準化残差 (2.1) $\hat{\theta} = 1.184$	標準化残差 (2.2) $\hat{\theta}_1 = 1.423$ と $\hat{\theta}_2 = 0.913$
都市群			
0	6	−1.088	−1.193
1	10	−0.169	−0.355
2	4	0.750	0.484
3	5	1.669	1.322
4	1	2.589	2.160
農村群			
0	9	−1.088	−0.956
1	8	−0.169	0.091
2	5	0.750	1.138
3	1	1.669	2.184

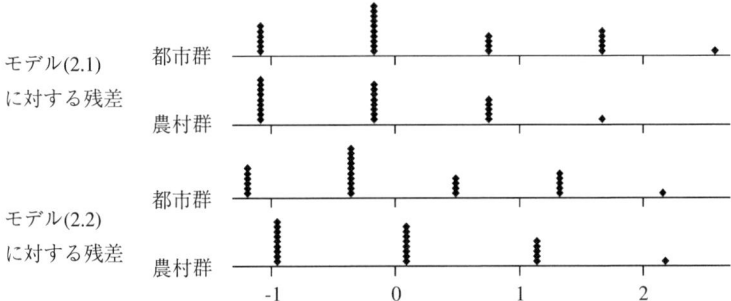

図 2.1 慢性病状データ（表 2.2）のモデル (2.1) と (2.2) に対する残差

の基礎として残差が（通常，標準偏差で割って標準化された形で）利用される．ポアソン分布の場合の近似的な標準化残差は

$$r = \frac{Y - \hat{\theta}}{\sqrt{\hat{\theta}}}$$

である．

モデル (2.1) と (2.2) に対する標準化残差を表 2.2 と図 2.1 に示す．個々の残差の検討は，反応変数に関して仮定された確率分布が適切かどうか，特定の説明変数をモデルに含めるかどうかなど，モデルの特性の評価に有効である．表 2.2 や図 2.1 の残差はポアソン分布であることから期待されるようにいくらかの歪みを示している．

また，残差からモデルの包括的な妥当性を測定する要約統計量がつくられる．例えば，独立な確率変数 Y_i として表されるポアソンデータで，期待値 θ_i がそれほど小さくないと仮定できる場合，標準化残差 $r_i = (Y_i - \hat{\theta}_i)/\sqrt{\hat{\theta}_i}$ は，互いに独立ではないが，近似的に正規分布に従う．直感的な議論より，近似的に $r_i \sim N(0, 1), r_i^2 \sim \chi^2(1)$ だから

$$\sum r_i^2 = \sum \frac{(Y_i - \hat{\theta}_i)^2}{\hat{\theta}_i} \sim \chi^2(m) \tag{2.5}$$

となる．実際，標本サイズが大きいとき，式 (2.5) はよい近似を与える．ただし，m は観測値の数から当てはめ値 $\hat{\theta}_i$ を算出するために推定されたパラメータ数を引いた値である（例えば，Agresti(1990), p.479 を参照）．式 (2.5) は，計数データに対して，しばしば

$$X^2 = \sum \frac{(o_i - e_i)^2}{e_i} \sim \chi^2(m)$$

の形に表現される，通常の適合度カイ2乗統計量と同じである．ここで，o_i は観測度数，e_i は対応する期待度数を表す．上の例の場合，$o_i = Y_i, e_i = \hat{\theta}_i, \sum r_i^2 = X^2$ である．

慢性病状のデータでは，モデル (2.1) のもとでは

$$\sum r_i^2 = 6 \times (-1.088)^2 + 10 \times (-0.169)^2 + \ldots + 1 \times 1.669^2 = 46.759$$

となり，この値は自由度 $m = 23 + 26 - 1 = 48$ の中心カイ2乗分布からの観測値と考えても十分起こり得る値である．(1.4.2項より，もし $X^2 \sim \chi^2(m)$ なら，$E(X^2) = m$ であり，計算された値 $X^2 = \sum r_i^2 = 46.759$ が期待値 48 に近いことに注意)．

同様に，モデル (2.2) の場合には

$$\sum r_i^2 = 6 \times (-1.193)^2 + \ldots + 1 \times 2.184^2 = 43.659$$

となり，自由度 $m = 49 - 2 = 47$ の中心カイ2乗分布に従うと考えても矛盾はない．モデル (2.1) と (2.2) に対する $\sum r_i^2$ の値の違いは小さく，$46.759 - 43.659 = 3.10$ である．このことは2つのパラメータを持つモデル (2.2) は，より単純な

モデル (2.1) と比べて，それほどよくデータを表現するわけではないことを表し，データは帰無仮説 $H_0 : \theta_1 = \theta_2$ を支持する証拠を与える．より正式な仮説検定については第 4 章で述べる．

次の例は連続データに対するモデル当てはめのステップの例示である．

2.2.2 出生時体重と妊娠期間

表 2.3 のデータはある病院で生まれた 12 人ずつの男児と女児の出生時体重（グラム表示）と妊娠期間（週表示）である．男児と女児の妊娠期間はほとんど同じであるが，男児の出生時体重の平均は女児の出生時体重の平均より高い．データは図 2.2 の散布図に表示されている．出生時体重は妊娠期間に対して線形的に増加する傾向があり，同じ妊娠期間なら女児は男児よりも体重が低い傾向がある．興味のある問題は，妊娠期間の増加に対する出生時体重の増加率は男児と女児で同じかどうかである．

Y_{jk} を第 j 群の k 番目の幼児の出生時体重を表す確率変数とする．ここで，$j = 1$ が男児，$j = 2$ が女児とし，$k = 1, \ldots, 12$ である．Y_{jk} はすべて独立で，平均 $\mu_{jk} = E(Y_{jk})$，分散 σ^2 の正規分布に従うと仮定する．すなわち，平均は群や個体によって異なるが，分散はすべてに等しいと仮定する．妊娠期間と出生時体重との関係を表す一般的なモデルとして以下のモデルが考えられる．

表 2.3 男児と女児の出生時体重と妊娠期間

	男児		女児	
	期間（週）	体重 (g)	期間（週）	体重 (g)
	40	2968	40	3317
	38	2795	36	2729
	40	3163	40	2935
	35	2925	38	2754
	36	2625	42	3210
	37	2847	39	2817
	41	3292	40	3126
	40	3473	37	2539
	37	2628	36	2412
	38	3176	38	2991
	40	3421	39	2875
	38	2975	40	3231
平均	38.33	3024.00	38.75	2911.33

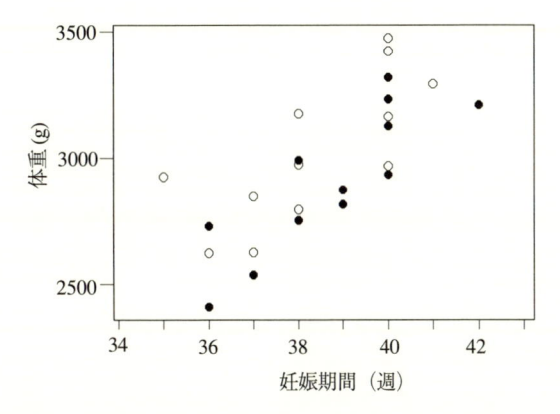

図 2.2 妊娠期間と出生時体重の散布図: 男児（白丸），女児（黒丸）．データは表 2.3

$$E(Y_{jk}) = \mu_{jk} = \alpha_j + \beta_j x_{jk}$$

ここに x_{jk} は第 j 群の k 番目の幼児の妊娠期間である．平均的に男児の方が女児より重いので切片パラメータの α_1 と α_2 は異なりそうである．勾配パラメータ β_1 と β_2 は妊娠期間が 1 週増えることに対する体重の平均増加量を表す．興味のある問題は帰無仮説 $H_0 : \beta_1 = \beta_2 = \beta$ を対立仮説 $H_1 : \beta_1 \neq \beta_2$ に対して検定する問題として定式化できる．この場合の帰無仮説は両群の平均増加量が等しく，2 つの直線が平行であること，対立仮説は平均増加量が異なり，2 つの直線は平行でないことを表す．

以下の 2 つのモデル当てはめにより H_0 の H_1 に対する検定ができる．

$$E(Y_{jk}) = \mu_{jk} = \alpha_j + \beta x_{jk}; \quad Y_{jk} \sim N(\mu_{jk}, \sigma^2) \tag{2.6}$$

$$E(Y_{jk}) = \mu_{jk} = \alpha_j + \beta_j x_{jk}; \quad Y_{jk} \sim N(\mu_{jk}, \sigma^2) \tag{2.7}$$

Y_{jk} の確率密度関数は次の式で与えられる．

$$f(y_{jk}; \mu_{jk}) = \frac{1}{\sqrt{2\pi\sigma^2}} \exp[-\frac{1}{2\sigma^2}(y_{jk} - \mu_{jk})^2]$$

まず，H_1 のもとでのモデル (2.7) を当てはめると，対数尤度関数は以下のように表される．

$$l_1(\alpha_1, \alpha_2, \beta_1, \beta_2; \mathbf{y}) = \sum_{j=1}^{J}\sum_{k=1}^{K}[-\frac{1}{2}\log(2\pi\sigma^2) - \frac{1}{2\sigma^2}(y_{jk}-\mu_{jk})^2]$$

$$= -\frac{1}{2}JK\log(2\pi\sigma^2) - \frac{1}{2\sigma^2}\sum_{j=1}^{J}\sum_{k=1}^{K}(y_{jk}-\alpha_j-\beta_j x_{jk})^2$$

ここで $J=2$, $K=12$ である．α_1, α_2, β_1, β_2 の最尤推定量を求めるときには，パラメータ σ^2 は既知，または**局外パラメータ** (nuisance parameter) として扱い，それは推定しない．

最尤推定値は以下の連立方程式の解として得られる．ここで $j=1, 2$ である．

$$\frac{\partial l_1}{\partial \alpha_j} = \frac{1}{\sigma^2}\sum_{k}(y_{jk}-\alpha_j-\beta_j x_{jk}) = 0$$

$$\frac{\partial l_1}{\partial \beta_j} = \frac{1}{\sigma^2}\sum_{k} x_{jk}(y_{jk}-\alpha_j-\beta_j x_{jk}) = 0 \tag{2.8}$$

最尤推定に対する代替的方法として，最小 2 乗推定がある．モデル (2.7) の場合，

$$S_1 = \sum_{j=1}^{J}\sum_{k=1}^{K}(y_{jk}-\mu_{jk})^2 = \sum_{j=1}^{J}\sum_{k=1}^{K}(y_{jk}-\alpha_j-\beta_j x_{jk})^2 \tag{2.9}$$

を最小にするので，最小 2 乗推定値は以下の式を解くことによって求められる．

$$\frac{\partial S_1}{\partial \alpha_j} = -2\sum_{k=1}^{K}(y_{jk}-\alpha_j-\beta_j x_{jk}) = 0$$

$$\frac{\partial S_1}{\partial \beta_j} = -2\sum_{k=1}^{K} x_{jk}(y_{jk}-\alpha_j-\beta_j x_{jk}) = 0 \tag{2.10}$$

式 (2.8) と式 (2.10) は同値となり，l_1 を最大にすることは，S_1 を最小にするのと同じである．この例の残りの部分では，最小 2 乗法を用いる．

推定方程式 (2.10) は次式のように簡素化できる．

$$\sum_{k=1}^{K} y_{jk} - K\alpha_j - \beta_j\sum_{k=1}^{K} x_{jk} = 0$$

$$\sum_{k=1}^{K} x_{jk}y_{jk} - K\alpha_j\sum_{k=1}^{K} x_{jk} - \beta_j\sum_{k=1}^{K} x_{jk}^2 = 0$$

ここで $j = 1$ または 2 である．これらの式は**正規方程式**(mornal equations) と呼ばれ，解は

$$b_j = \frac{K \sum_k x_{jk} y_{jk} - (\sum_k x_{jk})(\sum_k y_{jk})}{K \sum_k x_{jk}^2 - (\sum_k x_{jk})^2}$$
$$a_j = \overline{y}_j - b_j \overline{x}_j$$

となる．a_j と b_j は α_j と β_j, $j = 1, 2$ の推定値である．式 (2.9) の 2 階導関数を考えると，正規方程式の解は S_1 の最小値に対応することが証明できる．α_j や β_j の代わりに推定値を用い，データの値 x_{jk} と y_{jk} を式 (2.9) に代入することによって，S_1 の最小値を計算することができる．

帰無仮説 $H_0 : \beta_1 = \beta_2 = \beta$ を対立仮説 $H_1 : \beta_1 \neq \beta_2$ に対して検定するため，上の当てはめ手順が，μ_{jk} に対するモデルとして式 (2.7) の代わりに式 (2.6) を使う形で，繰り返される．推定されるパラメータは 4 つのパラメータ $\alpha_1, \alpha_2, \beta_1, \beta_2$ でなく，3 つのパラメータ $\alpha_1, \alpha_2, \beta$ である．最小化すべき最小 2 乗基準は以下のようになる．

$$S_0 = \sum_{j=1}^{J} \sum_{k=1}^{K} (y_{jk} - \alpha_j - \beta x_{jk})^2 \tag{2.11}$$

式 (2.11) より，最小 2 乗推定値は以下の連立方程式を解くことによって得られる．

$$\frac{\partial S_0}{\partial \alpha_j} = -2 \sum_{k=1}^{K} (y_{jk} - \alpha_j - \beta x_{jk}) = 0$$
$$\frac{\partial S_0}{\partial \beta} = -2 \sum_{j=1}^{J} \sum_{k=1}^{K} x_{jk}(y_{jk} - \alpha_j - \beta x_{jk}) = 0 \tag{2.12}$$

ここで，$j = 1, 2$ であり，解は以下のようになる．

$$b = \frac{K \sum_j \sum_k x_{jk} y_{jk} - \sum_j (\sum_k x_{jk} \sum_k y_{jk})}{K \sum_j \sum_k x_{jk}^2 - \sum_j (\sum_k x_{jk})^2}$$
$$a_j = \overline{y}_j - b \overline{x}_j$$

これらの推定値や S_0 の最小値はデータから計算できる．

表 2.4 表 2.3 の出生時体重と妊娠期間のデータの要約（和は $k = 1, \ldots, K;\ K = 12$）

	男児 ($j = 1$)	女児 ($j = 2$)
$\sum x$	460	465
$\sum y$	36288	34936
$\sum x^2$	17672	18055
$\sum y^2$	110623496	102575468
$\sum xy$	1395370	1358497

表 2.5 表 2.3 の出生時体重と妊娠期間の分析結果

モデル	傾き	切片	最小 2 乗和
(2.6)	$b = 120.894$	$a_1 = -1610.283$	$\widehat{S}_0 = 658770.8$
		$a_2 = -1773.322$	
(2.7)	$b_1 = 111.983$	$a_1 = -1268.672$	$\widehat{S}_1 = 652424.5$
	$b_2 = 130.400$	$a_2 = -2141.667$	

出生時体重と妊娠期間の例題について，データから計算された要約統計量を表 2.4 に，最小 2 乗推定値や S_0, S_1 の最小値を表 2.5 に示す．また，2 つのモデルにもとづく当てはめ値 $\hat{y}_{jk}$ を表 2.6 に示している．モデル (2.6) にもとづく当てはめ値 $\hat{y}_{jk} = a_j + bx_{jk}$ は表 2.5 の上半分に示された推定値を用いて計算でき，モデル (2.7) にもとづく当てはめ値は表 2.5 の下半分に示された推定値を用いて計算できる．各観測値の残差は $y_{jk} - \hat{y}_{jk}$ である．残差からその標準偏差 s が計算され，それを用いて近似的な標準化残差 $(y_{jk} - \hat{y}_{jk})/s$ が求められる．図 2.3, 2.4 はモデル (2.6) と (2.7) に関して，標準化残差の当てはめ値に対するプロット，標準化残差の妊娠期間に対するプロット，および正規確率プロットを示す．これらのタイプのプロットについては 2.3.4 項で述べる．図より以下のことがわかる．

1. 標準化残差と当てはめ値，標準化残差と説明変数（妊娠期間）のどちらの散布図にも系統的なパターンは見られない．
2. 標準化残差は近似的に正規分布に従っている（図 2.3, 2.4 の最下部のグラフにおいて各点は実線に近いところにプロットされているから）．
3. 2 つのモデルの間にはほとんど差がない．

2 つのモデル間にほとんど差がないことは，対立仮説 H_1（モデル (2.7) に対応）に対する帰無仮説 H_0（モデル (2.6) に対応）の検定によって調べることができる．H_0 が正しければ，最小値 $\hat{S}_1$ と $\hat{S}_0$ はほぼ等しくなる．もし，データ

表 2.6 表 2.3 のデータの観測値とモデル (2.6), (2.7) による当てはめ値

性別	妊娠期間 (週)	体重 (g)	モデル (2.6) による当てはめ値	モデル (2.7) による当てはめ値
男児	40	2968	3225.5	3210.6
	38	2795	2983.7	2986.7
	40	3163	3225.5	3210.6
	35	2925	2621.0	2650.7
	36	2625	2741.9	2762.7
	37	2847	2862.8	2874.7
	41	3292	3346.4	3322.6
	40	3473	3225.5	3210.6
	37	2628	2862.8	2874.7
	38	3176	2983.7	2986.7
	40	3421	3225.5	3210.6
	38	2975	2983.7	2986.7
女児	40	3317	3062.5	3074.3
	36	2729	2578.9	2552.7
	40	2935	3062.5	3074.3
	38	2754	2820.7	2813.5
	42	3210	3304.2	3335.1
	39	2817	2941.6	2943.9
	40	3126	3062.5	3074.3
	37	2539	2699.8	2683.1
	36	2412	2578.9	2552.7
	38	2991	2820.7	2813.5
	39	2875	2941.6	2943.9
	40	3231	3062.5	3074.3

が H_0 を支持するなら，データを記述するモデルとしてより単純なモデル (2.6) を用いることが妥当と感じるであろう．他方，より一般的な仮説 H_1 が正しければ，$\hat{S}_0$ は $\hat{S}_1$ に比べて明らかに大きくなり，モデル (2.7) がより望ましくなるであろう．

$\hat{S}_1$ と $\hat{S}_0$ の値の相対的な大きさを評価するため，2 つの確率変数

$$\widehat{S}_1 = \sum_{j=1}^{J}\sum_{k=1}^{K}(Y_{jk} - a_j - b_j x_{jk})^2$$

$$\widehat{S}_0 = \sum_{j=1}^{J}\sum_{k=1}^{K}(Y_{jk} - a_j - b x_{jk})^2$$

の標本分布を利用する必要がある．演習問題 2.3 に示すように，

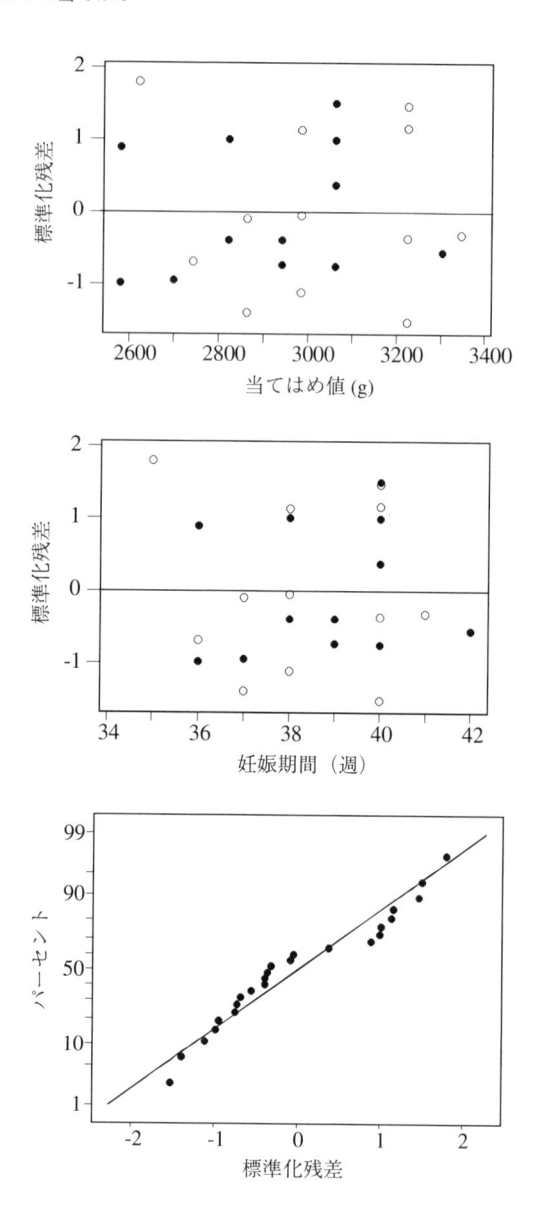

図 2.3 出生時体重と妊娠期間（表 2.3）のデータにモデル (2.6) を当てはめたときの標準化残差のプロット：白丸は男児，黒丸は女児に対応

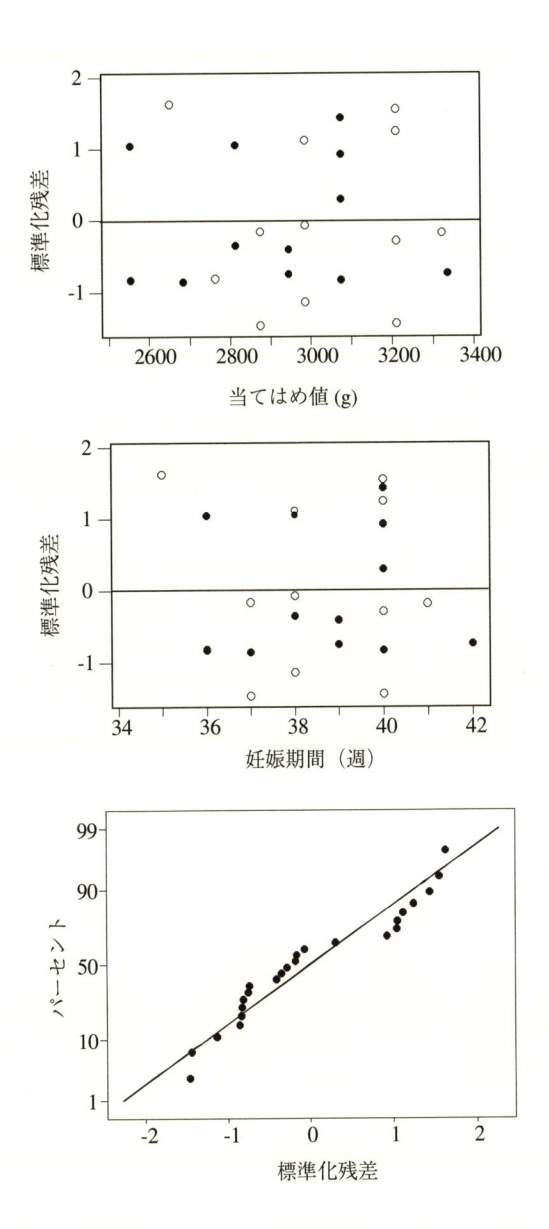

図 2.4 出生時体重と妊娠期間（表 2.3）のデータにモデル (2.7) を当てはめたときの標準化残差のプロット：白丸は男児，黒丸は女児に対応

$$\widehat{S}_1 = \sum_{j=1}^{J}\sum_{k=1}^{K}[Y_{jk}-(\alpha_j+\beta_j x_{jk})]^2 - K\sum_{j=1}^{J}(\overline{Y}_j-\alpha_j-\beta_j\overline{x}_j)^2$$
$$-\sum_{j=1}^{J}(b_j-\beta_j)^2(\sum_{k=1}^{K}x_{jk}^2-K\overline{x}_j^2)$$

であり，確率変数 Y_{jk}, $\overline{Y}_j$, b_j は，次の分布に従う.

$$Y_{jk} \sim N(\alpha_j+\beta_j x_{jk}, \sigma^2)$$
$$\overline{Y}_j \sim N(\alpha_j+\beta_j\overline{x}_j, \sigma^2/K)$$
$$b_j \sim N(\beta_j, \sigma^2/(\sum_{k=1}^{K}x_{jk}^2-K\overline{x}_j^2))$$

$\widehat{S}_1/\sigma^2$ は標準正規分布に従う確率変数の 2 乗和の差の形になっている．第 1 項は JK 個の確率変数の 2 乗 $(Y_{jk}-\alpha_j-\beta_j x_{jk})^2/\sigma^2$ の和，第 2 項は J 個の確率変数の 2 乗 $(\overline{Y}_j-\alpha_j-\beta_j\overline{x}_j)^2 K/\sigma^2$ の和，第 3 項は J 個の確率変数の 2 乗 $(b_j-\beta_j)^2(\sum_k x_{jk}^2-K\overline{x}_j^2)/\sigma^2$ の和である．それぞれの 2 乗和の中の各項は，すべて独立に $\chi^2(1)$ 分布に従い，それゆえ第 1 項は $\chi^2(JK)$，第 2 項と第 3 項はいずれも $\chi^2(J)$ に従う．$\widehat{S}_1 \geq 0$ であるから，1.5 節のカイ 2 乗分布の性質 6 より，$\widehat{S}_1/\sigma^2 \sim \chi^2(JK-2J)$ が導かれる．同様にして，H_0 が正しければ，$\widehat{S}_0/\sigma^2 \sim \chi^2[JK-(J+1)]$ となる[†]．例えば $J=2$ なら，$\widehat{S}_1/\sigma^2 \sim \chi^2(2K-4)$，$\widehat{S}_0/\sigma^2 \sim \chi^2(2K-3)$ となる．自由度は観測値の数から推定されたパラメータの数を引いたものに等しい．

もし β_1 と β_2 が等しくなければ（H_1 に対応），$\widehat{S}_0/\sigma^2$ は自由度 $JK-(J+1)$ の非心カイ 2 乗分布となる．一般的なモデル (2.7) がデータをよく記述できていると仮定すると，$\widehat{S}_1/\sigma^2$ は自由度 $JK-2J$ の中心カイ 2 乗分布に従う．

統計量 $\widehat{S}_0-\widehat{S}_1$ は式 (2.6) と比較した式 (2.7) の当てはまりの改良の大きさを表す．もし H_0 が正しければ，

$$\frac{1}{\sigma^2}(\widehat{S}_0-\widehat{S}_1) \sim \chi^2(J-1)$$

[†] 1.5 節の性質 6 は 2 つのカイ 2 乗変量の差がカイ 2 乗分布に従うための条件を述べている．ここではカイ 2 乗変量から 2 つのカイ 2 乗変量が引かれているので性質 6 を 2 回適用する．すなわち，まず第 1 項から第 2 項を引いた量がカイ 2 乗分布に従うこと，次にそのカイ 2 乗変量から第 3 項を引いた量がカイ 2 乗分布に従うことを示せばよい．

となり，H_0 が正しくなければ，$(\hat{S}_0 - \hat{S}_1)/\sigma^2$ は非心カイ2乗分布となる．しかし，σ^2 は未知なので，$(\hat{S}_0 - \hat{S}_1)/\sigma^2$ は直接 $\chi^2(J-1)$ 分布と比較することはできない．そこで，$(\hat{S}_0 - \hat{S}_1)/\sigma^2$ と中心カイ2乗分布に従う確率変数 $\hat{S}_1/\sigma^2$ をそれぞれの自由度で割った量との比をとって σ^2 を消去する．すなわち，

$$F = \frac{(\hat{S}_0 - \hat{S}_1)/\sigma^2}{(J-1)} \Big/ \frac{\hat{S}_1/\sigma^2}{(JK-2J)} = \frac{(\hat{S}_0 - \hat{S}_1)/(J-1)}{\hat{S}_1/(JK-2J)}$$

である．F は H_0 が正しければ，1.4.4 項より，中心 F 分布 $F(J-1, JK-2J)$ に従う．H_0 が正しくなければ，非心 F 分布に従い，計算された F の値は中心 F 分布から期待されるものより大きくなるだろう（図 2.5 参照）．

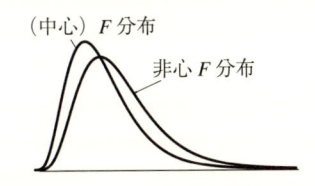

図 2.5 （中心）F 分布と非心 F 分布

出生時体重と妊娠期間の例において，F 値は以下のようになる．

$$\frac{(658770.8 - 652424.5)/1}{652424.5/20} = 0.19$$

$F(1, 20)$ 分布と比べると，この値は明らかに統計的に有意ではない．したがって，このデータは仮説 $H_0 : \beta_1 = \beta_2$ を否定する証拠を与えず，切片は異なるが同じ傾きを持つ，より単純なモデル (2.6) の方が望ましいことになる．

これら2つの例では次節でより一般的に議論する統計モデル構築の考え方と方法について例示した．

2.3 統計モデル構築のいくつかの原理

2.3.1 探索的データ解析

統計的データ解析は，まず1つずつの変数を別々に考慮することから始め，データの質を点検して，例えば，異常な値が混ざっていないかを検討したり，モデルの定式化に利用したりする．

1. 測定の尺度は何か？ 量的か，質的か？ 質的であれば，いくつのカテゴリーがあり，それらは名義尺度か，順序尺度か？
2. 分布はどんな形か？ このことは，度数分布表，点プロット，ヒストグラム，その他のグラフィカルな方法を用いて調べられる．
3. 他の変数とどんな関連性があるか？ 質的な変数の関連性にはクロス集計表，連続変数の関連性には散布図，質的な変数と量的な変数の関連性には質的変数（因子）の各水準に対する量的変数の並列箱ひげ図，などのデータの視覚化が，関連性のパターンを調べるのに役立つ．例えば，散布図は線形，非線形のどちらの関係を示唆するか？ グループの平均値は，グループを定義づける順序尺度に対応して単調に増加あるいは減少しているか？

2.3.2 モデルの定式化

本書で取り上げるモデルは，1つの反応変数 Y と，いくつかの説明変数を含む．問題意識や変数間の理論的な関係などのデータが得られた分野の実質科学的知識や，研究計画と探索的なデータ解析の結果はすべてモデルの定式化に役立つ．モデルは2つの成分を持つ:

1. Y の確率分布，例えば，$Y \sim N(\mu, \sigma^2)$．
2. Y の期待値と説明変数の線形結合を連結する関係式．例えば，$E(Y) = \alpha + \beta x$，$\ln[E(Y)] = \beta_0 + \beta_1 \sin(\alpha x)$．

一般化線形モデルにおいては，確率分布はすべて指数型分布族に属する．それには正規分布，2項分布，ポアソン分布など多くの分布が含まれる．この分布族については第3章で述べる．モデルの2番目の部分の関係式は次の一般的な形式

$$g[E(Y)] = \beta_0 + \beta_1 x_1 + \ldots + \beta_m x_m$$

を持ち，$\beta_0 + \beta_1 x_1 + \ldots + \beta_m x_m$ の部分を**線形成分** (linear component) と呼ぶ．線形成分の表記法については 2.4 節で述べる．

2.3.3 パラメータの推定

最もよく使われる推定法は最尤推定法と最小2乗法である．これらの方法についての説明は 1.6 節にある．本書では，最適化のための微積分や代数的方法を補う形で，適宜，数値的な方法やグラフィカルな方法を用いる．

2.3.4 残差とモデルのチェック

初めに，正規分布を仮定したモデルの残差を考えよう．反応変数 Y_i が

$$E(Y_i) = \mu_i; \quad Y_i \sim N(\mu_i, \sigma^2)$$

の形にモデル化される場合を想定する．当てはめ値としては推定値 $\hat{\mu}_i$ を用い，残差を $y_i - \hat{\mu}_i$, 近似的な標準化残差を

$$r_i = (y_i - \hat{\mu}_i)/\hat{\sigma}$$

と定義する．ここに $\hat{\sigma}$ は未知パラメータ σ の推定値である．これらの標準化残差は，観測データから計算される推定値 $\hat{\mu}_i$ と $\hat{\sigma}$ に依存するため，わずかに相関がある．さらに，σ が $\hat{\sigma}$ によって推定されるため，それらは正確な正規分布には従わない．しかし，近似的には正規分布であり，近似の正確さは，以下に説明するように，適切な方法でグラフィカルに調べることができる．

パラメータ μ_i は説明変数の関数である．もし，モデルが反応変数と説明変数の関係をよく表しているなら，その関係は $\hat{\mu}_i$ によってよく説明されている筈であり，残差 $y_i - \hat{\mu}_i$ には，ほとんど情報が残らない．これもまたグラフィカルに調べることができる（以下を参照）．さらに残差平方和 $\sum(y_i - \hat{\mu}_i)^2$ がモデルの適切さをはかるための包括的な統計量を与える．実際，残差平方和は，最適化された対数尤度関数や最小2乗法の基準関数の主要な要素になっている．

次に，ポアソン分布を仮定したモデルに対する残差を考えよう．慢性病状のためのモデル

$$E(Y_i) = \theta_i; \quad Y_i \sim Poisson(\theta_i)$$

を思い出してほしい．この場合の近似的な標準化残差は次の形で表される．

$$r_i = \frac{y_i - \hat{\theta}_i}{\sqrt{\hat{\theta}_i}}$$

これらは，ピアソンの適合度統計量

$$\sum_i \frac{(o_i - e_i)^2}{e_i}$$

の要素の符号付き平方根とみなすことができる．ここに o_i は値 y_i の観測値，e_i はモデルから期待される当てはめ値 $\hat{\theta}_i$ である．

　他の分布の場合については，標準化残差の多様な定義が用いられる．これらのうちのいくつかは，残差の正規性や独立性を改良するために $(y_i - \hat{\mu}_i)$ を変換した形になっている（例えば Neter et al. (1996) の第 9 章を見よ）．また，モデルの適合度の包括的な指標である対数尤度関数や平方和といった統計量を構成する成分の符号付き平方根にもとづく定義もある（例えば Cox and Snell (1968), Prigibon (1981), Pierce and Shafer (1986) を見よ）．こうした残差の多くについては McCullagh and Nelder(1989) や Krzanowski(1998) に詳しく述べられている．

　残差はモデルの仮定をチェックするための重要な手段である．その理由は，それらは互いに独立で，近似的に平均 0, 分散一定の正規分布に従うべきであり，また，説明変数と無関係でなくてはならない．そこで，分布の仮定の適切さを点検したり，異常な値を特定したりするために，標準化残差を正規分布と比較し，度数分布が正規分布に適合しているか，一定の範囲，例えば5% なら，±1.96, 1% なら，±2.58 より外側の値になっていないかチェックされる．

　正規性を評価する，より感度のよい方法は**正規確率プロット** (Normal Probability Plot) を用いることである．これは各観測値（今の場合，残差）の順序統計量，すなわち大きさの順に並べたもの，を正規性の仮定のもとで求められた期待値に対してプロットしたものである．これらの期待値は**正規順序統計量** (Normal order statistics) と呼ばれ，観測値の数に依存する．正規確率プロットは優良な統計ソフトにはすべて入っている（その他の分布に対しても類似の確率プロットが通常利用できる）．そのプロットで直線上あるいはその近くに散らばる点は正規分布に従うと考えられ，直線からの系統的な偏りや外れ値の存在は正規分布からの外れを表す．

　標準化残差は，また，モデルに含まれるそれぞれの説明変数に対してプロットするとよい．もしモデルが変数の効果を適切に表しているなら，標準化残差

は説明変数の値と無関係に一様に分布し，それ以外のあきらかなパターンは現れないはずである．モデルが適切でなければ，曲線的傾向や他の系統的パターンが現れ，モデルに追加的な項や代替的な項を含める必要性を示唆するかもしれない．残差はまた，モデルに含まれていない他の潜在的な説明変数に対してもプロットするのがよい．なにか系統的なパターンがあれば，追加の変数を含むべきであることを示唆する．一般化線形モデルにおいて非線形性を検出するためのいくつかの種類の残差プロットが Cai and Tsai(1999) によって比較されている．

さらに，分散の変化を検出するために，標準化残差を当てはめ値 $\hat{y}_i$ に対してプロットするとよい．例えば，当てはめ値の範囲の端の方に近づくにつれて残差の広がりが増加していくのは等分散の仮定（**等分散性** (homoscedasticity) と言われる）からのはずれを意味する．

最後に，値 y_i を測定した順番に対して，残差の系列プロットを行うべきであろう．これは時間的な系列，空間的な系列，あるいはそれ以外でも，観測データ間の独立性を失わせる可能性のある系列を取り上げればよい．残差が独立であれば，点は交互に上下するとか，増加あるいは減少傾向を持つといったような系統的なパターンを持たずにランダムに変動する．残差の系列に関連性があるかどうかは，系列相関係数を計算することによってチェックできる．残差に系列相関があるときには，特別なモデル化の方法が必要となる．これについては第 11 章で概要を述べる．

2.3.5 推測と解釈

測定値あるいは観測値という形で得られた科学的データは，**信号** (signal) とそれをゆがめる**ノイズ** (noise) から成ると考えることができる．例えば，出生時体重の例で言えば信号は赤ん坊の通常の成長の度合いであり，ノイズは個体間の差異を生み出すあらゆる遺伝や環境要因から来る．統計モデル作成の目標は信号についてできるだけ多くの情報を取り出すことである．実際には，これは単純さといった他の基準との釣り合いがとられなくてはならない．オックスフォード辞書では（**オッカムのかみそり** (Occam's Razor) としても知られる）

節約の原則 (law of parsimony) とは，効果を説明する以上の原因を仮定すべきではないという原則として説明されている．よって，「説明されない」変動をほとんど残さないような複雑なモデルより，データを適度に記述する簡単なモデルが好ましいのである．データと矛盾しない節約的なモデルを決定するために，パラメータについての仮説を検定するのである．

仮説検定は，モデルの当てはめの際，異なる仮説に対応する一連の入れ子モデル (nested models) を定義することによって行う．そして，ある特定の仮説をデータが支持するかどうかという問題は，他のもっと複雑なモデルに比べて，仮説に対応するモデルの当てはまりを評価する形で定式化される．この論理については本章であげた例の中で説明した．第5章では，本章で用いた概念や方法について，当てはまりのよさを表す統計量の標本分布も含めて，さらに詳しく説明する．

仮説検定はよいモデルを特定するのに便利であるが，一方で結果を解釈するのはそれほど容易ではない．できればモデルの中のパラメータは自然な解釈ができるものが望ましい．例えば，赤ん坊の成長の度合いや病気の相対的な罹患リスク，2つのマーケティング戦略からの平均利潤の差などがあげられる．パラメータの推定値，および標準誤差や信頼区間の形で示される推定値の信頼性は，有意水準やp値よりずっと情報量が多い．それによって次のような質問に答えることができる．その効果は実用に耐えるほどの精度を持って推定されているか，また，その効果は実用的，社会的，あるいは生物学的に意味があると言えるほど大きいか，といった質問である．

2.3.6 さらに深く理解するための文献

Cox and Snell (1981) の序章で統計モデル構築の原理についてすばらしい議論がなされており，Kleinbaum et al.(1998) では体系的なアプローチを採用することの重要性が強調されている．モデル選択，診断，検証のさまざまなステップについては Krzanowski(1998) が概説している．残差の利用については Neter et al.(1996)，Draper and Smith (1998)，Belsley et al. (1980)，Cook and Weisberg (1999) などを参照のこと．

2.4 説明変数についての表記法とコーディング

本書の中のモデルでは各反応変数 Y と 1 組の説明変数 $x_1, x_2, \ldots x_m$ を結ぶ関係式は
$$g[E(Y)] = \beta_0 + \beta_1 x_1 + \ldots + \beta_m x_m$$
の形を持つ．反応変数 $Y_1, \ldots, Y_N$ 全体については，行列表記を用いて
$$g[E(\mathbf{y})] = \mathbf{X}\boldsymbol{\beta} \tag{2.13}$$
の形に書くことができる．ただし

$$\mathbf{y} = \begin{bmatrix} Y_1 \\ \vdots \\ Y_N \end{bmatrix}$$ は反応のベクトルであり，

$$g[E(\mathbf{y})] = \begin{bmatrix} g[E(Y_1)] \\ \vdots \\ g[E(Y_N)] \end{bmatrix}$$

は $E(Y_i)$ の関数のベクトルを表す（どの要素についても g は同じ）．

$$\boldsymbol{\beta} = \begin{bmatrix} \beta_1 \\ \vdots \\ \beta_p \end{bmatrix}$$ はパラメータのベクトルであり，

$\mathbf{X}$ は行列で，その要素はカテゴリカルな説明変数の水準を表す定数か量的な説明変数の測定値である．

量的な説明変数 x（例えば，出生時体重の例における妊娠期間）についてはこのモデルは βx の形の項を含み，パラメータ β は x が 1 単位変化するのに伴う反応変数の変化を表す．

質的な説明変数に対しては，因子のおのおのの水準に対応するパラメータが存在する．$\mathbf{X}$ の要素の値は，各観測値がそのパラメータを含むか含まないかを

示すよう定められ，**ダミー変数** (dummy variable) と呼ばれる．それらが0と1だけからなるとき，**指示変数** (indicator variable) という用語が使われる．

モデルの中にパラメータが p 個と観測値が N 個あるとき，$\mathbf{y}$ は $N \times 1$ 確率変数ベクトル，$\boldsymbol{\beta}$ はパラメータの $p \times 1$ ベクトル，$\mathbf{X}$ は既知の定数の $N \times p$ 行列である．$\mathbf{X}$ は**デザイン行列** (design matrix) と呼ばれることが多く，$\mathbf{X}\boldsymbol{\beta}$ はモデルの**線形成分** (linear component) となる．$\mathbf{X}$ の要素を定義するさまざまな方法を以下の例で示す．

2.4.1　例：2群における平均

慢性病状のデータにおいてモデルの式

$$E(Y_{jk}) = \theta_j; \quad Y_{jk} \sim Poisson(\theta_j), j = 1, 2$$

は，恒等関数 g（すなわち $g(\theta_j) = \theta_j$）を用いて式 (2.13) の形で書くことができる．

$$\mathbf{y} = \begin{bmatrix} Y_{1,1} \\ Y_{1,2} \\ \vdots \\ Y_{1,26} \\ Y_{2,1} \\ \vdots \\ Y_{2,23} \end{bmatrix}, \quad \boldsymbol{\beta} = \begin{bmatrix} \theta_1 \\ \theta_2 \end{bmatrix}, \quad \mathbf{X} = \begin{bmatrix} 1 & 0 \\ 1 & 0 \\ \vdots & \vdots \\ 1 & 0 \\ 0 & 1 \\ \vdots & \vdots \\ 0 & 1 \end{bmatrix}$$

$\mathbf{X}$ の上段では $E(Y_{1k})$ に対応する項 θ_1 を拾い出し，下段では $E(Y_{2k})$ に対応する項 θ_2 を拾い出す．このモデルを使って，群平均 θ_1 と θ_2 を推定したり比較したりできる．

2.4.2　例：2群における単回帰

出生時体重と妊娠期間のデータにおいて，より一般的なモデルは

$$E(Y_{jk}) = \mu_{jk} = \alpha_j + \beta_j x_{jk}; \quad Y_{jk} \sim N(\mu_{jk}, \sigma^2)$$

である.これは g が恒等関数であるとして,次の $\mathbf{y}, \boldsymbol{\beta}, \mathbf{X}$ を用いて式 (2.13) の形で書ける.

$$\mathbf{y} = \begin{bmatrix} Y_{11} \\ Y_{12} \\ \vdots \\ Y_{1K} \\ Y_{21} \\ \vdots \\ Y_{2K} \end{bmatrix}, \quad \boldsymbol{\beta} = \begin{bmatrix} \alpha_1 \\ \alpha_2 \\ \beta_1 \\ \beta_2 \end{bmatrix}, \quad \mathbf{X} = \begin{bmatrix} 1 & 0 & x_{11} & 0 \\ 1 & 0 & x_{12} & 0 \\ \vdots & \vdots & \vdots & \vdots \\ 1 & 0 & x_{1K} & 0 \\ 0 & 1 & 0 & x_{21} \\ \vdots & \vdots & \vdots & \vdots \\ 0 & 1 & 0 & x_{2K} \end{bmatrix}$$

2.4.3 例:2群の平均の比較に対するいくつかの定式化

2群 $Y_{11}, \ldots, Y_{1K_1}$ と $Y_{21}, \ldots, Y_{2K_2}$ の平均の比較について線形成分を定式化するいくつかの代替的な方法がある.

(a) $E(Y_{1k}) = \beta_1$,と $E(Y_{2k}) = \beta_2$

これは上の例 2.4.1 で使われた形である.この場合 $\boldsymbol{\beta} = \begin{bmatrix} \beta_1 \\ \beta_2 \end{bmatrix}$ であり $\mathbf{X}$ の行は以下のようになる.

$$\text{群 1} : \begin{bmatrix} 1 & 0 \end{bmatrix}$$

$$\text{群 2} : \begin{bmatrix} 0 & 1 \end{bmatrix}$$

(b) $E(Y_{1k}) = \mu + \alpha_1$,と $E(Y_{2k}) = \mu + \alpha_2$

この形では μ が総平均を表し,α_1 と α_2 が μ からの各群の差を表す.この場合 $\boldsymbol{\beta} = \begin{bmatrix} \mu \\ \alpha_1 \\ \alpha_2 \end{bmatrix}$ であり $\mathbf{X}$ の行は以下のようになる.

$$\text{群 1} : \begin{bmatrix} 1 & 1 & 0 \end{bmatrix}$$

$$\text{群 2} : \begin{bmatrix} 1 & 0 & 1 \end{bmatrix}$$

しかし，2組の観測値からは2つのパラメータしか推定できないので，この定式化はパラメータが多すぎる．そこでなんらかの修正もしくは制約が必要となる．

(c) $E(Y_{1k}) = \mu$, と $E(Y_{2k}) = \mu + \alpha$

群1を参照群として扱い，α が群2の付加的効果を表す．この場合 $\boldsymbol{\beta} = \begin{bmatrix} \mu \\ \alpha \end{bmatrix}$ であり $\boldsymbol{X}$ の行は以下のようになる．

$$\text{群1} : \begin{bmatrix} 1 & 0 \end{bmatrix}$$
$$\text{群2} : \begin{bmatrix} 1 & 1 \end{bmatrix}$$

これは群の効果が，「端点」と呼ばれる参照カテゴリーとの差として定義される**端点制約によるパラメータ化** (corner point parameterization) の例である．

(d) $E(Y_{1k}) = \mu + \alpha$, と $E(Y_{2k}) = \mu - \alpha$

この形は2つの群を対称に扱う．μ が総平均，α が群間の差を表す．これは**零和制約** (sum-to-zero constraint) の例である．なぜなら

$$[E(Y_{1k}) - \mu] + [E(Y_{2k}) - \mu] = \alpha + (-\alpha) = 0$$

この場合 $\boldsymbol{\beta} = \begin{bmatrix} \mu \\ \alpha \end{bmatrix}$ であり $\boldsymbol{X}$ の行は以下のようになる．

$$\text{群1} : \begin{bmatrix} 1 & 1 \end{bmatrix}$$
$$\text{群2} : \begin{bmatrix} 1 & -1 \end{bmatrix}$$

2.4.4 例：順序カテゴリーの説明変数

Y_{jk} を生活の質を表す連続的な測定値とする．病気の重症度が軽度，中等度，高度の3群の患者からデータを集める．各群は順序変数の水準によって表すことができ，データは次のモデルで表すことができる．

$$E(Y_{1k}) = \mu$$

$$E(Y_{2k}) = \mu + \alpha_1$$
$$E(Y_{3k}) = \mu + \alpha_1 + \alpha_2$$

すなわち，$\boldsymbol{\beta} = \begin{bmatrix} \mu \\ \alpha_1 \\ \alpha_2 \end{bmatrix}$ であり $\mathbf{X}$ の行は以下のようになる．

$$\text{群 1}: \begin{bmatrix} 1 & 0 & 0 \end{bmatrix}$$
$$\text{群 2}: \begin{bmatrix} 1 & 1 & 0 \end{bmatrix}$$
$$\text{群 3}: \begin{bmatrix} 1 & 1 & 1 \end{bmatrix}$$

α_1 はグループ 1 と比べたグループ 2 の相対的効果を表し，α_2 はグループ 2 と比べたグループ 3 の相対的効果を表す．

2.5 演習問題

2.1 遺伝的に類似の種を肥沃な環境（処理群）と標準的な環境（対照群）のいずれかに，完全ランダム化実験デザインを用いて割り付けた．一定期間後に，すべての植物を刈り取り，乾燥させ，重さを測定した．両群の 20 ずつの個体についての測定結果が表 2.7 にまとめてある．表示単位はグラムである．

表 2.7 2 つの条件のもとで栽培された植物の乾燥重量

処理群		対照群	
4.81	5.36	4.17	4.66
4.17	3.48	3.05	5.58
4.41	4.69	5.18	3.66
3.59	4.44	4.01	4.50
5.87	4.89	6.11	3.90
3.83	4.71	4.10	4.61
6.03	5.48	5.17	5.62
4.98	4.32	3.57	4.53
4.90	5.15	5.33	6.05
5.75	6.34	5.59	5.14

2 群の収穫量になんらかの違いがあるか検定したい．Y_{jk} を第 j 群の k 番目の観測値，$j = 1$ なら処理群，$j = 2$ なら対照群，k は $k = 1, \ldots, 20$ としよう．Y_{jk} は

$Y_{jk} \sim N(\mu_j, \sigma^2)$ のように分布する互いに独立な確率変数とする．帰無仮説 $H_0 : \mu_1 = \mu_2 = \mu$ を対立仮説 $H_1 : \mu_1 \neq \mu_2$ に対して検定したい．

(a) 各群の分布（例：点プロット，幹葉プロット，正規確率プロット），要約統計量（例：平均，中央値，標準偏差，最大値，最小値）などを用いて探索的データ解析を行え．これらの解析結果から何が推測できるか．

(b) 対応のない t 検定を行い，群の平均の差に対して 95% 信頼区間を求めよ．その結果について解釈を述べよ．

(c) 次のモデルは対立仮説 H_1 に対して帰無仮説 H_0 を検定するために使われる．

$$H_0 : E(Y_{jk}) = \mu; \quad Y_{jk} \sim N(\mu, \sigma^2)$$
$$H_1 : E(Y_{jk}) = \mu_j; \quad Y_{jk} \sim N(\mu_j, \sigma^2)$$

$j = 1, 2, k = 1, \ldots, 20$ である．σ^2 を既知の定数と仮定し，パラメータ μ, μ_1, μ_2 の最尤推定値と最小 2 乗推定値を求めよ．

(d) 最小 2 乗基準の最小値は
H_0 のとき

$$\hat{S}_0 = \sum\sum (Y_{jk} - \bar{Y})^2 \quad \text{ここに} \quad \bar{Y} = \sum_{j=1}^{J}\sum_{k=1}^{K} Y_{jk}/40$$

H_1 のとき

$$\hat{S}_1 = \sum\sum (Y_{jk} - \bar{Y}_j)^2 \quad \text{ここに} \quad \bar{Y}_j = \sum_{k=1}^{K} Y_{jk}/20$$

であることを示せ．ただし $j = 1, 2$.

(e) 演習問題 1.4 の結果を用いて次を示せ．

$$\frac{1}{\sigma^2}\hat{S}_1 = \frac{1}{\sigma^2}\sum_{j=1}^{2}\sum_{k=1}^{20}(Y_{jk} - \mu_j)^2 - \frac{20}{\sigma^2}\sum_{j=1}^{2}(\bar{Y}_j - \mu_j)^2$$

また H_1 が真ならば

$$\frac{1}{\sigma^2}\hat{S}_1 \sim \chi^2(38)$$

であることを導け．同様に次を示せ．

$$\frac{1}{\sigma^2}\hat{S}_0 = \frac{1}{\sigma^2}\sum_{j=1}^{2}\sum_{k=1}^{20}(Y_{jk} - \mu)^2 - \frac{40}{\sigma^2}(\bar{Y} - \mu)^2$$

さらに，H_0 が真ならば

$$\frac{1}{\sigma^2}\hat{S}_0 \sim \chi^2(39)$$

であることを示せ．

(f) 2.2.2 項の議論と同様な議論，および (e) の結果を用いて統計量

$$F = \frac{\hat{S}_0 - \hat{S}_1}{\hat{S}_1/38}$$

が H_0 が真のとき中心 F 分布 $F(1,38)$，H_0 が真でないとき非心 F 分布に従うことを示せ．

(g) (f) から F 統計量を計算し，H_1 に対する H_0 の検定を行え．どんな結論が得られるか．

(h) t 分布と F 分布の関係を思い出し（1.4.4 項を見よ）(g) の F 統計量の値と (b) の t 統計量の値を比較せよ．また (b) と (g) の結論を比較せよ．

H_0 のモデルから残差を計算し，それらを用いて分布の仮定を検討せよ．

2.2 表 2.8 は 20 人の男性の「減量」プログラム参加前後の体重をキログラム単位で示したものである (Egger et al. (1999))．プログラムの 12 ヶ月後に彼らが減量維持しているかどうか知りたい．

表 2.8 20 人の男性の「減量」プログラム参加前後の体重

男	前	後	男	前	後
1	100.8	97.0	11	105.0	105.0
2	102.0	107.5	12	85.0	82.4
3	105.9	97.0	13	107.2	98.2
4	108.0	108.0	14	80.0	83.6
5	92.0	84.0	15	115.1	115.0
6	116.7	111.5	16	103.5	103.0
7	110.2	102.5	17	82.0	80.0
8	135.0	127.5	18	101.5	101.5
9	123.5	118.5	19	103.5	102.6
10	95.0	94.2	20	93.0	93.0

Y_{jk} を k 番目の男性の j 回目の体重．ただし $j=1$ を参加前，$j=2$ を 12 ヶ月後とする．Y_{jk} を独立な確率変数で $Y_{jk} \sim N(\mu_j, \sigma^2)$ と仮定する．ただし $j=1,2$ で $k=1,\ldots,20$ である．

(a) 対応のない t 検定を用いて仮説

$$H_0 : \mu_1 = \mu_2 \quad 対 \quad H_1 : \mu_1 \neq \mu_2$$

を検定せよ．

(b) $D_k = Y_{1k} - Y_{2k}$ で $k = 1, \ldots, 20$ とする．D_k を用いて H_1 に対する H_0 を検定するためのモデルを定式化せよ．上記の演習問題 2.1 に類似の方法を用い，σ^2 が既知の定数であると仮定して H_1 に対して H_0 を検定せよ．

(c) (b) での分析は同一個体のプログラム前と後の体重間の自然な関係を用いた対応のある t 検定である．(a) の結果と (b) の結論は同じか．

(d) (a) と (b) でたてられた仮説を列挙せよ．これらのデータにはどちらの分析がより適切であるか．

2.3 出生時体重と妊娠期間のデータにおけるモデル (2.7) において，演習問題 1.4 におけるモデルと同様の方法を用いて

$$\hat{S}_1 = \sum_{j=1}^{J} \sum_{k=1}^{K} (Y_{jk} - a_j - b_j x_{jk})^2$$

$$= \sum_{j=1}^{J} \sum_{k=1}^{K} [Y_{jk} - (\alpha_j + \beta_j x_{jk})]^2 - K \sum_{j=1}^{J} (\bar{Y}_j - \alpha_j - \beta_j \bar{x}_j)^2$$

$$- \sum_{j=1}^{J} (b_j - \beta_j)^2 \left(\sum_{k=1}^{K} x_{jk}^2 - K \bar{x}_j^2 \right)$$

が成り立ち，確率変数 $Y_{jk}, \bar{Y}_j, b_j$ が以下のように分布することを示せ．

$$Y_{jk} \sim N(\alpha_j + \beta_j x_{jk}, \sigma^2),$$
$$\bar{Y}_j \sim N(\alpha_j + \beta_j \bar{x}_j, \sigma^2/K),$$
$$b_j \sim N(\beta_j, \sigma^2/(\sum_{k=1}^{K} x_{jk}^2 - K \bar{x}_j^2))$$

2.4 次のようなデータがある．

$x:$	1.0	1.2	1.4	1.6	1.8	2.0
$y:$	3.15	4.85	6.50	7.20	8.25	16.50

このデータに対して，モデル

$$E(Y) = \ln(\beta_0 + \beta_1 x + \beta_2 x^2)$$

を当てはめたい．このモデルを式 (2.13) の形に書き，ベクトル $\mathbf{y}$, $\boldsymbol{\beta}$, 行列 $\mathbf{X}$ を明らかにせよ．

2.5 繰返しのない二元配置分散分析で 1 つの因子は 2 水準，もう 1 つの因子は 3 水準であるようなモデルは

$$E(Y_{jk}) = \mu_{jk} = \mu + \alpha_j + \beta_k; \quad Y_{jk} \sim N(\mu_{jk}, \sigma^2)$$

$j = 1, 2; k = 1, 2, 3$ と表される．零和制約 $\alpha_1 + \alpha_2 = 0, \beta_1 + \beta_2 + \beta_3 = 0$ を利用し，$E(Y_{jk})$ を表す式を行列表記を用いて書け．(ヒント: $\alpha_2 = -\alpha_1$, $\beta_3 = -\beta_1 - \beta_2$ とせよ).

第3章
指数型分布族と一般化線形モデル

3.1 はじめに

独立な確率変数 Y_i に対する

$$E(Y_i) = \mu_i = \mathbf{x}_i^T\boldsymbol{\beta}; \qquad Y_i \sim N(\mu_i, \sigma^2) \tag{3.1}$$

の形の線形モデルは，連続データの多くの分析において最も基本となるものである．転置ベクトル $\mathbf{x}_i^T$ は，デザイン行列 X の i 番目の行を表す．2.2.2項の出生時体重と妊娠期間の関係の例は，この形式をとっていた．また，演習問題2.1では，植物の成長に関する例を示した．そこでは，Y_i は植物の乾燥重量，X は処理群か対照群かを表すダミー変数であった．これらの例を一般化した，連続的な反応変数と複数個の説明変数との関係（重回帰）や3つ以上の平均値の比較（分散分析）も，この形式により記述できる．

統計理論やコンピュータソフトウェアの進歩により，重回帰分析や分散分析などの線形モデルに対して開発された方法と類似の方法が，以下のようなもっと一般的な状況で利用できるようになった．

1. 反応変数が，正規分布以外の分布に従っている場合．
    - それらは，連続変数の場合だけでなく質的変数の場合でもよい．
2. 反応変数と説明変数との間の関係が，式 (3.1) のような簡単な線形式の形である必要はない．

1番目については，正規分布以外にも，正規分布の多くの '良い' 性質が成り立

つ**指数型分布族**(exponential family of distributions) と呼ばれるより広いクラスの分布が扱えるようになったことによる．指数型分布族とその性質については，次節で議論する．

2番目については，パラメータ $\boldsymbol{\beta}$ を推定する数値的方法が，線形モデル (3.1) だけでなく，$E(Y_i) = \mu_i$ と線形成分 $\mathbf{x}_i^T \boldsymbol{\beta}$ が非線形関数により関連付けられる

$$g(\mu_i) = \mathbf{x}_i^T \boldsymbol{\beta}$$

のような場合にも利用できるようになったことによる (2.4節参照)．関数 g は，**連結関数**(link function) と呼ばれる．Nelder と Wedderburn(1972) による一般化線形モデルの定式化や，本書で取り上げている多くの例において，g は単純な数学的関数である．これらのモデルは，関数が単純な数学的関数でなく，数値的に推定される場合へも拡張が行われており，**一般化加法モデル**(generalized additive model) と呼ばれている (これについては, Hastie と Tibshirani (1990) などを見よ)．推定は理論的には容易であるが，実際には，非線形関数の数値的な最適化を含む大量の計算処理が必要になる．これらの計算プログラムは，多くの統計ソフトウェアに含まれている．

本章では，指数型分布族を導入し，一般化線形モデルを定義する．パラメータ推定や仮説検定の方法は第4章と第5章において，それぞれ解説する．

3.2 指数型分布族

単一のパラメータ θ を持つ確率分布に従う1つの確率変数 Y について考える．その確率分布が以下の式により記述されるなら，その分布は指数型分布族に属するという．

$$f(y;\theta) = s(y)t(\theta)e^{a(y)b(\theta)} \tag{3.2}$$

ただし，a, b, s や t は既知の関数とする．y と θ との間には，対称的な関係があることに注意してほしい．そのことは，式 (3.2) を以下のように書き直すと，より明らかとなる．

$$f(y;\theta) = \exp[a(y)b(\theta) + c(\theta) + d(y)] \tag{3.3}$$

ただし，$s(y) = \exp d(y)$, $t(\theta) = \exp c(\theta)$ である．

$a(y) = y$ のとき，その分布は**正準形** (canonical form) であると言われ，$b(\theta)$ は分布の**自然パラメータ** (natural parameter) と呼ばれる．もし，興味のあるパラメータ θ 以外に，他のパラメータがあるとき，関数 a, b, c や d を構成する**局外パラメータ** (nuisance parameter) と見なされ，既知として扱われる．

多くのよく知られた分布は，指数型分布族に属している．例えば，ポアソン分布，正規分布，2 項分布は，すべて正準形として記述できる．それについては表 3.1 を見よ．

表 3.1 指数型分布族としてのポアソン分布，正規分布，2 項分布

分布	自然パラメータ	c	d
ポアソン分布	$\log \theta$	$-\theta$	$-\log y!$
正規分布	$\dfrac{\mu}{\sigma^2}$	$-\dfrac{\mu^2}{2\sigma^2} - \dfrac{1}{2}\log(2\pi\sigma^2)$	$-\dfrac{y^2}{2\sigma^2}$
2 項分布	$\log\left(\dfrac{\pi}{1-\pi}\right)$	$n\log(1-\pi)$	$\log\binom{n}{y}$

3.2.1 ポアソン分布

離散的な確率変数 Y に対する確率関数は以下のようになる．

$$f(y, \theta) = \frac{\theta^y e^{-\theta}}{y!}$$

ここで，y は $0, 1, 2, \cdots$ の値をとる．これは，次のようにも記述できる．

$$f(y, \theta) = \exp(y \log \theta - \theta - \log y!)$$

この場合 $a(y) = y$ であるから，正準形である．また，自然パラメータは $\log \theta$ となる．

ポアソン分布は，計数データのモデルとして用いられ，$Y \sim Poisson(\theta)$ のように表す．典型的には，非常に短い時間の間隔あるいは空間の間隔において事象が起こる確率が非常に小さく，それらの事象が独立に起こるという場合に，一定の時間や空間において発生する事象数の確率モデルのような場合である．例としては次のようなものがあげられる．ある個人が訴える病状の数 (2.2.1 項), 1 シーズンに発生する熱帯サイクロンの数 (1.6.4 項) や，新聞の 1 ページに含

まれるスペル間違いの数，コンピュータや製造物のバッチに含まれる欠陥部品の数など．ある確率変数がポアソン分布に従っているなら，その期待値と分散は等しい．しかし，ポアソン分布によりモデル化される現実のデータは，しばしば平均より分散が大きく，この現象は**超過分散**(overdispersion) と呼ばれる．この場合，モデルはこの特徴を反映するように修正されなければならない．第9章では，ポアソン分布にもとづくさまざまなモデルについて説明する．

3.2.2 正規分布

正規分布の確率密度関数は，次のように表される．

$$f(y;\mu) = \frac{1}{(2\pi\sigma^2)^{1/2}} \exp\left[-\frac{1}{2\sigma^2}(y-\mu)^2\right]$$

ここで μ が関心のあるパラメータであり，σ^2 は局外パラメータとみなされる．これは，次のようにも表すことができる．

$$f(y;\mu) = \exp\left[-\frac{y^2}{2\sigma^2} + \frac{y\mu}{\sigma^2} - \frac{\mu^2}{2\sigma^2} - \frac{1}{2}\log(2\pi\sigma^2)\right]$$

これは正準形である．自然パラメータは $b(\mu) = \mu/\sigma^2$ であり，式 (3.3) のその他の項は以下のようになる．

$$c(\mu) = -\frac{\mu^2}{2\sigma^2} - \frac{1}{2}\log(2\pi\sigma^2),\ d(y) = -\frac{y^2}{2\sigma^2}$$

($-\frac{1}{2}\log(2\pi\sigma^2)$ の項を $d(y)$ の方に含ませてもよい)

正規分布は，対称な分布を持つ連続データに対するモデルとして用いられる．正規分布がよく利用される主要な理由が3つある．第1の理由は，自然界で起こる多くの現象は，実際に正規分布によってよく記述されること．例えば，人の身長や血圧がこれにあたる．第2は，仮にデータが正規分布に従わないとしても，ランダムにサンプリングされた値の平均や合計は，近似的に正規分布になること．このことは中心極限定理として証明されている．第3は，正規分布から派生した標本分布や他の分布への近似などを含めて，正規分布にもとづいて非常に多くの統計理論が存在していることである．これらの理由から，連続データ y が正規分布ではないときでも，$y' = \log y$ とか，$y' = \sqrt{y}$ などの変換によって，データ y' が近似的に正規分布に従うかどうか試みる価値がある．

3.2.3　2項分布

「成功」または「失敗」という2つのいずれかを出力に持つ,「試行」と呼ばれる事象の系列について考える. 確率変数 Y を n 回の独立な試行における成功の回数としよう. 成功の確率 π はすべての試行において同じとする. そのとき Y は, 以下の確率関数を持つ2項分布に従う.

$$f(y;\pi) = \binom{n}{y} \pi^y (1-\pi)^{n-y}$$

y は $0, 1, 2, \ldots, n$ の値をとりうる. このことは $Y \sim binominal(n, \pi)$ と表される. ここで π は関心のあるパラメータ, n は既知と仮定する. 確率関数は式 (3.3) の形式に合うように, 次のように書き直すことができる.

$$f(y;\mu) = \exp\left[y\log\pi - y\log(1-\pi) + n\log(1-\pi) + \log\binom{n}{y}\right]$$

自然パラメータは $b(\pi) = \log\pi - \log(1-\pi) = \log[\pi/(1-\pi)]$ である.

2項分布は, 2値の出力を持つ観測値の系列に対して, 第一選択として考えられるモデルである. 例をあげると, 全受験者の中で試験に合格する受験者の数 (各受験者に対して起こりうる結果は合格か不合格のいずれか), あるいは, ある疾患の患者集団の中で, 診断の一定期間後に生存している患者数 (1人ずつについて起こり得る結果は, 生存するか死亡するかのいずれか).

指数型分布族に属する分布の他の例については, 章末の演習問題に与えられている. ただし, すべてが正準形であるわけではない.

3.3　指数型分布族の性質

$a(Y)$ の期待値と分散を求めておこう. 積分と微分の順序を入れ替えることができるという条件のもとで, 任意の確率密度関数に対して成り立つ次の結果を用いる. 確率密度関数の定義から, その曲線の下にある領域の面積は1であるから

$$\int f(y;\theta)\,dy = 1 \tag{3.4}$$

ただし, 積分の範囲は, y のとりうる値の全体である. (確率変数 Y が離散ならば, 積分は和に置き換わる).

θ に関して式 (3.4) の両辺を微分すると

$$\frac{d}{d\theta}\int f(y;\theta)dy = \frac{d}{d\theta}1 = 0 \tag{3.5}$$

となり，第 1 項の積分と微分の順序を入れ替えると，式 (3.5) は次のようになる．

$$\int \frac{df(y;\theta)}{d\theta}dy = 0 \tag{3.6}$$

同様に，式 (3.4) を θ に関して 2 回微分し，積分と微分の順序を入れ替えると

$$\int \frac{d^2 f(y;\theta)}{d\theta^2}dy = 0 \tag{3.7}$$

である．これらの結果を指数型分布族に属する分布に適用する．式 (3.3) より，

$$f(y;\theta) = \exp\left[a(y)b(\theta) + c(\theta) + d(y)\right]$$

であるから

$$\frac{df(y;\theta)}{d\theta} = \left[a(y)b'(\theta) + c'(\theta)\right]f(y;\theta)$$

となり，式 (3.6) より

$$\int \left[a(y)b'(\theta) + c'(\theta)\right]f(y;\theta)dy = 0$$

期待値の定義より，$\int a(y)f(y;\theta)dy = E[a(Y)]$, また，式 (3.4) より $\int c'(\theta)f(y;\theta)dy = c'(\theta)$ であるから

$$b'(\theta)E[a(Y)] + c'(\theta) = 0 \tag{3.8}$$

が成り立つ．整理すると，次の式が得られる．

$$E[a(Y)] = -c'(\theta)/b'(\theta) \tag{3.9}$$

同様にして $\mathrm{var}[a(Y)]$ を求めることができる．

$$\frac{d^2 f(y;\theta)}{d\theta^2} = \left[a(y)b''(\theta) + c''(\theta)\right]f(y;\theta) + \left[a(y)b'(\theta) + c'(\theta)\right]^2 f(y;\theta) \tag{3.10}$$

式 (3.10) の右辺の第 2 項は，式 (3.9) を用いて

$$[b'(\theta)]^2 \{a(y) - E[a(Y)]\}^2 f(y;\theta)$$

と表され，定義より $\int \{a(y) - E[a(Y)]\}^2 f(y;\theta) dy = \text{var}[a(Y)]$ であるから，式 (3.7) は次のように変形できる．

$$\int \frac{d^2 f(y;\theta)}{d\theta^2} dy = b''(\theta) E[a(Y)] + c''(\theta) + [b'(\theta)]^2 \text{var}[a(Y)] = 0 \quad (3.11)$$

式 (3.11) を整理し，式 (3.9) を代入すると次の解が得られる．

$$\text{var}[a(Y)] = \frac{b''(\theta) c'(\theta) - c''(\theta) b'(\theta)}{[b'(\theta)]^3} \quad (3.12)$$

式 (3.9) と (3.12) は，ポアソン分布，正規分布，2 項分布においてすぐに確かめることができ（演習問題 3.4 を参照），他の指数型分布族における分布の平均や分散を求めるためにも利用できる．

対数尤度関数の導関数の期待値と分散を求めよう．式 (3.3) から，指数型分布族に属する分布の対数尤度関数 $l(\theta; y)$ は

$$l(\theta; y) = a(y) b(\theta) + c(\theta) + d(y)$$

と表され，θ に関する導関数は次のようになる．

$$U(\theta; y) = \frac{dl(\theta; y)}{d\theta} = a(y) b'(\theta) + c'(\theta)$$

関数 U は**スコア統計量** (score statistic) と呼ばれる．U は y に依存しているので，確率変数であり，

$$U = a(Y) b'(\theta) + c'(\theta) \quad (3.13)$$

と表すことができる．その期待値は

$$E(U) = b'(\theta) E[a(Y)] + c'(\theta)$$

となるから，式 (3.9) を用いて

$$E(U) = b'(\theta) \left[-\frac{c'(\theta)}{b'(\theta)} \right] + c'(\theta) = 0 \quad (3.14)$$

となる．

U の分散は**情報量**(information) と呼ばれ，$\Im$ と表す．確率変数の線形変換の分散を計算する公式を用いると以下の式が得られる（式 (1.3) と (3.13) を参照せよ）．

$$\Im = \text{var}(U) = \left[b'(\theta)^2\right] \text{var}[a(Y)]$$

式 (3.12) を代入すると次の関係が得られる．

$$\text{var}(U) = \frac{b''(\theta)c'(\theta)}{b'(\theta)} - c''(\theta) \tag{3.15}$$

スコア統計量 U は，一般化線形モデルにおけるパラメータに関する推測に利用される（これについては第 5 章を参照）．

後で用いる U の他の性質として次の関係がある．

$$\text{var}(U) = E(U^2) = -E(U') \tag{3.16}$$

初めの式は，任意の確率変数に対して成り立つ

$$\text{var}(X) = E(X^2) - [E(X)]^2$$

および，式 (3.14) の $E(U) = 0$ から得られる．2 つ目の式の求め方は次のようにすればよい．U を θ に関して微分すると，式 (3.13) より

$$U' = \frac{dU}{d\theta} = a(Y)b''(\theta) + c''(\theta)$$

ゆえに U' の期待値は，式 (3.9) と式 (3.15) を用いることにより次のようになる．

$$\begin{aligned}E(U') &= b''(\theta)E[a(Y)] + c''(\theta) \\ &= b''(\theta)\left[-\frac{c'(\theta)}{b'(\theta)}\right] + c''(\theta) \\ &= -\text{var}(U) = -\Im\end{aligned} \tag{3.17}$$

3.4 一般化線形モデル

多くの統計的方法の統一的な取扱いが，Nelder と Wedderburn(1972) により一般化線形モデルという概念を用いて示された．このモデルは，指数型分布族に属する分布に従い，かつ以下に示す性質を持つ独立な確率変数 $Y_1, \cdots, Y_N$ の集合に対して定義される．

1. 各確率変数 Y_i の分布は，正準形を持っており，1つのパラメータ θ_i（その θ_i はすべて同じである必要はない）に依存している．すなわち

$$f(y_i; \theta_i) = \exp\left[y_i b_i(\theta_i) + c_i(\theta_i) + d_i(y_i)\right]$$

2. すべての確率変数 Y_i の分布は同じ型（例えば，すべて正規分布，あるいはすべて2項分布）であり，b, c や d の下の添え字は不要である．

このとき，確率変数 $Y_1, \cdots, Y_N$ の同時確率密度関数は以下のように表される．

$$f(y_1, \ldots, y_N; \theta_1, \ldots, \theta_N) = \prod_{i=1}^{N} \exp\left[y_i b(\theta_i) + c(\theta_i) + d(y_i)\right] \quad (3.18)$$

$$= \exp\left[\sum_{i=1}^{N} y_i b(\theta_i) + \sum_{i=1}^{N} c(\theta_i) + \sum_{i=1}^{N} d(y_i)\right] \quad (3.19)$$

パラメータ θ_i には直接関心はない（なぜならば，それぞれの観測値に対して1つずつ存在しているかもしれないから）．モデルの設定にあたっては，通常 $\beta_1, \cdots \beta_p$ $(p < N)$ というもっと少数のパラメータに関心がある．$E(Y_i) = \mu_i$ と定義される μ_i は $\beta_1, \cdots, \beta_p$ の関数として表されると仮定しよう．一般化線形モデルにおいては，μ_i の関数 $g(\mu_i)$ に対して

$$g(\mu_i) = \mathbf{x}_i^T \boldsymbol{\beta}$$

のモデルを想定する．ここに g は単調，かつ微分可能な関数であり，**連結関数**(link function) と呼ばれる．また，$\mathbf{x}_i$ は説明変数の $p \times 1$ ベクトル（共変量や因子の水準に対するダミー変数）である．

$$\mathbf{x}_i = \begin{bmatrix} x_{i1} \\ \vdots \\ x_{ip} \end{bmatrix}, \quad \mathbf{x}_i^T = \begin{bmatrix} x_{i1} & \cdots & x_{ip} \end{bmatrix}$$

$\boldsymbol{\beta}$ は $p \times 1$ パラメータベクトル，$\boldsymbol{\beta} = \begin{bmatrix} \beta_1 \\ \vdots \\ \beta_p \end{bmatrix}$，ベクトル $\mathbf{x}_i^T$ はデザイン行列 X の i 番目の行である．

一般化線形モデルは以下の3つの成分から成る.

1. 指数型分布族に属する同一の分布に従うと仮定される反応変数 $Y_1, \cdots, Y_N$.
2. パラメータベクトル β の集合と説明変数の行列

$$\mathbf{X} = \begin{bmatrix} \mathbf{x}_1^T \\ \vdots \\ \mathbf{x}_N^T \end{bmatrix} = \begin{bmatrix} x_{11} & \cdots & x_{1p} \\ \vdots & & \vdots \\ x_{N1} & & x_{Np} \end{bmatrix}$$

3. 単調な連結関数 g. ただし,$g(\mu_i)$, $\mu_i = E(Y_i)$, は次の関係を満たす.

$$g(\mu_i) = \mathbf{x}_i^T \beta$$

以下に,一般化線形モデルの3つの例をあげる.

3.5 例　題

3.5.1 正規線形モデル

最もよく知られている,一般化線形モデルの特別な場合は

$$E(Y_i) = \mu_i = \mathbf{x}_i^T \beta; \qquad Y_i \sim N(\mu_i, \sigma^2)$$

のようなモデルである.ここに,$Y_1, \cdots, Y_N$ は互いに独立とする.ここでの連結関数は,恒等関数 $g(\mu_i) = \mu_i$ である.このモデルは,通常は次の形式に表される.

$$\mathbf{y} = \mathbf{X}\beta + \mathbf{e}$$

ただし,$\mathbf{e} = \begin{bmatrix} e_1 \\ \vdots \\ e_N \end{bmatrix}$,$e_i$ は互いに独立に $N(0, \sigma^2)$ に従う.

この式において,線形成分 $\mu = \mathbf{X}\beta$ は「信号 (signal)」,$\mathbf{e}$ は「ノイズ (noise)」を表す.「ノイズ」とはランダムな変動,あるいは「誤差」である.重回帰分析,分散分析,共分散分析はすべてこの形式となる.それらのモデルについては第6章で考察する.

3.5.2 歴史言語学

他の言語から派生した言語について考えよう．例えば，現代ギリシャ語は古代ギリシャ語から，ロマンス語はラテン語から派生している．語彙の変化に対する単純なモデルとして，2つの言語が分離して時間 t が経過したとき，その2言語間で，ある特定の意味を持つ単語が同じ起源を持つ確率は $e^{-\theta t}$ である，というモデルを考える．ただし，θ はパラメータ（図 3.1 を参照）である．多くの言語で共通に使われる意味については θ は近似的に同じ値であると考えられる．N 個の異なった意味のリストの中の1つひとつに対して，言語学者が2つの言語の対応する単語が同じ起源を持つか持たないかを判定したと仮定しよう．この状況を記述するために一般化線形モデルを応用することができる．

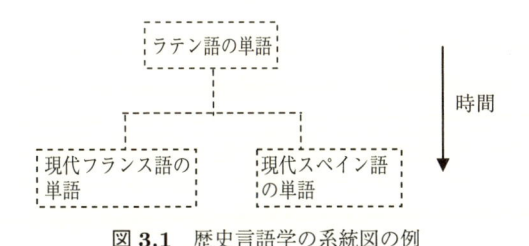

図 3.1 歴史言語学の系統図の例

確率変数 $Y_1, \cdots, Y_N$ を

$$Y_i = \begin{cases} 1 & \text{2言語において } i \text{ 番目の意味の単語が同じ起源を持つとき.} \\ 0 & \text{そうでないとき.} \end{cases}$$

のように定義する．このとき

$$P(Y_i = 1) = e^{-\theta t}$$

$$P(Y_i = 0) = 1 - e^{-\theta t}$$

となる．これは，$n = 1$, $E(Y_i) = \pi = e^{-\theta t}$ とおいた2項分布 $binomial(n, \pi)$ の特別な場合である．連結関数 g は対数を用いて，

$$g(\pi) = \log \pi = -\theta t$$

となるので，$g[E(Y)]$ はパラメータ θ に関して線形である．一般式では，$\mathbf{x}_i = [-t]$ $(i = 1, \cdots, N)$ $\beta = [\theta]$ とおいた場合に相当する．

3.5.3 死亡率

ある特定の期間に大きい母集団の中からランダムに選ばれた 1 人の個人が死ぬ確率は低いとする．伝染性以外の病気による死は独立な事象であると仮定すると，ある母集団における死亡者数 Y は，ポアソン分布を用いてモデル化できる．

$$f(y; \mu) = \frac{\mu^y e^{-\mu}}{y!}$$

ただし，y は値 $0, 1, 2, \ldots$ をとりうる．$\mu = E[Y]$ はその特定の期間における死亡者数の期待値である．

パラメータ μ は，母集団の大きさ，観測期間，そして母集団の（年齢，性別，病歴などの）さまざまな特性に依存している．そこで，例えば，次のようにモデル化することができる．

$$E(Y) = \mu = n\lambda(\mathbf{x}^T\beta)$$

n は母集団の大きさ，$\lambda(\mathbf{x}^T\beta)$ は年間の 100,000 人当たりの死亡率で，線形成分 $\mathbf{x}^T\boldsymbol{\beta}$ により母集団の特性に依存している．

年齢に対する死亡者数の変化は，異なる年齢群での死亡者数を独立な確率変数 $Y_1, \cdots, Y_N$ としてとることによりモデル化できる．例えば，表 3.2 は冠動脈性心疾患による年齢ごとの死亡者数のデータを表している．

図 3.2 から，死亡率 $y_i/n_i \times 10,000$ は年齢が高くなるにつれて増加していることがわかる．ただし，縦軸に対数尺度が用いられていることに注意する．対数尺度を用いると，散布図はほぼ線形である．このことは，y_i/n_i と年齢群 i との間の関係が近似的に指数関数になっていることを示唆している．したがって，可能な 確率モデルとして次のモデルを考えることができる．

$$E(Y_i) = \mu_i = n_i e^{\theta i}; \quad Y_i \sim Poisson(\mu_i)$$

ここで，$i = 1$ は年齢群 30 - 34 歳，$i = 2$ は年齢群 35 - 39 歳，$\cdots, i = 8$ は年齢群 65 - 69 歳を表す．

表 3.2 1991年のオーストラリアのニューサウス・ウェールズ州のハンター地域における冠動脈性心疾患による死亡者数（5歳区分）

年齢層（歳）	死亡者数, y_i	母集団大きさ, n_i	100,000人に対する割合 1年間, $y_i/n_i \times 10,000$
30 - 34	1	17,742	5.6
35 - 39	5	16,554	30.2
40 - 44	5	16,059	31.1
45 - 49	12	13,083	91.7
50 - 54	25	10,784	231.8
55 - 59	38	9,645	394.0
60 - 64	54	10,706	504.4
65 - 69	65	9,933	654.4

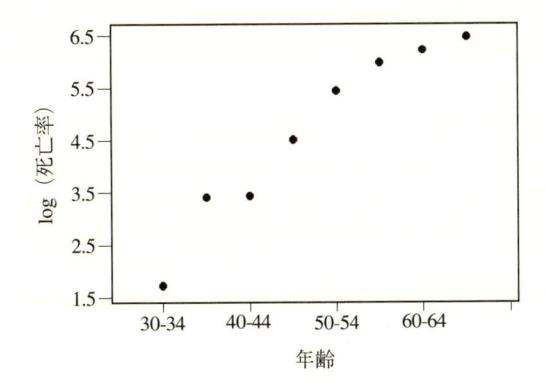

図 3.2 年齢と死亡者数（人/10万人）のプロット

この関係は，対数連結関数を用いることにより，一般化線形モデルとして記述することができる．

$$g(\mu_i) = \log \mu_i = \log n_i + \theta i$$

線形成分は $\mathbf{x}_i^T \boldsymbol{\beta}$，ただし $\mathbf{x}_i^T = \begin{bmatrix} \log n_i & i \end{bmatrix}$, $\boldsymbol{\beta} = \begin{bmatrix} 1 \\ \theta \end{bmatrix}$ と表される．

3.6 演習問題

3.1 以下に述べられている関係は，一般化線形モデルにより記述できる．それぞれについて，反応変数と説明変数は何か．反応変数の確率分布を選択し，線形成分を書き下せ．

(a) 年齢，性別，身長，1日の平均的食料摂取量，1日の平均エネルギー消費量の体重に対する効果．

(b) 5つの異なるレベルにおいて，それぞれ20匹ずつのマウスが細菌に曝露されたときに感染するマウスの割合．

(c) 1週間の間にスーパーマーケットへ行く回数と1世帯当たりの構成人員数，1世帯当たりの収入，スーパーマーケットとの距離との関係．

3.2 確率変数 Y が尺度パラメータ θ と既知の形状パラメータ ϕ を持つガンマ分布に従っているとき，その確率密度関数は以下のようになる．ただし，θ が関心のあるパラメータとする．

$$f(y;\theta) = \frac{y^{\phi-1}\theta^\phi e^{-y\theta}}{\Gamma(\phi)}$$

この分布が指数型分布族に属することを示し，自然パラメータを見つけよ．また本章の結果を用いて，$E(Y)$ と $\mathrm{var}(Y)$ を求めよ．

3.3 以下の確率密度関数が指数型分布族に属することを示せ．

(a) パレート分布 $f(y;\theta) = \theta y^{-\theta-1}$

(b) 指数分布 $f(y;\theta) = \theta e^{-y\theta}$

(c) 負の2項分布
$$f(y;\theta) = \binom{y+r-1}{r-1} \theta^r (1-\theta)^y$$

ただし r は既知とする．

3.4 式 (3.9) と式 (3.12) を用いて，以下の結果を証明せよ．

(a) $Y \sim Poisson(\theta)$ のとき，$E(Y) = \mathrm{var}(Y) = \theta$

(b) $Y \sim N(\mu, \sigma^2)$ のとき，$E(Y) = \mu$，$\mathrm{var}(Y) = \sigma^2$

(c) $Y \sim binomial(n, \pi)$ のとき，$E(Y) = n\pi$，$\mathrm{var}(Y) = n\pi(1-\pi)$

3.5 3.5.3項において示唆されているモデルが，図3.2に示されているデータに対して適切であると思うか？ その理由は何か．単回帰分析を行って，年齢に対する死亡率の変化のモデルを求めよ．そのモデルはデータにどのくらいよく当てはまっているか？ （ヒント：それぞれの年齢群における死亡者数の観測値と期待値を比較せよ）．

3.6 N 個の独立な2値の確率変数 $Y_1, \cdots, Y_N$ について考える．

$$P(Y_i = 1) = \pi_i, \ P(Y_i = 0) = 1 - \pi_i$$

であり，Y_i の確率関数は以下のように表される．ただし，y_i は0または1である．

$$\pi_i^{y_i}(1-\pi_i)^{1-y_i}$$

(a) この確率関数が指数型分布族に属することを示せ．

(b) 自然パラメータが次の式で与えられていることを示せ.
$$\log\left(\frac{\pi_i}{1-\pi_i}\right)$$
この関数は**オッズ**(odds) $\pi_i/(1-\pi_i)$ の対数であり，**ロジット**(logit) 関数と呼ばれる.

(c) $E(Y_i) = \pi_i$ を示せ.

(d) 連結関数を
$$g(\pi) = \log\left(\frac{\pi}{1-\pi}\right) = \mathbf{x}^T\boldsymbol{\beta}$$
と定義した一般化線形モデルは，確率 π に対して
$$\pi = \frac{e^{\mathbf{x}^T\boldsymbol{\beta}}}{1+e^{\mathbf{x}^T\boldsymbol{\beta}}}$$
の形にモデル化することと同じであることを示せ.

(e) 特別な場合として，$\mathbf{x}^T\boldsymbol{\beta} = \beta_1 + \beta_2 x$, を考えると，$\pi$ は以下のように表される.
$$\pi = \frac{e^{\beta_1+\beta_2 x}}{1+e^{\beta_1+\beta_2 x}}$$
この関数は，**ロジスティック関数**(logistic function) と呼ばれる.

(f) この場合について，β_1 と β_2 を定数として x に対する π のグラフを描け．x が殺虫剤の投与量であり，π が虫の死亡する確率であるとするとき，このグラフをどのように解釈するか？

3.7 **極値分布**（グンベル分布ともいう, extreme value distribution; Gumbel distribution）は，以下のような確率密度関数を持つ.
$$f(y;\theta) = \frac{1}{\phi}\exp\left\{\frac{(y-\theta)}{\phi} - \exp\left[\frac{(y-\theta)}{\phi}\right]\right\}$$
（$\phi > 0$ は局外パラメータと見なすとき）この分布は指数型分布族に属するか？

3.8 確率変数 $Y_1, ..., Y_N$ はパレート分布に従う独立な確率変数であり
$$E(Y_i) = (\beta_0 + \beta_1 x_i)^2$$
が成り立つとする．これは一般化線形モデルであると言えるか？ その理由は何か.

3.9 $Y_1, ..., Y_N$ は独立な確率変数で，すべての $i = 1, ..., N$ に対して,
$$E(Y_i) = \mu_i = \beta_0 + \log(\beta_1 + \beta_2 x_i); \quad Y_i \sim N(\mu, \sigma^2)$$
が成り立つとする．これは一般化線形モデルであるか？ その理由は何か.

3.10 パレート分布に対して，スコア統計量 U および，情報量 $\mathfrak{I} = \text{var}(U)$ を求めよ．また，$E(U) = 0$ を証明せよ.

第4章
推　　定

4.1　はじめに

　本章では最尤法を用いて一般化線形モデルのパラメータの点推定と区間推定を求める方法を説明する．特別な場合には明示的な式を求めることができるが，多くの場合，数値的な解法が必要となる．それらの方法は反復的で，ニュートン・ラプソン (Newton-Raphson) アルゴリズムにもとづくことが多い．その原理を説明するため，本章では，まず数値例から始め，次に，一般化線形モデルの推定の理論を展開する．最後に，他の数値例を用いて詳細な方法を説明する．

4.2　例：圧力釜の故障時間

　表 4.1 のデータは圧力レベル 70 % の圧力釜 (Kevlar expoxy strand pressure vessel) の寿命 (故障するまでの時間) である．それらは Andrew と Herzberg(1985) による種々のデータを集めた本の表 29.1 に掲載されており，その分布は図 4.1 に示されたとおりである．故障までの時間 (生存時間) の分布としてよく利用される分布の1つに**ワイブル分布**があり，その確率密度関数は次の式で表される．

$$f(y; \lambda, \theta) = \frac{\lambda y^{\lambda-1}}{\theta^\lambda} \exp\left[-\left(\frac{y}{\theta}\right)^\lambda\right] \qquad (4.1)$$

ここで，$y > 0$ は故障までの時間，λ は分布の形状を決めるパラメータ，θ は尺度パラメータである．図 4.2 は表 4.1 のデータの確率プロットと $\lambda = 2$ のワイ

表 4.1　圧力釜の故障時間 (単位：時間)

1051	4921	7886	10861	13520
1337	5445	8108	11026	13670
1389	5620	8546	11214	14110
1921	5817	8666	11362	14496
1942	5905	8831	11604	15395
2322	5956	9106	11608	16179
3629	6068	9711	11745	17092
4006	6121	9806	11762	17568
4012	6473	10205	11895	17568
4063	7501	10396	12044	

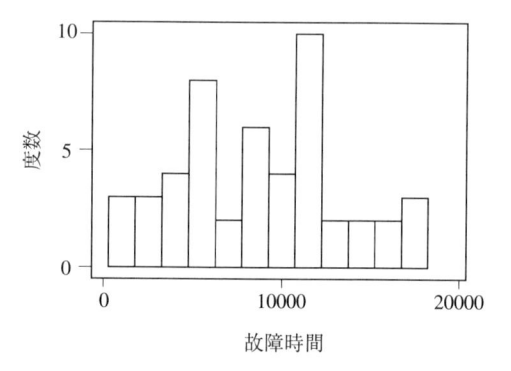

図 4.1　圧力釜の寿命分布

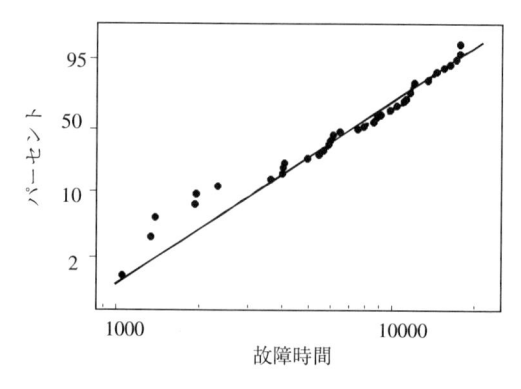

図 4.2　圧力釜の寿命データのワイブル確率プロット (形状パラメータ = 2)

ブル分布を比較したものである．時間の小さいところでデータと分布に相違がみられるが，ほとんどの観測値に対してこの分布はデータを説明する良いモデルとなっている．そこで，$\lambda = 2$ のワイブル分布を利用し，θ を推定する．

式 (4.1) の分布は次のように書くことができる．

$$f(y;\theta) = \exp\left[\log\lambda + (\lambda-1)\log y - \lambda\log\theta - (y/\theta)^\lambda\right]$$

この式は，以下のように a，b，c，d を定義すると，式 (3.3) と一致し，指数型分布族に属することがわかる．

$$a(y) = y^\lambda, b(\theta) = -\theta^{-\lambda}, c(\theta) = \log\lambda - \lambda\log\theta,\ d(y) = (\lambda-1)\log y \quad (4.2)$$

ただし，λ は局外パラメータである．$\lambda \neq 1$ のときは正準形ではなく（$\lambda = 1$ のときは正準形で指数分布に一致する），一般化線形モデルに関する 3.4 節の議論はそのままでは利用できないが，指数型分布族に属する分布のパラメータ推定を説明するのには適している．

$Y_1, \ldots, Y_N$ を $N = 49$ のデータを示すものとする．これらがランダムに抽出された圧力釜について測定されたデータであるとすると，Y_i は独立な確率変数と考えてよい．これらがすべて同じパラメータのワイブル分布に従うとすると，同時確率分布は以下のように表される．

$$f(y_1, \ldots, y_N; \theta, \lambda) = \prod_{i=1}^{N} \frac{\lambda y_i^{\lambda-1}}{\theta^\lambda} \exp\left[-\left(\frac{y_i}{\theta}\right)^\lambda\right]$$

したがって，対数尤度関数は

$$l = \log f(\theta; y_1, \ldots, y_N, \lambda) = \sum_{i=1}^{N}\left[\left[(\lambda-1)\log y_i + \log\lambda - \lambda\log\theta\right] - \left(\frac{y_i}{\theta}\right)^\lambda\right] \quad (4.3)$$

となり，この関数を最大化するため，θ について微分してスコア関数を求めると

$$\frac{dl}{d\theta} = U = \sum_{i=1}^{N}\left[\frac{-\lambda}{\theta} + \frac{\lambda y_i^\lambda}{\theta^{\lambda+1}}\right] \quad (4.4)$$

となる．最尤推定量 $\widehat{\theta}$ は方程式 $U(\theta) = 0$ の解である．λ が既知の定数なら，$\widehat{\theta}$ の明示的な解を簡単に見つけることができるが，説明のために，ニュートン・ラプソン近似を使って数値解を求めてみよう．

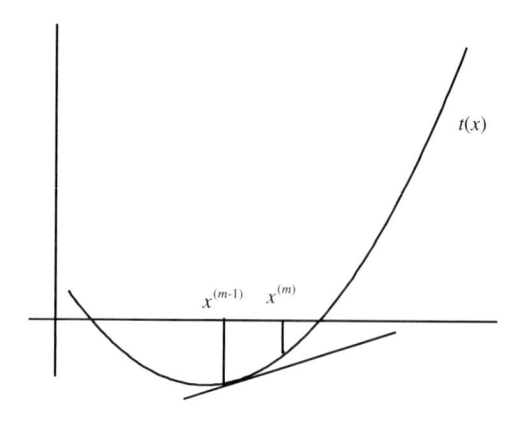

図 4.3 方程式 $t(x)0$ の解を求めるためのニュートン・ラプソン法

図 4.3 はニュートン・ラプソンアルゴリズムの原理を示している．関数 t が x 軸と交わる，すなわち，$t(x) = 0$ となる x の値をみつけたい．値 $x^{(m-1)}$ での t の傾きは，距離 $x^{(m)} - x^{(m-1)}$ が小さければ，近似的に式 (4.5) によって与えられる．

$$\left[\frac{dt}{dx}\right]_{x=x^{(m-1)}} = t'(x^{(m-1)}) = \frac{t(x^{(m)}) - t(x^{(m-1)})}{x^{(m)} - x^{(m-1)}} \tag{4.5}$$

ここでもし，$x^{(m)}$ が $t(x^m) = 0$ を満たす解なら，式 (4.5) は式 (4.6) のように書き直すことができる．

$$x^{(m)} = x^{(m-1)} - \frac{t(x^{(m-1)})}{t'(x^{(m-1)})} \tag{4.6}$$

これが非線形方程式 $t(x) = 0$ を解くためのニュートン・ラプソンの公式である．初期推定値 $x^{(1)}$ から始め，式 (4.6) を用いて逐次近似を行い，収束するまで反復する．

最尤推定の場合についてスコア関数を用いて表すと，式 (4.6) に対応する推定方程式は式 (4.7) となる．

$$\theta^{(m)} = \theta^{(m-1)} - \frac{U^{(m-1)}}{U'^{(m-1)}} \tag{4.7}$$

$\lambda = 2$ のワイブル分布の場合，式 (4.4) より

$$U = -\frac{2 \times N}{\theta} + \frac{2 \times \sum y_i^2}{\theta^3} \tag{4.8}$$

となり，また，式 (4.4) より U の導関数は式 (4.9) となるが，それらはいずれも前の反復の逐次推定値 $\theta^{(m)}$ を用いて計算できる．

$$\begin{aligned}\frac{dU}{d\theta} = U' &= \sum_{i=1}^{N}\left[\frac{\lambda}{\theta^2} - \frac{\lambda(\lambda+1)y_i^\lambda}{\theta^{\lambda+2}}\right] \\ &= \frac{2\times N}{\theta^2} - \frac{2\times 3\times \sum y_i^2}{\theta^4}\end{aligned} \quad (4.9)$$

最尤推定では，しばしば期待値 $E(U')$ により U' を近似する．指数型分布族の分布では，この期待値について式 (3.17) が成り立ち，情報量 $\Im$ は以下のように表される．

$$\begin{aligned}\Im = E(-U') &= E\left[-\sum_{i=1}^{N}U_i'\right] = \sum_{i=1}^{N}[E(-U_i')] \\ &= \sum_{i=1}^{N}\left[\frac{b''(\theta)c'(\theta)}{b'(\theta)} - c''(\theta)\right] \\ &= \frac{\lambda^2 N}{\theta^2}\end{aligned} \quad (4.10)$$

ここに U_i は Y_i のスコアであり，b と c には式 (4.2) を用いた．このようにして，式 (4.7) の代わりとなる推定方程式

$$\theta^{(m)} = \theta^{(m-1)} + \frac{U^{(m-1)}}{\Im^{(m-1)}} \quad (4.11)$$

が得られる．この方法は，**スコア法** (method of scoring) と呼ばれる．

表 4.2 は，表 4.1 のデータの平均 $\overline{y} = 8805.9$ を初期値として式 (4.7) を反復的に計算した結果である．初期値とそれに続く 3 つの近似値を表 4.2 の一番上の行に示している．2 番目の行は $\theta^{(m)}$ およびデータの値を用いて式 (4.8) を評価したものであり，それらは速やかに 0 に近づく．第 3, 第 4 の行は，U' と $E(U') = -\Im$ の値を示すが，それらは似た値をとっており，式 (4.7) と (4.9) のどちらを使ってもよいことを示している．このことは，第 5, 第 6 行の値が似ていることによっても示される．最終推定値は $\theta^{(5)} = 9892.1 - (-0.105) = 9892.2$ で，これらのデータにもとづく最尤推定値 $\widehat{\theta}$ となる．対数尤度関数 (4.3) にこの値を代入して計算された関数値は $l = -480.850$ となる．

表 4.2 表 4.1 のデータにワイブル分布を当てはめたときの，尺度パラメータの最尤推定値を求めるニュートン・ラプソン反復法の詳細

反復	1	2	3	4
θ	8805.9	9633.9	9876.4	9892.1
$U \times 10^6$	2915.10	552.80	31.78	0.21
$U' \times 10^6$	-3.52	-2.28	-2.02	-2.00
$E(U') \times 10^6$	-2.53	-2.11	-2.01	-2.00
U/U'	-827.98	-242.46	-15.73	-0.105
$U/\mathrm{E}(U')$	-1152.21	-261.99	-15.81	-0.105

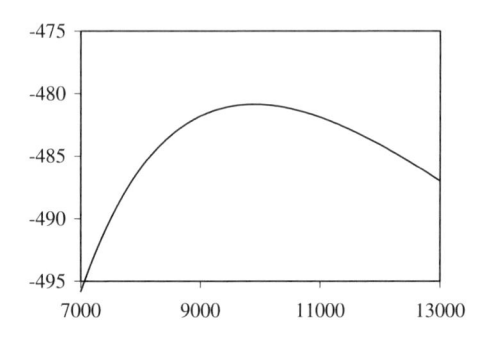

図 4.4 表 4.1 の圧力釜データに対する対数尤度関数

図 4.4 はこれらのデータに対する $\lambda = 2$ のワイブル分布の対数尤度関数を示している．最大値は $\widehat{\theta} = 9892.2$ で得られる．この関数の最大値周辺での曲率が $\widehat{\theta}$ の信頼性を決定する．l の曲率は U の変化率，すなわち U' によって定義される．U'，または $E(U')$ が小さければ，l は平坦であり，U は θ の広い区間において，近似的に 0 になる．この場合，$\widehat{\theta}$ の信頼性は低く，標準誤差が大きい．実際，第 5 章で示すように $\widehat{\theta}$ の分散は $\Im = \mathrm{E}(-U')$ に反比例し，$\widehat{\theta}$ の標準誤差は近似的に

$$\mathrm{s.e.}(\widehat{\theta}) = \sqrt{1/\Im} \tag{4.12}$$

となる．この例では，$\widehat{\theta} = 9892.2, \Im = -E(U') = 2.00 \times 10^{-6}$，したがって $\mathrm{s.e.}(\widehat{\theta}) = 1/\sqrt{0.000002} = 707$ となる．$\widehat{\theta}$ の標本分布が近似的に正規分布なら，θ の 95％信頼区間は近似的に次の値によって与えられる．

$$9892 \pm 1.96 \times 707 = (8506, 11278)$$

この例の方法は，他の一般化線形モデルに対しても適用可能である．

4.3 最尤推定

一般化線形モデルの性質を満たす独立な確率変数 $Y_1, ..., Y_N$ について考えよう.$E(Y_i) = \mu_i$ および $g(\mu_i) = \mathbf{x}_i^T \boldsymbol{\beta}$ という関係式によって Y_i に関係するパラメータ $\boldsymbol{\beta}$ を推定したい.

それぞれの Y_i に対して,対数尤度関数は

$$l_i = y_i b(\theta_i) + c(\theta_i) + d(y_i) \tag{4.13}$$

と表される.ただし,関数 b, c, d は式 (3.3) によって定義される.さらに,

$$E(Y_i) = \mu_i = -c'(\theta_i)/b'(\theta_i) \tag{4.14}$$

$$\mathrm{var}(Y_i) = \left[b''(\theta_i)c'(\theta_i) - c''(\theta_i)b'(\theta_i) \right] / \left[b'(\theta_i) \right]^3 \tag{4.15}$$

$$g(\mu_i) = \mathbf{x}_i^T \boldsymbol{\beta} = \eta_i \tag{4.16}$$

であり,$\mathbf{x}_i$ は要素 $x_{ij}, j = 1, \ldots, p$ のベクトルである.

すべての Y_i に対する対数尤度関数は

$$l = \sum_{i=1}^{N} l_i = \sum y_i b(\theta_i) + \sum c(\theta_i) + \sum d(y_i)$$

となり,パラメータ β_j の最尤推定値を得るため,微分の連鎖法則にもとづく以下の式を利用する.

$$\frac{\partial l}{\partial \beta_j} = U_j = \sum_{i=1}^{N} \left[\frac{\partial l_i}{\partial \beta_j} \right] = \sum_{i=1}^{N} \left[\frac{\partial l_i}{\partial \theta_i} \cdot \frac{\partial \theta_i}{\partial \mu_i} \cdot \frac{\partial \mu_i}{\partial \beta_j} \right] \tag{4.17}$$

式 (4.17) の右辺の各項を分けて考えてみよう.まず,式 (4.13) を微分して

$$\frac{\partial l_i}{\partial \theta_i} = y_i b'(\theta_i) + c'(\theta_i) = b'(\theta_i)(y_i - \mu_i)$$

を求め,次に,

$$\frac{\partial \theta_i}{\partial \mu_i} = 1 \Big/ \left(\frac{\partial \mu_i}{\partial \theta_i} \right)$$

とする.式 (4.14) を微分すると,式 (4.15) より

$$\frac{\partial \mu_i}{\partial \theta_i} = \frac{-c''(\theta_i)}{b'(\theta_i)} + \frac{c'(\theta_i)b''(\theta_i)}{[b'(\theta_i)]^2}$$

$$= b'(\theta_i)\mathrm{var}(Y_i)$$

となり，最後に，式 (4.16) から

$$\frac{\partial \mu_i}{\partial \beta_j} = \frac{\partial \mu_i}{\partial \eta_i} \cdot \frac{\partial \eta_i}{\partial \beta_j} = \frac{\partial \mu_i}{\partial \eta_i} x_{ij}$$

を得る．これらを式 (4.17) に代入すると，スコアは次の式で表される．

$$U_j = \sum_{i=1}^N \left[\frac{(y_i - \mu_i)}{\mathrm{var}(Y_i)} x_{ij} \left(\frac{\partial \mu_i}{\partial \eta_i} \right) \right] \tag{4.18}$$

情報行列 $\Im$ は $U_j, j = 1, \ldots, p$ の分散共分散行列に等しいが，その (j, k) 要素を

$$\Im_{jk} = E[U_j U_k]$$

と表す．Y_i が独立で $E[(Y_i - \mu_i)(Y_l - \mu_l)] = 0, i \neq l$ が成り立つことを考慮すると，式 (4.18) より

$$\begin{aligned}
\Im_{jk} &= E\left\{ \sum_{i=1}^N \left[\frac{(Y_i - \mu_i)}{\mathrm{var}(Y_i)} x_{ij} \left(\frac{\partial \mu_i}{\partial \eta_i} \right) \right] \sum_{l=1}^N \left[\frac{(Y_l - \mu_l)}{\mathrm{var}(Y_l)} x_{lk} \left(\frac{\partial \mu_l}{\partial \eta_l} \right) \right] \right\} \\
&= \sum_{i=1}^N \frac{E\left[(Y_i - \mu_i)^2\right] x_{ij} x_{ik}}{\left[\mathrm{var}(Y_i)\right]^2} \left(\frac{\partial \mu_i}{\partial \eta_i} \right)^2
\end{aligned} \tag{4.19}$$

となり，さらに $E[(Y_i - \mu_i)^2] = \mathrm{var}(Y_i)$ の関係を使えば，式 (4.19) は以下のような簡単な式に表すことができる．

$$\Im_{jk} = \sum_{i=1}^N \frac{x_{ij} x_{ik}}{\mathrm{var}(Y_i)} \left(\frac{\partial \mu_i}{\partial \eta_i} \right)^2 \tag{4.20}$$

単一のパラメータの場合のスコア法の推定方程式 (4.11) は，パラメータベクトル β に対して

$$\mathbf{b}^{(m)} = \mathbf{b}^{(m-1)} + \left[\Im^{(m-1)}\right]^{-1} \mathbf{U}^{(m-1)} \tag{4.21}$$

のように一般化される．ここで $\mathbf{b}^{(m)}$ は m 回目の反復時におけるパラメータ $\beta_1, \ldots, \beta_p$ の推定値ベクトルである．式 (4.21) において，$\left[\Im^{(m-1)}\right]^{-1}$ は式 (4.20)

の要素 $\mathfrak{I}_{jk}$ を持つ情報行列の逆行列であり，$\mathbf{U}^{(m-1)}$ は式 (4.18) の要素を持つベクトル（ただし，すべて $\mathbf{b}^{(m-1)}$ を用いて計算した値）であるとする．式 (4.21) の両辺に $\mathfrak{I}^{(m-1)}$ を掛けると，式 (4.22) が得られる．

$$\mathfrak{I}^{(m-1)}\mathbf{b}^{(m)} = \mathfrak{I}^{(m-1)}\mathbf{b}^{(m-1)} + \mathbf{U}^{(m-1)} \tag{4.22}$$

式 (4.20) を行列で表すと $\mathfrak{I}$ は

$$\mathfrak{I} = \mathbf{X}^T \mathbf{W} \mathbf{X}$$

となる．ここで $\mathbf{W}$ は

$$w_{ii} = \frac{1}{\mathrm{var}(Y_i)} \left(\frac{\partial \mu_i}{\partial \eta_i}\right)^2 \tag{4.23}$$

を対角要素として持つ $N \times N$ 対角行列である．式 (4.18) および (4.20) より，式 (4.22) の右辺は第 j 要素として

$$\sum_{k=1}^{p} \sum_{i=1}^{N} \frac{x_{ij}x_{ik}}{\mathrm{var}(Y_i)} \left(\frac{\partial \mu_i}{\partial \eta_i}\right)^2 b_k^{(m-1)} + \sum_{i=1}^{N} \frac{(y_i - \mu_i)x_{ij}}{\mathrm{var}(Y_i)} \left(\frac{\partial \mu_i}{\partial \eta_i}\right)$$

を持つベクトルである．計算には第 $(m-1)$ 近似 $\mathbf{b}^{(m-1)}$ が用いられる．こうして式 (4.22) の右辺は

$$\mathbf{X}^T \mathbf{W} \mathbf{z}$$

と表される．ここに $\mathbf{z}$ は次の式で与えられる．

$$z_i = \sum_{k=1}^{p} x_{ik} b_k^{(m-1)} + (y_i - \mu_i) \left(\frac{\partial \eta_i}{\partial \mu_i}\right) \tag{4.24}$$

以上の議論より反復計算式 (4.22) は次のように書ける．

$$\mathbf{X}^T \mathbf{W} \mathbf{X} \mathbf{b}^{(m)} = \mathbf{X}^T \mathbf{W} \mathbf{z} \tag{4.25}$$

この式は，$\mathbf{z}$ と $\mathbf{W}$ が $\mathbf{b}$ に依存するため，反復的に解かなければならないことを除くと，線形モデルに対して重み付き最小 2 乗法を適用して得られる正規方程式と同じ形である．このように，一般化線形モデルに対する最尤推定量は**反復重み付き最小 2 乗法** (iterative reweighted least squares) の手順で求められる (Charnes et al.(1976))．

多くの統計パッケージでは，一般化線形モデルを当てはめる手順として式 (4.25) にもとづく効率的なアルゴリズムが利用されている．まず，初期近似 $\mathbf{b}^{(0)}$ を与えて $\mathbf{z}$ と $\mathbf{W}$ を計算し，続いて式 (4.25) を解いて求めた $\mathbf{b}^{(1)}$ から $\mathbf{z}$ と $\mathbf{W}$ のより良い近似値を計算するといった手順を収束するまで続ける．相続く $\mathbf{b}^{(m-1)}$ と $\mathbf{b}^{(m)}$ の差が十分小さいとき収束したものとみなし，$\mathbf{b}^{(m)}$ を最尤推定値とする．

以下の例では，この反復的な推定手順を例示する．

4.4 ポアソン反応変数に対する回帰分析の例

表 4.3 は共変量 x の値とそれに対応して観測された計数データ y の値からなる人工データである．それらは図 4.5 に図示してある．

反応変数 Y_i はポアソン確率変数であると仮定しよう．実際の場面では，そのような仮定は何か確固たる根拠あるいは図 4.5 において X が大きくなると Y の平均だけでなく分散も大きくなるという観察にもとづく．この観察は，期待値と分散が等しい

$$E(Y_i) = \mathrm{var}(Y_i) \tag{4.26}$$

という性質を持つポアソン分布の使用を支持する．Y_i と x_i の関係を直線

表 4.3 ポアソン回帰の例のデータ

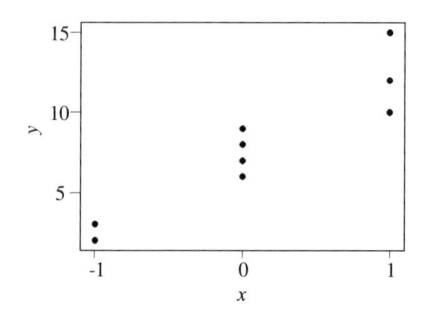

y_i	2	3	6	7	8	9	10	12	15
x_i	-1	-1	0	0	0	0	1	1	1

図 4.5 ポアソン回帰の例（表 4.3 のデータ）

$$E(Y_i) = \mu_i = \beta_1 + \beta_2 x_i$$
$$= \mathbf{x}_i^T \boldsymbol{\beta}$$

でモデル化してみよう．ここで $i = 1, ..., N$ で

$$\boldsymbol{\beta} = \begin{bmatrix} \beta_1 \\ \beta_2 \end{bmatrix}, \quad \mathbf{x}_i = \begin{bmatrix} 1 \\ x_i \end{bmatrix}$$

であり，連結関数 $g(\mu_i)$ は恒等関数とする．

$$g(\mu_i) = \mu_i = \mathbf{x}_i^T \boldsymbol{\beta} = \eta_i$$

$\partial \mu_i / \partial \eta_i = 1$ となり，式 (4.23) と (4.24) は簡単な形になる．式 (4.23) と (4.26) より

$$w_{ii} = \frac{1}{\text{var}(Y_i)} = \frac{1}{\beta_1 + \beta_2 x_i}$$

となり，$\boldsymbol{\beta}$ に対する推定値 $\mathbf{b} = \begin{bmatrix} b_1 \\ b_2 \end{bmatrix}$ を用いると，式 (4.24) は

$$z_i = b_1 + b_2 x_i + (y_i - b_1 - b_2 x_i) = y_i$$

となるので，式 (4.25) の係数と右辺は

$$\Im = \mathbf{X}^T \mathbf{W} \mathbf{X} = \begin{bmatrix} \sum_{i=1}^{N} \dfrac{1}{b_1 + b_2 x_i} & \sum_{i=1}^{N} \dfrac{x_i}{b_1 + b_2 x_i} \\ \\ \sum_{i=1}^{N} \dfrac{x_i}{b_1 + b_2 x_i} & \sum_{i=1}^{N} \dfrac{x_i^2}{b_1 + b_2 x_i} \end{bmatrix}$$

$$\mathbf{X}^T \mathbf{W} \mathbf{z} = \begin{bmatrix} \sum_{i=1}^{N} \dfrac{y_i}{b_1 + b_2 x_i} \\ \\ \sum_{i=1}^{N} \dfrac{x_i y_i}{b_1 + b_2 x_i} \end{bmatrix}$$

と表され，最尤推定量は次の式を反復計算することにより得られる．

$$(\mathbf{X}^T \mathbf{W} \mathbf{X})^{(m-1)} \mathbf{b}^{(m)} = (\mathbf{X}^T \mathbf{W} \mathbf{z})^{(m-1)}$$

ここで上付き添字 $(m-1)$ は $\mathbf{b}^{(m-1)}$ で評価した値であることを示す．

表4.3の $N=9$ のデータの場合,

$$\mathbf{y} = \mathbf{z} = \begin{bmatrix} 2 \\ 3 \\ \vdots \\ 15 \end{bmatrix}, \quad \mathbf{X} = \begin{bmatrix} \mathbf{x}_1^T \\ \mathbf{x}_2^T \\ \vdots \\ \mathbf{x}_9^T \end{bmatrix} = \begin{bmatrix} 1 & -1 \\ 1 & -1 \\ \vdots & \vdots \\ 1 & 1 \end{bmatrix}$$

である.図4.5より 初期推定値を $b_1^{(1)} = 7$ と $b_2^{(1)} = 5$ とする.これらの値を用いて計算すると

$$(\mathbf{X}^T \mathbf{W} \mathbf{X})^{(1)} = \begin{bmatrix} 1.821429 & -0.75 \\ -0.75 & 1.25 \end{bmatrix}, \quad (\mathbf{X}^T \mathbf{W} \mathbf{z})^{(1)} = \begin{bmatrix} 9.869048 \\ 0.583333 \end{bmatrix}$$

となり,したがって

$$\begin{aligned}
\mathbf{b}^{(2)} &= \left[(\mathbf{X}^T \mathbf{W} \mathbf{X})^{(1)} \right]^{-1} (\mathbf{X}^T \mathbf{W} \mathbf{z})^{(1)} \\
&= \begin{bmatrix} 0.729167 & 0.4375 \\ 0.4375 & 1.0625 \end{bmatrix} \begin{bmatrix} 9.869048 \\ 0.583333 \end{bmatrix} \\
&= \begin{bmatrix} 7.4514 \\ 4.9375 \end{bmatrix}
\end{aligned}$$

を得る.この反復プロセスを収束するまで続ける.その結果を表4.4に示す.

得られた最尤推定値は $\hat{\beta}_1 = 7.45163$ と $\hat{\beta}_2 = 4.93530$ であり,これらの値における情報行列 $\Im = \mathbf{X}^T \mathbf{W} \mathbf{X}$ の逆行列は

$$\Im^{-1} = \begin{bmatrix} 0.7817 & 0.4166 \\ 0.4166 & 1.1863 \end{bmatrix}$$

となる.これは $\hat{\boldsymbol{\beta}}$ の分散共分散行列である(5.4節を参照),したがって,例えば,β_2 の95%近似信頼区間は

表4.4 ポアソン回帰の例における回帰係数の逐次近似

m	1	2	3	4
$b_1^{(m)}$	7	7.45139	7.45163	7.45163
$b_2^{(m)}$	5	4.93750	4.93531	4.93530

$$4.9353 \pm 1.96\sqrt{1.1863} = (2.80, 7.07).$$

となる．

4.5 演習問題

4.1 表 4.5 のデータは 1984–1988 年の 3 ヶ月ごとの一連の診察でみつかったオーストラリアの AIDS の症例数である．(「HIV 疫学と臨床研究国立センター」によるデータ (1994))．初期段階において，この感染症の患者の数は指数関数的に増加しているようにみえる．

表 4.5 1984–1988 年の四半期単位のオーストラリアにおける AIDS の症例数

年	四半期			
	1	2	3	4
1984	1	6	16	23
1985	27	39	31	30
1986	43	51	63	70
1987	88	97	91	104
1988	110	113	149	159

(a) 期間 i $(i = 1, .., 20)$ に対して，患者数 y_i をプロットせよ．

(b) 1 つの可能なモデルはパラメータ $\lambda_i = i^\theta$，または，同じことであるが

$$\log \lambda_i = \theta \log i$$

のポアソン分布である．このモデルを検討するため，$\log i$ に対して $\log y_i$ をプロットせよ．

(c) ポアソン分布，対数連結関数，およびモデル式

$$g(\lambda_i) = \log \lambda_i = \beta_1 + \beta_2 x_i$$

を用いて一般化線形モデルを当てはめよ．ただし，$x_i = \log i$ である．まず，原理に従って，反復式

$$\mathbf{X}^T \mathbf{W} \mathbf{X} \mathbf{b}^{(m)} = \mathbf{X}^T \mathbf{W} \mathbf{z}$$

に必要な重み行列 $\mathbf{W}$ とその他の項を計算し，行列演算のできるソフトを使って逐次的に当てはめよ．

(d) ポアソン回帰ができる統計ソフトで (c) のモデルを当てはめ，(c) で得られた結果と比較せよ．

4.2 表 4.6 のデータは 17 人の白血病患者の $x_i = \log_{10}$（初期の白血球数）と診断後死亡するまでの時間 y_i（週）である (Cox and Snell の ExampleU (1981))．

表 4.6 17 人の白血病患者の $x_i = \log_{10}$（初期白血球数）と生存時間 y_i（週）

x_i	3.36	2.88	3.63	3.41	3.78	4.02	4.00	4.23	3.73
y_i	65	156	100	134	16	108	121	4	39
x_i	3.85	3.97	4.51	4.54	5.00	5.00	4.72	5.00	
y_i	143	56	26	22	1	1	5	65	

(a) x_i に対して y_i をプロットせよ．何らかの傾向はみられるか？

(b) $E(Y)$ に対する 1 つの可能なモデルは

$$E(Y_i) = \exp(\beta_1 + \beta_2 x_i)$$

である．このモデルでは $E(Y)$ はパラメータと x のどんな値に対しても非負である．この場合，連結関数として何が適切か．

(c) 指数分布は生存時間を記述するためにしばしば使われる．確率分布は $f(y;\theta) = \theta e^{-y\theta}$ であり，形状パラメータ $\phi = 1$ のガンマ分布の特別な場合である．$E(Y) = 1/\theta$ と $\text{var}(Y) = 1/\theta^2$ を示せ．適切な統計ソフトを用いて，(b) で与えられた $E(Y_i)$ に対するモデルと指数分布を仮定してモデルを当てはめよ．

(d) (c) で当てはめたモデルに対して，観測値 y_i と当てはめ値 $\widehat{y}_i = \exp(\widehat{\beta}_1 + \widehat{\beta}_2 x_i)$ を比較し，標準化残差 $r_i = (y_i - \widehat{y}_i)/\widehat{y}_i$ を用いて，モデルの妥当性を吟味せよ．（注意：$\widehat{y}_i$ は Y_i の標準偏差の推定値だから r_i の分母として使われている（上記の (c) を参照））．

4.3 $Y_1, \ldots, Y_N$ は正規分布 $Y_i \sim N(\log \beta, \sigma^2)$ からのランダムサンプルとする．ただし σ^2 は既知である．原理にもとづいて β の最尤推定量を求めよ．また，この場合について式 (4.18) と (4.25) が成り立つことを確かめよ．

第5章
推　　測

5.1　はじめに

　統計的推測の2つの主な道具は信頼区間と仮説検定である．本章では一般化線形モデルにおける，信頼区間と仮説検定の導出およびその利用について論じる．
　信頼区間 (confidence interval) は，**区間推定** (interval estimation) としても知られ，信頼区間がある値を含むかどうかが検定結果，その幅が検定精度（検出力）の情報も与えるため，仮説検定に比べてより有用であるとみなされるようになっている．信頼区間の幅は統計的な検定の検出力よりも概念的に単純で理解しやすい (Altman et al. (2000))．
　統計モデル化の枠組みにおける**仮説検定** (hypothesis test) は，2つの関連するモデルがデータにいかによく当てはまるかを比べることによってなされる（第2章の例参照）．一般化線形モデルにおいては，2つのモデルは同一の確率分布と同一の連結関数を持ち，一方のモデルの線形成分は他方よりも多くのパラメータを持つ．単純な方のモデルは帰無仮説 H_0 に対応し，他方の，より一般的なモデルの特別な場合とならなくてはならない．もし，単純なモデルが，より一般的なモデルと同じぐらいデータに当てはまるのであれば，節約の観点から単純な方が選択され，H_0 が採択される．もし，より一般的なモデルの方が有意に当てはまりがよければ，より一般的なモデルに対応する対立仮説 H_1 の方を選んで H_0 は棄却される．このような比較を行うために，モデルがいかによく

データに当てはまるかを表す要約統計量を用いる．こうした適合のよさを測る**適合度統計量** (goodness of fit statistic) は，尤度関数の最大値，対数尤度関数の最大値，平方和基準の最小値，残差にもとづく複合型の統計量などを基礎として構築される．そのプロセスと論理は以下のように要約できる．

1. H_0 に対応するモデル M_0 とより一般的なモデル M_1 を規定する（M_0 は M_1 の特別な場合とする）．
2. M_0 を当てはめ，適合のよさを測る統計量 G_0 を計算する．M_1 を当てはめ，適合のよさを測る統計量 G_1 を計算する．
3. 適合のよさの改善を計算する．$G_1 - G_0$ を用いることが多いが，G_1/G_0 を用いる場合もある．
4. 対立仮説 $G_1 \neq G_0$ に対して帰無仮説 $G_1 = G_0$ を検定するため，$G_1 - G_0$（もしくは関連する統計量）の標本分布を用いる．
5. もし仮説 $G_1 = G_0$ が棄却されなければ H_0 は棄却されず，M_0 がより良いモデルとなる．もし仮説 $G_1 = G_0$ が棄却されれば H_0 が棄却され，M_1 がより良いモデルとみなされる．

推定と検定のどちらの推測の形でも，標本分布が要求される．すなわち信頼区間を計算するためには推定量の標本分布，仮説を検定するためには当てはまりのよさを測る統計量の標本分布が必要となる．本章では一般化線形モデルに関連する標本分布を扱う．

　もし反応変数が正規分布であれば推測に使われる標本分布は多くの場合正確に求まる．その他の分布の場合は中心極限定理にもとづく大標本の漸近的な結果を用いなくてはならない．これらの結果を厳密に導出するにはさまざまな正則条件を注意深く検討する必要がある．指数型分布族に属する分布からの独立な観測値の場合，とりわけ一般化線形モデルの場合には，必要な条件を満足している．本書では標本分布を導く主なステップのみを考え，細かい点については取り扱わない．一般化線形モデルに対する分布論の詳細については，Fahrmeir and Kaufman (1985) を参照してほしい．

　基本的な考え方は，S が興味のある統計量であるならば，適当な条件の下で近似的に

$$\frac{S - E(S)}{\sqrt{\text{var}(S)}} \sim N(0,1)$$

または,同じ意味で

$$\frac{[S - E(S)]^2}{\text{var}(S)} \sim \chi^2(1)$$

が成り立つことを示し,これを用いることである.ここに $E(S)$ と $\text{var}(S)$ はそれぞれ S の漸近的な期待値と分散である.

また,興味のある統計量がベクトル $\mathbf{s} = \begin{bmatrix} S_1 \\ \vdots \\ S_p \end{bmatrix}$ の場合には,漸近的な期待値 $E(\mathbf{s})$ と分散共分散行列 $\mathbf{V}$ ($\mathbf{V}$ は正則で逆行列 $\mathbf{V}^{-1}$ が存在するとする) に対して近似的に

$$[\mathbf{s} - E(\mathbf{s})]^T \mathbf{V}^{-1} [\mathbf{s} - E(\mathbf{s})] \sim \chi^2(p) \tag{5.1}$$

が成り立つことを示し,これを利用する.

5.2 スコア統計量の標本分布

$Y_1, \ldots, Y_N$ は,パラメータ $\boldsymbol{\beta}$ を持つ一般化線形モデルにおける互いに独立な確率変数であり,$E(Y_i) = \mu_i$ と $g(\mu_i) = \mathbf{x}_i^T \boldsymbol{\beta} = \eta_i$ が成り立つとする.式 (4.18) より,スコア統計量は

$$U_j = \frac{\partial l}{\partial \beta_j} = \sum_{i=1}^{N} \left[\frac{(Y_i - \mu_i)}{\text{var}(Y_i)} x_{ij} \left(\frac{\partial \mu_i}{\partial \eta_i} \right) \right], \quad j = 1, \ldots, p$$

となるが,すべての i について $E(Y_i) = \mu_i$ なので

$$E(U_j) = 0, \quad j = 1, \ldots, p \tag{5.2}$$

となる.これは一般的な結果 (3.14) に一致する.スコア統計量の分散共分散行列は式 (4.20) で与えられた要素

$$\Im_{jk} = E[U_j U_k]$$

を持つ情報行列 $\Im$ である.

単一のパラメータ β のみがモデルに含まれる場合，3.3 節で導いたように $E(U) = 0$ かつ $\text{var}(U) = \Im$ であり，スコア統計量は漸近標本分布

$$\frac{U}{\sqrt{\Im}} \sim N(0,1), \quad \text{または} \frac{U^2}{\Im} \sim \chi^2(1)$$

を持つことが証明できる[†]．

パラメータのベクトル

$$\boldsymbol{\beta} = \begin{bmatrix} \beta_1 \\ \vdots \\ \beta_p \end{bmatrix}$$ がモデルに含まれる場合，スコアベクトル $\mathbf{U} = \begin{bmatrix} U_1 \\ \vdots \\ U_p \end{bmatrix}$

は，漸近的に，多変量正規分布 $\mathbf{U} \sim \mathbf{N}(\mathbf{0}, \Im)$ に従い，大標本においては

$$\mathbf{U}^T \Im^{-1} \mathbf{U} \sim \chi^2(p) \tag{5.3}$$

が成り立つことが証明される．

5.2.1　例：正規分布の場合のスコア統計量

$Y_1, \ldots, Y_N$ を独立に同一分布に従う確率変数で，$Y_i \sim N(\mu, \sigma^2)$（ただし，$\sigma^2$ は既知の定数）とする．対数尤度関数は

$$l = -\frac{1}{2\sigma^2} \sum_{i=1}^{N} (y_i - \mu)^2 - N\log(\sigma\sqrt{2\pi})$$

スコア統計量は

$$U = \frac{\partial l}{\partial \mu} = \frac{1}{\sigma^2} \sum (Y_i - \mu) = \frac{N}{\sigma^2}(\bar{Y} - \mu)$$

[†] U の漸近正規性についての説明が不十分と思われるので補足する．尤度関数を $l = \Sigma l_i$，ただし，$l_i = \log f(Y_i; \beta)$，スコア統計量を $U = \Sigma U_i$，$U_i = \partial \log f(Y_i; \beta)/\partial \beta$ と表す．l_i, U_i はいずれも確率変数 Y_i の関数である．$Y_i, i = 1, \cdots, n$ が互いに独立とすると，$U_i, i = 1, \cdots, n$ も互いに独立であり，かつ（同じ関数で $Y_i \mapsto U_i$ と変換しているので）同一の分布に従う確率変数である．U はそのような確率変数の和となっているので，中心極限定理より漸近的に正規分布に従うことが言える．$E(U) = 0$, $\text{var}(U) = \Im$ であるから，漸近的に $\mathbf{U} \sim \mathbf{N}(0, \Im)$ となる．パラメータがベクトルの場合も同様に $\mathbf{U} \sim \mathbf{N}(\mathbf{0}, \Im)$ となり，式 (5.3) が成り立つ．

と表され，最尤推定量は方程式 $U = 0$ を解くことによって得られ，$\hat{\mu} = \bar{Y}$ となる．統計量 U の期待値は式 (1.2) より

$$E(U) = \frac{1}{\sigma^2} \sum [E(Y_i) - \mu]$$

であり，$E(Y_i) = \mu$ であるから，一般理論から期待されるとおり，$E(U) = 0$ となる．式 (1.3) と $\mathrm{var}(Y_i) = \sigma^2$ より U の分散は

$$\Im = \mathrm{var}(U) = \frac{1}{\sigma^4} \sum \mathrm{var}(Y_i) = \frac{N}{\sigma^2}$$

であるから，次の式が得られる．

$$\frac{U}{\sqrt{\Im}} = \frac{(\bar{Y} - \mu)}{\sigma/\sqrt{N}}$$

5.2 節で述べたように，これは漸近的に分布 $N(0,1)$ に従う．実際，$\bar{Y} \sim N(\mu, \sigma^2/N)$ であるので，この結果は（漸近でなく）正確な結果である（演習問題 1.4(a) 参照）．同様に

$$U^T \Im^{-1} U = \frac{U^2}{\Im} = \frac{(Y - \mu)^2}{\sigma^2/N} \sim \chi^2(1)$$

も正確な結果である．

U の標本分布は μ についての推測に使うことができる．例えば，μ の 95% 信頼区間は σ が既知であると仮定するとき，$\bar{y} \pm 1.96\sigma/\sqrt{N}$ である．

5.2.2 例：2 項分布の場合のスコア統計量

$Y \sim binomial(n, \pi)$ ならば対数尤度関数は

$$l(\pi; y) = y \log \pi + (n - y) \log(1 - \pi) + \log \begin{pmatrix} n \\ y \end{pmatrix}$$

と表され，スコア統計量は

$$U = \frac{dl}{d\pi} = \frac{Y}{\pi} - \frac{n - Y}{1 - \pi} = \frac{Y - n\pi}{\pi(1 - \pi)}$$

となる．$E(Y) = n\pi$ だから，一般理論から期待されるとおり $E(U) = 0$ である．また $\mathrm{var}(Y) = n\pi(1 - \pi)$ であるから

$$\Im = \mathrm{var}(U) = \frac{1}{\pi^2(1 - \pi)^2} \mathrm{var}(Y) = \frac{n}{\pi(1 - \pi)}$$

となり，近似的に次が成り立つ．

$$\frac{U}{\sqrt{\Im}} = \frac{Y - n\pi}{\sqrt{n\pi(1-\pi)}} \sim N(0,1)$$

これは（連続修正のない）2項分布の正規近似である．この結果は π の信頼区間と π に関する仮説検定のために用いられる．

5.3 テイラー級数近似

他のさまざまな統計量について漸近的な標本分布を得るには，テイラー級数近似を使うのが便利である．単一の変数 x に関する関数 $f(x)$ を値 t のまわりでテイラー級数で近似すると，x が t に近いとき

$$f(x) = f(t) + (x-t)\left[\frac{df}{dx}\right]_{x=t} + \frac{1}{2}(x-t)^2 \left[\frac{d^2f}{dx^2}\right]_{x=t} + \ldots$$

と表される．

単一のパラメータ β の対数尤度関数に対して，推定値 b の近くでテイラー級数近似を行うと，最初の3項は

$$l(\beta) = l(b) + (\beta - b)U(b) + \frac{1}{2}(\beta - b)^2 U'(b)$$

となる．ここに $U(b) = dl/d\beta$ は $\beta = b$ に対して計算されたスコア関数である．$U' = d^2l/d\beta^2$ がその期待値 $E(U') = -\Im$ によって近似できるなら，近似式は

$$l(\beta) = l(b) + (\beta - b)U(b) - \frac{1}{2}(\beta - b)^2 \Im(b)$$

と書き換えられる．ここに $\Im(b)$ は $\beta = b$ に対して計算された情報量である．パラメータベクトル $\boldsymbol{\beta}$ の対数尤度関数に対しては

$$l(\boldsymbol{\beta}) = l(\mathbf{b}) + (\boldsymbol{\beta} - \mathbf{b})^T \mathbf{U}(\mathbf{b}) - \frac{1}{2}(\boldsymbol{\beta} - \mathbf{b})^T \Im(\mathbf{b})(\boldsymbol{\beta} - \mathbf{b}) \quad (5.4)$$

のような近似式となる．ここに $\mathbf{U}$ はスコアベクトル，$\Im$ は情報行列である．

単一のパラメータ β のスコア関数に対して，推定値 b の近くでテイラー級数近似を行うと，最初の2項は

$$U(\beta) = U(b) + (\beta - b)U'(b)$$

となる．U' が $E(U') = -\Im$ で近似できるとき

$$U(\beta) = U(b) - (\beta - b)\Im(b)$$

が得られる．パラメータベクトル β に対応する近似式は次のようになる．

$$\mathbf{U}(\boldsymbol{\beta}) = \mathbf{U}(\mathbf{b}) - \Im(\mathbf{b})(\boldsymbol{\beta} - \mathbf{b}) \tag{5.5}$$

5.4 最尤推定量の標本分布

式 (5.5) は最尤推定量 $\mathbf{b} = \hat{\boldsymbol{\beta}}$ の標本分布を得るのに用いることができる．定義より，$\mathbf{b}$ は $l(\mathbf{b})$ を最大にする推定量であるから $\mathbf{U}(\mathbf{b}) = \mathbf{0}$．ゆえに

$$\mathbf{U}(\boldsymbol{\beta}) = -\Im(\mathbf{b})(\boldsymbol{\beta} - \mathbf{b})$$

である．$\Im$ が正則という条件のもとで

$$(\mathbf{b} - \boldsymbol{\beta}) = \Im^{-1}\mathbf{U}$$

となる．$\Im$ が定数とみなされるならば式 (5.2) より $E(\mathbf{U}) = \mathbf{0}$ だから $E(\mathbf{b}-\boldsymbol{\beta}) = \mathbf{0}$．ゆえに少なくとも漸近的に $E(\mathbf{b}-\boldsymbol{\beta}) = \mathbf{0}$, すなわち，$\mathbf{b}$ は $\boldsymbol{\beta}$ の一致推定量である．$\Im = E(\mathbf{UU}^T)$ であり，また $\Im$ の対称性より $(\Im^{-1})^T = \Im^{-1}$ だから，$\mathbf{b}$ の分散共分散行列は，

$$E\left[(\mathbf{b} - \boldsymbol{\beta})(\mathbf{b} - \boldsymbol{\beta})^T\right] = \Im^{-1} E(\mathbf{UU}^T)\Im^{-1} = \Im^{-1} \tag{5.6}$$

であり，

$$(\mathbf{b} - \boldsymbol{\beta})^T \Im(\mathbf{b})(\mathbf{b} - \boldsymbol{\beta}) \sim \chi^2(p) \tag{5.7}$$

となることが証明される[†]．これは**ワルド統計量** (Wald statistic) である．単一パラメータの場合に，しばしば

$$\mathbf{b} \sim N(\boldsymbol{\beta}, \Im^{-1}) \tag{5.8}$$

[†]ある正則条件のもとで，$n \to \infty$ のとき $\mathbf{b}$ は $\boldsymbol{\beta}$ に収束（一致推定量）し，$\Im(\mathbf{b})$ は $\Im(\boldsymbol{\beta})$ に収束する．したがって，大標本において $\mathbf{b} - \boldsymbol{\beta}$ はスコア統計量の線形関数で近似でき，$\mathbf{U}$ の漸近正規性 (5.2 節) から $\mathbf{b} - \boldsymbol{\beta}$ の漸近正規性が言える．単一パラメータの場合には式 (5.8)，パラメータがベクトルの場合にも類似の式が成り立ち，式 (5.7) が導かれる．

と表される．一般化線形モデルにおける反応変数が正規分布ならば，式 (5.7) と (5.8) は正確な結果である（以下の例 5.4.1 項参照）．

5.4.1 例：正規線形モデルの場合の最尤推定量

次のモデルを考えてみよう．

$$E(Y_i) = \mu_i = \mathbf{x}_i^T \boldsymbol{\beta} \quad ; \quad Y_i \sim N(\mu_i, \sigma^2) \tag{5.9}$$

ただし Y_i は N 個の独立な確率変数，$\boldsymbol{\beta}$ は p 個のパラメータのベクトルである $(p < N)$．これは連結関数として恒等関数を持つ一般化線形モデルである．このモデルについての詳細は第 6 章で述べる．

連結関数は恒等関数であるので，式 (4.16) で $\mu_i = \eta_i$ であり，$\partial \mu_i / \partial \eta_i = 1$ である．情報行列の要素は式 (4.20) と $\text{var}(Y_i) = \sigma^2$ より

$$\Im_{jk} = \sum_{i=1}^{N} \frac{x_{ij} x_{ik}}{\sigma^2}$$

という単純な形である．ゆえに情報行列は

$$\Im = \frac{1}{\sigma^2} \boldsymbol{X}^T \boldsymbol{X} \tag{5.10}$$

と書ける．

同様に式 (4.24) は

$$z_i = \sum_{k=1}^{p} x_{ik} b_k^{(m-1)} + (y_i - \mu_i)$$

という単純な形になる．ただし $\mathbf{b}^{(m-1)}$ に対して計算された μ_i は $\mathbf{x}_i^T \mathbf{b}^{(m-1)} = \sum_{k=1}^{p} x_{ik} b_k^{(m-1)}$ である．ゆえに，この場合 $z_i = y_i$ である．

推定方程式 (4.25) は

$$\frac{1}{\sigma^2} \mathbf{X}^T \mathbf{X} \mathbf{b} = \frac{1}{\sigma^2} \mathbf{X}^T \mathbf{y}$$

となり，最尤推定量は

$$\mathbf{b} = (\mathbf{X}^T \mathbf{X})^{-1} \mathbf{X}^T \mathbf{y} \tag{5.11}$$

となる．モデル (5.9) はベクトル表記を用いて $\mathbf{y} \sim N(\mathbf{X}\boldsymbol{\beta}, \sigma^2\mathbf{I})$ と書ける．ただし $\mathbf{I}$ は対角が 1 で他はすべて 0 の $N \times N$ 単位行列である．式 (5.11) より

$$E(\mathbf{b}) = (\mathbf{X}^T\mathbf{X})^{-1}(\mathbf{X}^T\mathbf{X}\boldsymbol{\beta}) = \boldsymbol{\beta}$$

であるから，$\mathbf{b}$ は $\boldsymbol{\beta}$ の不偏推定量である．

$\mathbf{b}$ の分散共分散行列を得るために

$$\begin{aligned}\mathbf{b} - \boldsymbol{\beta} &= (\mathbf{X}^T\mathbf{X})^{-1}\mathbf{X}^T\mathbf{y} - \boldsymbol{\beta} \\ &= (\mathbf{X}^T\mathbf{X})^{-1}\mathbf{X}^T(\mathbf{y} - \mathbf{X}\boldsymbol{\beta})\end{aligned}$$

を使うと

$$\begin{aligned}E[(\mathbf{b} - \boldsymbol{\beta})(\mathbf{b} - \boldsymbol{\beta})^T] &= (\mathbf{X}^T\mathbf{X})^{-1}\mathbf{X}^T E[(\mathbf{y} - \mathbf{X}\boldsymbol{\beta})(\mathbf{y} - \mathbf{X}\boldsymbol{\beta})^T]\mathbf{X}(\mathbf{X}^T\mathbf{X})^{-1} \\ &= (\mathbf{X}^T\mathbf{X})^{-1}\mathbf{X}^T[\mathrm{var}(\mathbf{y})]\mathbf{X}(\mathbf{X}^T\mathbf{X})^{-1} \\ &= \sigma^2(\mathbf{X}^T\mathbf{X})^{-1}\end{aligned}$$

となる．式 (5.10) より $\sigma^2(\mathbf{X}^T\mathbf{X})^{-1} = \Im^{-1}$ だから，$\mathbf{b}$ の分散共分散行列は式 (5.6) にあるように $\Im^{-1}$ であることが確認できる．

式 (5.11) より最尤推定量 $\mathbf{b}$ は $\mathbf{y}$ の要素 Y_i の線形結合である．Y_i は正規分布に従うから，1.4.1 項の結果より $\mathbf{b}$ もまた正規分布である．よって $\mathbf{b}$ の正確な標本分布は，

$$\mathbf{b} \sim N(\boldsymbol{\beta}, \Im^{-1})$$

となり，式 (1.5) より

$$(\mathbf{b} - \boldsymbol{\beta})^T \Im (\mathbf{b} - \boldsymbol{\beta}) \sim \chi^2(p)$$

である．

5.5　対数尤度比統計量

あるモデルの適切さを評価する 1 つの方法は，推定されうるパラメータの最大個数を含んだ**飽和モデル** (satuated model) と呼ばれる，もっとも一般的なモ

デルと比べることである．ただし，興味のあるモデルと飽和モデルは同じ確率分布および連結関数を持つ一般化線形モデルとする．

N 個の線形成分 $\mathbf{x}_i^T \boldsymbol{\beta}$ に対応して N 個の観測値 $Y_i, i = 1, \ldots, N$ が得られているとする．このとき，飽和モデルは N 個のパラメータで表される．飽和モデルは別名，**最大モデル** (maximal model) または**フルモデル** (full model) とも呼ばれる．

観測値のいくつかが同じ線形成分（同じ共変量パターン）を持つ，すなわち，因子の水準組合せが同じであり，連続的な説明変数の値もすべて同じ値である，という場合，それらは**繰返し** (replicate) があると言われる．このとき，飽和モデルで推定できるパラメータの最大数は相異なる線形成分の数と等しい．それは N より小さい．

飽和モデルのパラメータ数を m とおくことにしよう．$\boldsymbol{\beta}_{\max}$ を飽和モデルのパラメータベクトル，$\mathbf{b}_{\max}$ を $\boldsymbol{\beta}_{\max}$ の最尤推定量とする．$\mathbf{b}_{\max}$ で評価した飽和モデルの尤度関数 $L(\mathbf{b}_{\max}; \boldsymbol{y})$ は，これらの観測値に対して同じ分布と同じ連結関数を持つ，他のどの尤度関数よりも大きくなる．その理由は，飽和モデルが最も完全にデータを記述しているからである．$L(\mathbf{b}; \mathbf{y})$ を関心のあるモデルの尤度関数の最大値とする．そのとき，尤度比

$$\lambda = \frac{L(\mathbf{b}_{\max}; \mathbf{y})}{L(\mathbf{b}; \mathbf{y})}$$

がモデルの適合度を測る 1 つの方法を与える．実際には，尤度比の対数，つまり，対数尤度関数の差

$$\log \lambda = l(\mathbf{b}_{\max}; \mathbf{y}) - l(\mathbf{b}; \mathbf{y})$$

が使われる．$\log \lambda$ が大きいとき，関心のあるモデルは飽和モデルに比べてあまりよくデータを記述していないことを示唆する．$\log \lambda$ の棄却域を決めるためには標本分布が必要である．

次節では，$2 \log \lambda$ がカイ 2 乗分布を持つことを確認する．それゆえ $\log \lambda$ よりむしろ $2 \log \lambda$ が一般的に使われる統計量である．Nelder and Wedderburn (1972) はこれを**逸脱度** (deviance) と呼んでいる．

5.6 逸脱度の標本分布

逸脱度は**対数尤度比統計量** (log likelihood (ratio) statistic) とも呼ばれ，次のように定義される．

$$D = 2[l(\mathbf{b}_{\max}; \mathbf{y}) - l(\mathbf{b}; \mathbf{y})]$$

$\mathbf{b}$ がパラメータ $\boldsymbol{\beta}$ の最尤推定量ならば，($\boldsymbol{U}(\boldsymbol{b}) = \mathbf{0}$ だから) 式 (5.4) より，近似的に

$$l(\boldsymbol{\beta}) - l(\mathbf{b}) = -\frac{1}{2}(\boldsymbol{\beta} - \mathbf{b})^T \Im(\mathbf{b})(\boldsymbol{\beta} - \mathbf{b})$$

の関係が成り立つ．したがって，

$$2[l(\mathbf{b}; \mathbf{y}) - l(\boldsymbol{\beta}; \mathbf{y})] = (\boldsymbol{\beta} - \mathbf{b})^T \Im(\mathbf{b})(\boldsymbol{\beta} - \mathbf{b})$$

となり，式 (5.7) より自由度 p のカイ 2 乗分布 $\chi^2(p)$ に従う．ただし，p は関心のあるモデルに含まれるパラメータ数である．

この結果から逸脱度

$$\begin{aligned} D &= 2[l(\mathbf{b}_{\max}; \mathbf{y}) - l(\mathbf{b}; \mathbf{y})] \\ &= 2[l(\mathbf{b}_{\max}; \mathbf{y}) - l(\boldsymbol{\beta}_{\max}; \mathbf{y})] \\ &\quad - 2[l(\mathbf{b}; \mathbf{y}) - l(\boldsymbol{\beta}; \mathbf{y})] + 2[l(\boldsymbol{\beta}_{\max}; \mathbf{y}) - l(\boldsymbol{\beta}; \mathbf{y})] \end{aligned} \tag{5.12}$$

の標本分布が導かれる．式 (5.12) の角括弧の第 1 項は $\chi^2(m)$ に従う．m は飽和モデルでのパラメータ数を表す．第 2 項は $\chi^2(p)$ に従う．p は関心のあるモデルにおけるパラメータ数を表す．第 3 項の $v = 2[l(\boldsymbol{\beta}_{\max}; \mathbf{y}) - l(\boldsymbol{\beta}; \mathbf{y})]$ は関心のあるモデルが飽和モデルと同じぐらい当てはまりが良いときゼロに近い正の定数である．それゆえ 1.5 節の結果（性質 6）より逸脱度の標本分布は，近似的に

$$D \sim \chi^2(m - p, v)$$

である．ただし v は非心パラメータである．逸脱度は一般化線形モデルにおける仮説検定の基礎となる．これについては 5.7 節で述べる．

反応変数 Y_i が正規分布に従うとき，D は正確にカイ 2 乗分布に従う．しかし，このとき D は，実際上，未知である $\text{var}(Y_i) = \sigma^2$ に依存する．このことは D が適合度を測る統計量として直接には使えないことを意味する（5.6.2 項参照）．

Y_i が他の分布に従うときには D の標本分布は近似的にカイ 2 乗分布となる．しかし 2 項分布やポアソン分布などの場合，D は実際に計算でき，適合度を測る統計量としてそのまま利用することができる（5.6.1 項と 5.6.3 項参照）．

5.6.1　例：2 項モデルの場合の逸脱度

反応変数 $Y_1, \ldots, Y_N$ が互いに独立に 2 項分布に従う（$Y_i \sim binomial(n_i, \pi_i)$）ならば，対数尤度関数は

$$l(\boldsymbol{\beta}; \mathbf{y}) = \sum_{i=1}^{N} \left[y_i \log \pi_i - y_i \log(1 - \pi_i) + n_i \log(1 - \pi_i) + \log \binom{n_i}{y_i} \right]$$

と表される．飽和モデルでは π_i がすべて異なるので $\boldsymbol{\beta} = [\pi_1, \ldots, \pi_N]^T$．最尤推定値は $\hat{\pi}_i = y_i/n_i$ であり，対数尤度関数の最大値は次のようになる．

$$l(\mathbf{b}_{\max}; \mathbf{y}) = \sum \left[y_i \log \frac{y_i}{n_i} - y_i \log(\frac{n_i - y_i}{n_i}) + n_i \log(\frac{n_i - y_i}{n_i}) + \log \binom{n_i}{y_i} \right]$$

$p < N$ であるような他のモデルを当てはめ，$\hat{\pi}_i$ を確率の最尤推定値，$\hat{y}_i = n_i \hat{\pi}_i$ を当てはめ値とする．これらの値から求められた対数尤度関数は

$$l(\mathbf{b}; \mathbf{y}) = \sum \left[y_i \log \frac{\hat{y}_i}{\hat{n}_i} - y_i \log(\frac{n_i - \hat{y}_i}{n_i}) + n_i \log(\frac{n_i - \hat{y}_i}{n_i}) + \log \binom{n_i}{y_i} \right]$$

したがって逸脱度は

$$\begin{aligned} D &= 2[l(\mathbf{b}_{\max}; \mathbf{y}) - l(\mathbf{b}; \mathbf{y})] \\ &= 2\sum_{i=1}^{N} \left[y_i \log \left(\frac{y_i}{\hat{y}_i}\right) + (n_i - y_i) \log(\frac{n_i - y_i}{n_i - \hat{y}_i}) \right] \end{aligned}$$

となる．

5.6.2　例：正規線形モデルの場合の逸脱度

Y_i が互いに独立であるような次のモデルを考えよう．

$$E(Y_i) = \mu_i = \boldsymbol{x}_i^T \boldsymbol{\beta} \quad ; \quad Y_i \sim N(\mu_i, \sigma^2), \qquad i = 1, \ldots, N$$

対数尤度関数は

$$l(\boldsymbol{\beta}; \mathbf{y}) = -\frac{1}{2\sigma^2} \sum_{i=1}^{N} (y_i - \mu_i)^2 - \frac{1}{2} N \log(2\pi\sigma^2)$$

と表される．飽和モデルでは，すべての μ_i が異なりうるので $\boldsymbol{\beta}$ は N 個の要素 $\mu_1, \ldots, \mu_N$ から成る．対数尤度関数をおのおのの μ_i について微分し，推定方程式を解くと $\hat{\mu}_i = y_i$ が得られる．ゆえに飽和モデルに対する対数尤度関数の最大値は次のようになる．

$$l(\mathbf{b}_{\max}; \mathbf{y}) = -\frac{1}{2} N \log(2\pi\sigma^2)$$

パラメータ数が $p < N$ であるような他のモデルに対して最尤推定量は式 (5.11) より

$$\mathbf{b} = (\mathbf{X}^T \mathbf{X})^{-1} \mathbf{X}^T \mathbf{y}$$

のように得られ，対応する対数尤度関数の最大値は次のようになる．

$$l(\mathbf{b}; \mathbf{y}) = -\frac{1}{2\sigma^2} \sum (y_i - \mathbf{x}_i^T \mathbf{b})^2 - \frac{1}{2} N \log(2\pi\sigma^2)$$

したがって逸脱度は

$$\begin{aligned} D &= 2[l(\mathbf{b}_{\max}; \mathbf{y}) - l(\mathbf{b}; \mathbf{y})] \\ &= \frac{1}{\sigma^2} \sum_{i=1}^{N} (y_i - \mathbf{x}_i^T \mathbf{b})^2 \quad &(5.13) \\ &= \frac{1}{\sigma^2} \sum_{i=1}^{N} (y_i - \hat{\mu}_i)^2 \quad &(5.14) \end{aligned}$$

となる．ここに $\hat{\mu}_i$ は当てはめ値 $\mathbf{x}_i^T \mathbf{b}$ である．

パラメータが 1 つしかないという特別な場合，例えば，すべての i について $E(Y_i) = \mu$ が成り立つときには，$\mathbf{X}$ は N 個の 1 からなるベクトルとなり，

$b = \hat{\mu} = \sum_{i=1}^{N} y_i/N = \bar{y}$, かつ, すべての i について $\hat{\mu}_i = \bar{y}$ が成り立つ. よって次の式が得られる.

$$D = \frac{1}{\sigma^2} \sum_{i=1}^{N} (y_i - \bar{y})^2$$

ところでこの統計量は標本分散 S^2 との間に

$$S^2 = \frac{1}{N-1} \sum_{i=1}^{N} (y_i - \bar{y})^2 = \frac{\sigma^2 D}{N-1}$$

のような関係があり,演習問題 1.4(d) より $(N-1)S^2/\sigma^2 \sim \chi^2(N-1)$, したがって, $D \sim \chi^2(N-1)$ は正確である.

一般の場合について考えると,式 (5.13) より

$$D = \frac{1}{\sigma^2} \sum_{i=1}^{N} (y_i - \mathbf{x}_i^T \mathbf{b})^2$$
$$= \frac{1}{\sigma^2} (\mathbf{y} - \mathbf{Xb})^T (\mathbf{y} - \mathbf{Xb})$$

ここにデザイン行列 $\mathbf{X}$ の行は $\mathbf{x}_i$ である. $(\mathbf{y} - \mathbf{Xb})$ は

$$\mathbf{y} - \mathbf{Xb} = \mathbf{y} - \mathbf{X}(\mathbf{X}^T\mathbf{X})^{-1}\mathbf{X}^T\mathbf{y}$$
$$= [\mathbf{I} - \mathbf{X}(\mathbf{X}^T\mathbf{X})^{-1}\mathbf{X}^T]\mathbf{y} = [\mathbf{I} - \mathbf{H}]\mathbf{y}$$

のように変形できる. ここに $\mathbf{H} = \mathbf{X}(\mathbf{X}^T\mathbf{X})^{-1}\mathbf{X}^T$ であり, ハット行列 ('hat' matrix) と呼ばれる. D の 2 次形式の部分は, $\mathbf{H}$ がべき等 (すなわち $\mathbf{H} = \mathbf{H}^T$ かつ $\mathbf{HH} = \mathbf{H}$) だから

$$(\mathbf{y} - \mathbf{Xb})^T (\mathbf{y} - \mathbf{Xb}) = \{[\mathbf{I} - \mathbf{H}]\mathbf{y}\}^T [\mathbf{I} - \mathbf{H}]\mathbf{y} = \mathbf{y}^T [\mathbf{I} - \mathbf{H}]\mathbf{y}$$

のように書ける. $\mathbf{I}$ の階数は N, $\mathbf{H}$ の階数は p, $\mathbf{I} - \mathbf{H}$ の階数は $N - p$ であるから, 1.4.2 項の 8 番目の性質より D は自由度 $N - p$, 非心パラメータ $\lambda = (\mathbf{X}\beta)^T (\mathbf{I} - \mathbf{H})(\mathbf{X}\beta)/\sigma^2$ の非心カイ 2 乗分布に従う. しかし, $(\mathbf{I} - \mathbf{H})\mathbf{X} = \mathbf{0}$ だから非心パラメータの値はゼロになり, けっきょく D は中心カイ 2 乗分布 $\chi^2(N-p)$ に正確に従うことが言える (より詳細は Graybill (1976) 参照).

未知の σ^2 を含む D に対して，式 (5.14) の両辺に σ^2 を掛けて

$$\sigma^2 D = \sum (y_i - \hat{\mu}_i)^2$$

を尺度つき逸脱度 (scaled deviance) と呼ぶことがある[†]．モデルがよく当てはまっているなら，D は漸近的に $\chi^2(N-p)$ に従い，$\chi^2(N-p)$ に従う確率変数の期待値は（1.4.2 項の 2 より）$N-p$ であるから，D の期待値は $N-p$ である．このことから尺度パラメータ (scale parameter) σ^2 の 1 つの不偏推定量として次の式が得られる．

$$\tilde{\sigma}^2 = \frac{\sum (y_i - \hat{\mu}_i)^2}{N-p}$$

Glim など，いくつかの統計プログラムでは正規線形モデルに対して，$\sigma^2 = 1$ とおいて計算した逸脱度を出力し，$\hat{\sigma}^2$ を尺度パラメータと呼んでいる．

$\hat{\sigma}^2$ を σ^2 の推定値とするとき，逸脱度と標準化残差の平方和との間に

$$\sum_{i=1}^{N} r_i^2 = \frac{1}{\hat{\sigma}^2} \sum_{i=1}^{N} (y_i - \hat{\mu}_i)^2$$

のような関連があり（2.3.4 項参照），これによって標準化残差の大きさについて大ざっぱな目安が得られる．そのモデルがよく当てはまっているなら，$D \sim \chi^2(N-p)$ であり，近似的に $\sum r_i^2 = N-p$ となることが期待できるからである．

5.6.3　例：ポアソンモデルの場合の逸脱度

反応変数 $Y_1, \ldots, Y_N$ が互いに独立で $Y_i \sim Poisson(\lambda_i)$ なら，対数尤度関数は次のように表される．

$$l(\boldsymbol{\beta}; \mathbf{y}) = \sum y_i \log \lambda_i - \sum \lambda_i - \sum \log y_i!$$

[†] 尺度パラメータ ϕ（正規線形モデルの場合 $\phi = \sigma^2$）を局外パラメータとして含む一般化線形モデルの場合 $\phi = 1$ とおいて計算した対数尤度比統計量の 2 倍が deviance，尺度パラメータも含めて計算したものが scaled deviance と呼ばれることがある (McCullagh & Nelder (1989), p. 33-34; Venables & Ripley (2002), p. 186). 本書のこの部分の記述はそれらと一致しない．McCullagh & Nelder らは $\sigma^2 D$ を deviance, D を scaled deviance と呼んでいるが，本書では D を deviance, $\sigma^2 D$ を scaled deviance と呼んでいるので注意してほしい．本書の scaled deviance を "尺度つき逸脱度" と訳しておく．

飽和モデルでは λ_i はすべて異なるから $\boldsymbol{\beta} = [\lambda_1, \ldots, \lambda_N]^T$ である．最尤推定値は $\hat{\lambda}_i = y_i$ であり，対数尤度関数の最大値は

$$l(\mathbf{b}_{\max}; \mathbf{y}) = \sum y_i \log y_i - \sum y_i - \sum \log y_i!$$

となる．

関心のあるモデルのパラメータ数を $p < N$ とする．最尤推定値 $\mathbf{b}$ から推定値 $\hat{\lambda}_i$，さらに当てはめ値 $\hat{y}_i = \hat{\lambda}_i$ （$E(Y_i) = \lambda_i$ だから）を求めることができ，対数尤度関数の最大値は

$$l(\mathbf{b}; \mathbf{y}) = \sum y_i \log \hat{y}_i - \sum \hat{y}_i - \sum \log y_i!$$

となる．したがって逸脱度は

$$\begin{aligned} D &= 2[l(\mathbf{b}_{\max}; \mathbf{y}) - l(\mathbf{b}; \mathbf{y})] \\ &= 2\left[\sum y_i \log(y_i/\hat{y}_i) - \sum (y_i - \hat{y}_i)\right] \end{aligned}$$

と表される．

ほとんどのモデルにおいて $\sum y_i = \sum \hat{y}_i$ を示すことができる（演習問題 9.1 参照）．このことを利用すると，D は，観測値 y_i を o_i，推定された期待値 $\hat{y}_i$ を e_i と表すとき

$$D = 2 \sum o_i \log(o_i/e_i)$$

の形で書くことができる．

D の値はこの場合，データから計算でき（この点は D が未知の定数 σ^2 に依存する正規分布の場合と異なる），この値を直接カイ2乗分布 $\chi^2(N-p)$ と比べることができる．次の例でこの考え方を説明する．

表 5.1 はポアソン反応変数に直線を当てはめた 4.4 節の例題のデータである．当てはめ値は

$$\hat{y}_i = b_1 + b_2 x_i$$

であり，（表 4.4 より）$b_1 = 7.45163$ かつ $b_2 = 4.93530$ である．D の値は $D = 2 \times (0.94735 - 0) = 1.8947$ であり，この逸脱度は，自由度 $N - p = 9 - 2 = 7$ に比べて小さい．このことは，そのモデルがデータによく当てはまっているこ

表 5.1 例 4.4 のポアソン回帰の結果

x_i	y_i	$\hat{y}_i$	$y_i \log(y_i/\hat{y}_i)$
-1	2	2.51633	-0.45931
-1	3	2.51633	0.52743
0	6	7.45163	-1.30004
0	7	7.45163	-0.43766
0	8	7.45163	0.56807
0	9	7.45163	1.69913
1	10	12.38693	-2.14057
1	12	12.38693	-0.38082
1	15	12.38693	2.87112
計	72	72	0.94735

とを示し，実際 D は分布 $\chi^2(7)$ の下側 5% 点以下である．しかし，このような人工的な小標本データに対しては，そんなに驚く結果ではない．

5.7 仮説検定

長さ p のパラメータベクトル $\boldsymbol{\beta}$ に関する仮説はワルド統計量 $(\widehat{\boldsymbol{\beta}}-\boldsymbol{\beta})^T \Im (\widehat{\boldsymbol{\beta}}-\boldsymbol{\beta}) \sim \chi^2(p)$ を用いて検定できる（式 (5.7) より）．ときどき，式 (5.3) のスコア統計量 $\mathbf{U}^T \Im^{-1} \mathbf{U} \sim \chi^2(p)$ が使われることもある．

別のアプローチとしては，5.1 節に概説し，第 2 章で用いたように，2 つのモデルの当てはまりのよさを比べる方法がある．その 2 つのモデルは入れ子 (nested) あるいは**階層的** (hierarchical) になっている必要がある．すなわち，同じ確率分布および同じ連結関数を持ち，単純な方のモデル M_0 の線形成分が，より一般的なモデル M_1 の線形成分の特別な場合となっていなければならない．

モデル M_0 に対応する帰無仮説

$$H_0 : \boldsymbol{\beta} = \boldsymbol{\beta}_0 = \begin{bmatrix} \beta_1 \\ \vdots \\ \beta_q \end{bmatrix}$$

と，モデル M_1 に対応する，より一般的な仮説

$$H_1 : \boldsymbol{\beta} = \boldsymbol{\beta}_1 = \begin{bmatrix} \beta_1 \\ \vdots \\ \beta_p \end{bmatrix}$$

を考えよう．ここに，$q < p < N$ である．

対立仮説 H_1 に対する帰無仮説 H_0 の検定は以下に示す逸脱度統計量の差を用いて行うことができる．

$$\begin{aligned} \triangle D &= D_0 - D_1 = 2[l(\mathbf{b}_{\max};\mathbf{y}) - l(\mathbf{b}_0;\mathbf{y})] - 2[l(\mathbf{b}_{\max};\mathbf{y}) - l(\mathbf{b}_1;\mathbf{y})] \\ &= 2[l(\mathbf{b}_1;\mathbf{y}) - l(\mathbf{b}_0;\mathbf{y})] \end{aligned}$$

どちらのモデルもデータをよく記述しているなら，$D_0 \sim \chi^2(N-q)$ および $D_1 \sim \chi^2(N-p)$ が成り立ち，したがって，$\triangle D \sim \chi^2(p-q)$ となる．観測値から計算された $\triangle D$ の値が $\chi^2(p-q)$ 分布に矛盾しないなら，より単純であるという理由で，H_0 に対応するモデル M_0 を選ぶ．

$\triangle D$ の値が棄却域に入っていれば（すなわち，$\chi^2(p-q)$ 分布の上側 $100 \times \alpha \%$ 点より大きければ），モデル M_1 の方がモデル M_0 よりデータを有意によく記述している（たとえ M_1 が，データに特によく当てはまっているわけではなくても）として，H_1 を選び H_0 を棄却する．

逸脱度がデータから計算できる場合には，逸脱度の差 $\triangle D$ は仮説検定の便利な方法を与える．$\triangle D$ の標本分布は，普通，逸脱度そのものの標本分布よりもカイ 2 乗分布の近似がよい．

正規分布にもとづくモデルや，推定されない局外パラメータを持つ他の分布の場合，逸脱度はデータから完全には決まらないかもしれない．次に，この問題の解決法を例示する．

5.7.1　例：正規線形モデルの場合の仮説検定

独立な確率変数 $Y_1, \cdots\cdots, Y_N$ が正規線形モデル

$$E(Y_i) = \mu_i = \mathbf{x}_i^T \boldsymbol{\beta} \quad ; \quad Y_i \sim N(\mu_i, \sigma^2)$$

に従うとき，逸脱度は，式 (5.14) より

$$D = \frac{1}{\sigma^2} \sum_{i=1}^{N} (y_i - \widehat{\mu}_i)^2$$

である.

$\widehat{\mu}_i(0)$ と $\widehat{\mu}_i(1)$ をそれぞれ,帰無仮説 H_0 に対応するモデル M_0 の当てはめ値と対立仮説 H_1 に対応するモデル M_1 の当てはめ値とする.このとき

$$D_0 = \frac{1}{\sigma^2} \sum_{i=1}^{N} [y_i - \widehat{\mu}_i(0)]^2$$

$$D_1 = \frac{1}{\sigma^2} \sum_{i=1}^{N} [y_i - \widehat{\mu}_i(1)]^2$$

である.

通常,M_1 はデータによく当てはまり(すなわち,H_1 が正しい),したがって,$D_1 \sim \chi^2(N-p)$ であると仮定される.もし M_0 もよく当てはまっていれば,$D_0 \sim \chi^2(N-q)$ であるから $\triangle D = D_0 - D_1 \sim \chi^2(p-q)$ となる.もし M_0 があまりよく当てはまっていない(すなわち,H_0 は正しくない)なら,$\triangle D$ は非心カイ2乗分布に従う.上の式中の未知の σ^2 を取り除くために,比

$$\begin{aligned} F &= \frac{D_0 - D_1}{p - q} \Big/ \frac{D_1}{N - p} \\ &= \frac{\left\{ \sum [y_i - \widehat{\mu}_i(0)]^2 - \sum [y_i - \widehat{\mu}_i(1)]^2 \right\} / (p - q)}{\sum [y_i - \widehat{\mu}_i(1)]^2 / (N - p)} \end{aligned}$$

を用いる.

F は当てはめ値から直接計算できる.H_0 が正しいなら,F は(少なくとも近似的に)中心 $F(p-q, N-p)$ 分布に従い,H_0 が正しくないなら,F 値は,分布 $F(p-q, N-p)$ から期待される値より大きくなる.

2.2.2項の出生時体重と妊娠期間の例を数値例として示そう.モデルは式 (2.6) と (2.7) である.平方和の最小値と逸脱度との間に $\widehat{S}_0 = \sigma^2 D_0$,$\widehat{S}_1 = \sigma^2 D_1$ のような関係がある.観測値の数は $N = 24$ である.単純な方のモデル (2.6) には推定すべきパラメータが $q = 3$ 個,より一般的なモデル (2.7) には推定す

べきパラメータが $p = 4$ 個ある．表 2.5 より

$$D_0 = 658770.8/\sigma^2, \quad \text{自由度 } N - q = 21$$
$$D_1 = 652424.5/\sigma^2, \quad \text{自由度 } N - p = 20$$

それゆえ

$$F = \frac{(658770.8 - 652424.5)/1}{652424.5/20} = 0.19$$

であり，$F(1, 20)$ の上側 5% 点より小さく有意ではない．したがって，このデータには男児でも女児でも妊娠期間に応じて出生時体重が同じ割合で増加するというモデル (2.6) が当てはまる．

5.8 演習問題

5.1 2 項分布に従う，すなわち $Y \sim binomial(n, \pi)$ である，単一の反応変数 Y を考える．
 (a) ワルド統計量 $(\widehat{\pi} - \pi)^T \Im (\widehat{\pi} - \pi)$ を求めよ．ここに $\widehat{\pi}$ は π の最尤推定量であり，$\Im$ は情報量である．
 (b) ワルド統計量がスコア統計量 $U^T \Im^{-1} U$ と等しくなることを確認せよ（例 5.2.2 参照）．
 (c) 逸脱度
$$2[l(\widehat{\pi}; y) - l(\pi; y)]$$
を求めよ．
 (d) 大標本では，ワルド統計量（スコア統計量）と逸脱度はともに近似的に $\chi^2(1)$ 分布に従う．$n = 10$, $y = 3$ に対して両方の統計量を使って次のモデルの適切さを確かめよ．
   (i) $\pi = 0.1$ (ii) $\pi = 0.3$ (iii) $\pi = 0.5$
   2 つの統計量から同じ結論が得られるか．
5.2 次の指数分布に従う確率変数 $Y_1, \ldots, Y_N$ を考えよう．
$$f(y_i; \theta_i) = \theta_i \exp(-y_i \theta_i)$$
各 Y_i について異なる値 θ_i を持つ最大モデルとすべての i について $\theta_i = \theta$ であるようなモデルを比較し，逸脱度を導け．
5.3 $Y_1, ..., Y_N$ が独立に同一の分布（パラメータ θ のパレート分布）に従うとする．

(a) θ の最尤推定量 $\widehat{\theta}$ を求めよ．
(b) θ について推測するためのワルド統計量を求めよ．（ヒント：演習問題 3.10 の結果を用いよ）．
(c) ワルド統計量を用いて θ の近似的な 95% 信頼区間の式を求めよ．
(d) パラメータ θ を持つパレート分布の確率変数 Y は $Y = (1/U)^{1/\theta}$ という関係を使い，0 と 1 の間の一様分布に従う乱数 U から生成できる (Evans et al. (2000))．この関係を用いて，$\theta = 2$ のパレート分布に従う Y の大きさ 100 の標本を生成せよ．これらのデータから推定値 $\widehat{\theta}$ を計算せよ．このプロセスを 20 回繰り返し，θ に対する 95% 信頼区間も求めよ．また，推定値 $\widehat{\theta}$ の平均を $\theta = 2$ と比較せよ．θ はいくつの信頼区間に含まれているか．

5.4 演習問題 4.2 の白血病の生存時間データについて
(a) ワルド統計量を用いてパラメータ β_1 の近似的な 95% 信頼区間を求めよ．
(b) 演習問題 4.2 で取り上げた 2 つのモデルを当てはめて逸脱度を求め，対立仮説 $\beta_2 \neq 0$ に対する帰無仮説 $\beta_2 = 0$ を検定せよ．生存時間の予測変数として初期白血球数を使用することについて何が言えるか．

第6章
正規線形モデル

6.1 はじめに

本章では,次のモデルについて検討を行う.

$$E(Y_i) = \mu_i = \mathbf{x}_i^T \boldsymbol{\beta}; \quad Y_i \sim N(\mu_i, \sigma^2) \tag{6.1}$$

ただし,$Y_1, \ldots, Y_N$ は独立な確率変数とする.連結関数は,恒等連結関数 $g(\mu_i) = \mu_i$ となる.このモデルは以下のように表されることが多い.

$$\mathbf{y} = \mathbf{X}\boldsymbol{\beta} + \mathbf{e} \tag{6.2}$$

$$\mathbf{y} = \begin{bmatrix} Y_1 \\ \vdots \\ Y_N \end{bmatrix}, \quad \mathbf{X} = \begin{bmatrix} \mathbf{x}_1^T \\ \vdots \\ \mathbf{x}_N^T \end{bmatrix}, \quad \boldsymbol{\beta} = \begin{bmatrix} \beta_1 \\ \vdots \\ \beta_p \end{bmatrix}, \quad \mathbf{e} = \begin{bmatrix} e_1 \\ \vdots \\ e_N \end{bmatrix}$$

ここに,$e_i, i = 1, 2, \ldots, N$ は互いに独立で,すべて同一の分布 $N(0, \sigma^2)$ に従う確率変数とする.重回帰分析,分散分析 (ANOVA),共分散分析 (ANCOVA) はすべてこの形で表すことができ,まとめて**一般線形モデル** (general linear model) と呼ばれている.

本書はモデルの当てはめという側面に重点をおいているため,一般線形モデル全体を詳しく論じることはしない.詳細については他の多くの本で解説されているが,例えば,Neter et al. (1996) を参照してほしい.

本章では，前章までの結果から導かれる基本的事項の要約をまず行い，次いで4つの数値例を通して主要な結果を与えることにする．

6.2 基本的な結果

6.2.1 最尤推定

5.4.1項における説明から，$\boldsymbol{\beta}$ の最尤推定量は

$$\mathbf{b} = \left(\mathbf{X}^T\mathbf{X}\right)^{-1}\mathbf{X}^T\mathbf{y} \tag{6.3}$$

で与えられる．ただし，$\mathbf{X}^T\mathbf{X}$ は正則行列とする．$E(\mathbf{b}) = \boldsymbol{\beta}$ なので，この推定量は不偏であり，また分散共分散行列は $\sigma^2\left(\mathbf{X}^T\mathbf{X}\right)^{-1} = \mathfrak{S}^{-1}$ で与えられる．

一般化線形モデルでは，σ^2 は局外パラメータとして扱われる．しかし，

$$\hat{\sigma}^2 = \frac{1}{N-p}\left(\mathbf{y} - \mathbf{X}\mathbf{b}\right)^T\left(\mathbf{y} - \mathbf{X}\mathbf{b}\right) \tag{6.4}$$

が σ^2 の不偏推定量となるので，これより $\mathfrak{S}$ を推定でき，したがって $\mathbf{b}$ の統計的推測を行うことが可能である．

6.2.2 最小2乗推定

もし $E(\mathbf{y}) = \mathbf{X}\boldsymbol{\beta}$ となり，かつ $E\left[(\mathbf{y}-\mathbf{X}\boldsymbol{\beta})(\mathbf{y}-\mathbf{X}\boldsymbol{\beta})^T\right] = \mathbf{V}$ が既知であれば，$\mathbf{y}$ に特定の分布を仮定することなく $\boldsymbol{\beta}$ の最小2乗推定量 $\tilde{\boldsymbol{\beta}}$ を求めることが可能である．すなわち，それは

$$S_w = (\mathbf{y} - \mathbf{X}\boldsymbol{\beta})^T\mathbf{V}^{-1}(\mathbf{y} - \mathbf{X}\boldsymbol{\beta})$$

を最小化することで求められる．微分により S_w の最小解 $\tilde{\boldsymbol{\beta}}$ を計算すると

$$\frac{\partial S_w}{\partial \boldsymbol{\beta}} = -2\mathbf{X}^T\mathbf{V}^{-1}(\mathbf{y} - \mathbf{X}\boldsymbol{\beta}) = \mathbf{0}$$

より

$$\tilde{\boldsymbol{\beta}} = \left(\mathbf{X}^T\mathbf{V}^{-1}\mathbf{X}\right)^{-1}\mathbf{X}^T\mathbf{V}^{-1}\mathbf{y}$$

となる（逆行列は存在するものとする）．特にモデル (6.1) の仮定が成り立つ，すなわち $\mathbf{y}$ の各成分は互いに独立で，かつ共通の分散を持つ，と仮定すれば，

$$\tilde{\boldsymbol{\beta}} = \left(\mathbf{X}^T\mathbf{X}\right)^{-1}\mathbf{X}^T\mathbf{y}$$

となり，最小2乗推定量と最尤推定量は一致する．

6.2.3 逸脱度

逸脱度 D は，式 (6.3) の $\mathbf{X}^T\mathbf{X}\mathbf{b} = \mathbf{X}^T\mathbf{y}$ より，

$$\begin{aligned}
D &= \frac{1}{\sigma^2} \left(\mathbf{y} - \mathbf{X}\mathbf{b}\right)^T \left(\mathbf{y} - \mathbf{X}\mathbf{b}\right) \\
&= \frac{1}{\sigma^2} \left(\mathbf{y}^T\mathbf{y} - 2\mathbf{b}^T\mathbf{X}^T\mathbf{y} + \mathbf{b}^T\mathbf{X}^T\mathbf{X}\mathbf{b}\right) \\
&= \frac{1}{\sigma^2} \left(\mathbf{y}^T\mathbf{y} - \mathbf{b}^T\mathbf{X}^T\mathbf{y}\right)
\end{aligned} \quad (6.5)$$

で与えられる（5.6.2項参照）．

6.2.4 仮説検定

以下のようなある帰無仮説 H_0 と，いくつかのパラメータを加えたより一般的な仮説 H_1 を考えよう．すなわち，

$$H_0 : \boldsymbol{\beta} = \boldsymbol{\beta}_0 = \begin{bmatrix} \beta_1 \\ \vdots \\ \beta_q \end{bmatrix}, \quad H_1 : \boldsymbol{\beta} = \boldsymbol{\beta}_1 = \begin{bmatrix} \beta_1 \\ \vdots \\ \beta_p \end{bmatrix}$$

である（ただし，$q < p < N$）．

H_0 と H_1 に対応するデザイン行列を $\mathbf{X}_0$ と $\mathbf{X}_1$，最尤推定量を $\mathbf{b}_0$ と $\mathbf{b}_1$，逸脱度を D_0 と D_1 で表そう．H_0 の H_1 に対する検定を行うため，式 (6.5) から得られる以下の統計量を用いる．

$$\begin{aligned}
\Delta D = D_0 - D_1 &= \frac{1}{\sigma^2} \left[\left(\mathbf{y}^T\mathbf{y} - \mathbf{b}_0^T\mathbf{X}_0^T\mathbf{y}\right) - \left(\mathbf{y}^T\mathbf{y} - \mathbf{b}_1^T\mathbf{X}_1^T\mathbf{y}\right)\right] \\
&= \frac{1}{\sigma^2} \left(\mathbf{b}_1^T\mathbf{X}_1^T\mathbf{y} - \mathbf{b}_0^T\mathbf{X}_0^T\mathbf{y}\right)
\end{aligned}$$

仮説 H_1 はより一般的なモデルなので，データによく適合すると仮定する．したがって，$D_1 \sim \chi^2(N-p)$ としてよいだろう．一方，仮説 H_0 が正しくないときには，$D_0 \sim \chi^2(N-q, v)$ となるので（v は非心パラメータ．5.6節参照），適当な条件のもとで $\Delta D = D_0 - D_1 \sim \chi^2(p-q, v)$ が成り立つ（1.5節参照）．以上より，統計量

表 6.1　分散分析表

変動要因	自由度	平方和	平均平方
β_0 のモデル	q	$\mathbf{b}_0^T \mathbf{X}_0^T \mathbf{y}$	
β_1 による改善	$p - q$	$\mathbf{b}_1^T \mathbf{X}_1^T \mathbf{y} - \mathbf{b}_0^T \mathbf{X}_0^T \mathbf{y}$	$(\mathbf{b}_1^T \mathbf{X}_1^T \mathbf{y} - \mathbf{b}_0^T \mathbf{X}_0^T \mathbf{y})/(p-q)$
残差	$N - p$	$\mathbf{y}^T \mathbf{y} - \mathbf{b}_1^T \mathbf{X}_1^T \mathbf{y}$	$(\mathbf{y}^T \mathbf{y} - \mathbf{b}_1^T \mathbf{X}_1^T \mathbf{y})/(N-p)$
計	N	$\mathbf{y}^T \mathbf{y}$	

$$F = \frac{D_0 - D_1}{p - q} \bigg/ \frac{D_1}{N - p} = \frac{(\mathbf{b}_1^T \mathbf{X}_1^T \mathbf{y} - \mathbf{b}_0^T \mathbf{X}_0^T \mathbf{y})}{p - q} \bigg/ \frac{(\mathbf{y}^T \mathbf{y} - \mathbf{b}_1^T \mathbf{X}_1^T \mathbf{y})}{N - p}$$

は,仮説 H_0 が正しいときには中心分布 $F(p-q, N-p)$ に従い,仮説 H_0 が正しくないときには非心分布に従う.もし F の値が $F(p-q, N-p)$ の分布に対して大きな値をとる場合には,仮説 H_0 を棄却する根拠となる(図 2.5).

ここで述べられた仮説検定は,表 6.1 で示される分散分析表として要約されることが多い.

6.2.5　直交性

通常,正規線形モデルの個々のパラメータの推定や検定は,モデルに含まれるその他のパラメータを無視して行うことはできない.しかし,デザイン行列が互いに直交する $\mathbf{X}_1, ..., \mathbf{X}_m$(すべての $j \neq k$ について $\mathbf{X}_j^T \mathbf{X}_k = \mathbf{O}$.ただし,$\mathbf{O}$ は零行列)に対して,

$$\mathbf{X} = [\mathbf{X}_1, ..., \mathbf{X}_m], \ m \leq p$$

と分割できる場合は例外である.この場合,$\mathbf{X}$ の分割は**直交している**(orthogonal)という.パラメータ $\boldsymbol{\beta}$ を部分行列 $\mathbf{X}_1, ..., \mathbf{X}_m$ に対応させて $\boldsymbol{\beta}_1, ..., \boldsymbol{\beta}_m$ と分割すると

$$E(\mathbf{y}) = \mathbf{X}\boldsymbol{\beta} = \mathbf{X}_1 \boldsymbol{\beta}_1 + \mathbf{X}_2 \boldsymbol{\beta}_2 + ... + \mathbf{X}_m \boldsymbol{\beta}_m$$

と表せる.典型的には,部分行列 $\mathbf{X}_j$ は個々の共変量,またはある要因の水準を表すダミー変数群に対応する.$\mathbf{X}$ が分割に関して直交していれば,$\mathbf{X}^T \mathbf{X}$ はブロック対角行列

6.2 基本的な結果

表 6.2 デザイン行列 $\mathbf{X}$ の分割が直交する場合の複数の仮説検定

変動要因	自由度	平方和
H_1 に対応するモデル	p_1	$\mathbf{b}_1^T \mathbf{X}_1^T \mathbf{y}$
$\vdots$	$\vdots$	$\vdots$
H_m に対応するモデル	p_m	$\mathbf{b}_m^T \mathbf{X}_m^T \mathbf{y}$
残差	$N - \sum_{j=1}^m p_j$	$\mathbf{y}^T \mathbf{y} - \mathbf{b}^T \mathbf{X}^T \mathbf{y}$
計	N	$\mathbf{y}^T \mathbf{y}$

$$\mathbf{X}^T \mathbf{X} = \begin{bmatrix} \mathbf{X}_1^T \mathbf{X}_1 & & \mathbf{O} \\ & \ddots & \\ \mathbf{O} & & \mathbf{X}_m^T \mathbf{X}_m \end{bmatrix}, \text{ また } \mathbf{X}^T \mathbf{y} = \begin{bmatrix} \mathbf{X}_1^T \mathbf{y} \\ \vdots \\ \mathbf{X}_m^T \mathbf{y} \end{bmatrix}$$

である.したがって,部分行列 $\mathbf{X}_j$ に対応する推定量は $\mathbf{b}_j = \left(\mathbf{X}_j^T \mathbf{X}_j\right)^{-1} \mathbf{X}_j^T \mathbf{y}$ となり,この値は他の部分行列の存在に影響されない.さらに

$$\mathbf{b}^T \mathbf{X}^T \mathbf{y} = \mathbf{b}_1^T \mathbf{X}_1^T \mathbf{y} + ... + \mathbf{b}_m^T \mathbf{X}_m^T \mathbf{y}$$

と表される.その結果,表 6.2 に示されるようにパラメータの仮説検定においても,

$$H_1: \boldsymbol{\beta}_1 = \mathbf{0}, \quad ..., \quad H_m: \boldsymbol{\beta}_m = \mathbf{0}$$

をおのおの独立に検定することができる.

実際には一部の実験を除き,デザイン行列が,上記の意味で分割に関し直交することは期待できないので,ある $\boldsymbol{\beta}_j$ に関する推測は,$\mathbf{X}_j$ がモデルに入る順序に依存してしまう(つまり,どのような変数がすでにモデルに組み入れられているかに依存する).そこで多くの統計ソフトウェアでは,$\mathbf{X}_j \boldsymbol{\beta}_j$ 以外の項がすべてモデルに含まれているという条件のもとで,$\mathbf{X}_j \boldsymbol{\beta}_j$ がモデルに必要かどうかを検定する,これは **Type III 検定** (type III test) と呼ばれる(もし $\mathbf{X}_j \boldsymbol{\beta}_j$ がモデルに入る順に検定が行われるのであれば,それは Type I 検定と呼ばれる).

6.2.6 残差

モデル (6.2) に対応して,残差は次のように定義される.

$$\hat{e}_i = y_i - \mathbf{x}_i^T \mathbf{b} = y_i - \hat{\mu}_i$$

ここに $\hat{\mu}_i$ は当てはめ値を表す．残差ベクトル $\hat{\mathbf{e}}$ の分散共分散行列は，

$$\begin{aligned}
E\left(\hat{\mathbf{e}}\hat{\mathbf{e}}^T\right) &= E\left[(\mathbf{y}-\mathbf{Xb})(\mathbf{y}-\mathbf{Xb})^T\right] \\
&= \mathbf{E}(\mathbf{yy}^T) - \mathbf{X}\mathbf{E}(\mathbf{bb}^T)\mathbf{X}^T \\
&= \sigma^2\left[\mathbf{I} - \mathbf{X}\left(\mathbf{X}^T\mathbf{X}\right)^{-1}\mathbf{X}^T\right]
\end{aligned}$$

となる (ただし，$\mathbf{I}$ は単位行列)．したがって，**標準化残差** (standardized residuals) は

$$r_i = \frac{\hat{e}_i}{\hat{\sigma}\left(1-h_{ii}\right)^{1/2}}$$

と表される[†]．ただし，h_{ii} は**射影行列** (projection matrix) $\mathbf{H} = \mathbf{I} - \mathbf{X}\left(\mathbf{X}^T\mathbf{X}\right)^{-1}\mathbf{X}^T$ の第 i 対角成分，$\hat{\sigma}^2$ は σ^2 の推定値である．$\mathbf{H}$ は**ハット行列** (hat matrix) とも呼ばれる．

これらの残差を利用し，2.3.4 項で議論された種々のプロットあるいはその他の方法を用いて，当てはめたモデルの妥当性をチェックすべきである．変数間の関連の線形性，観測値の系列相関の有無，残差の正規性，モデルに含まれていない他の説明変数の影響などが検討される．

6.2.7 その他の診断統計量

残差の他にも，モデルの妥当性を評価したり，観測値の影響を診断するさまざまな方法がある．

外れ値 (outlier) は仮定しているモデルでは説明できないような観測値を指す．**影響観測値** (influential observation) とは，仮定しているモデルで統計的推測を行う場合に大きな影響を及ぼす観測値である．影響観測値は外れ値であることもあるし，そうでないこともある．逆も同様である．

ハット行列の第 i 対角成分 h_{ii} は i 番目の観測値の**てこ比** (leverage) と呼ばれる．てこ比の高い観測値が存在するとモデルの適合に大きな差が生じる．大まかに言って，h_{ii} が p/N の 2 または 3 倍以上であれば注意が必要である (p はパラメータの数，N は観測値の総数)．

[†] 残差 $\hat{\mathbf{e}}$ は，観測不可能な誤差項 $\mathbf{e} \sim N(0, \sigma^2)$ の代理とみなされる．しかし，$\mathrm{var}(\mathbf{e}) = \sigma^2$ に対し，$\mathrm{var}(\hat{\mathbf{e}}) = \sigma^2(\mathbf{I}-\mathbf{H})$ であるので，$\hat{e}_i$ の標準化は $\hat{e}_i/\sigma$ ではなく，$\hat{e}_i/\sigma(1-h_{ii})^{1/2}$ で与えられる．

標準化残差とてこ比を組み合わせた指標として,

$$\mathrm{DFFITS}_i = r_i \left(\frac{h_{ii}}{1 - h_{ii}} \right)^{1/2}$$

あるいは **Cook の距離** (Cook's distance)

$$D_i = \frac{1}{p} \left(\frac{h_{ii}}{1 - h_{ii}} \right) r_i^2 = \frac{1}{p} \left(\mathrm{DFFITS}_i \right)^2$$

が用いられる.これらの統計量が高値を示すときは,i 番目の観測値は影響観測値と考えてよい.診断統計量の仮説検定に関する詳細な議論や関連する統計量については,例えば Cook and Weisberg (1999) を参照してほしい.

ある観測値が影響観測値であるかどうかを診断する別の方法として,その観測値を含めた場合と除いた場合とで,推定量 **b** や(逸脱度,残差平方和といった)モデル適合度の指標がどのくらい変化するのかをみることも多い.例えば,**delta-beta** 統計量は,

$$\Delta_i \hat{\beta}_j = b_j - b_{j(i)}$$

と定義される.ただし,$b_{j(i)}$ は i 番目の観測値を除いたときの β_j の推定量である.これらの統計量を(標準誤差で割って)基準化すれば標準正規分布と比べることができるので,それが極端に大きな値かどうかを診断できる.観測番号 i を横軸にとり,対応する delta-beta 統計量の値を縦軸にプロットしていけば,目障りな (offending) 観測値は容易に同定できよう.

Delta-beta 統計量の拡張として,i 番目の観測値を除いたときの全パラメータの変化を考慮した

$$D_i = \frac{1}{p\hat{\sigma}^2} \left(\mathbf{b} - \mathbf{b}_{(i)} \right)^T \mathbf{X}^T \mathbf{X} \left(\mathbf{b} - \mathbf{b}_{(i)} \right)$$

を使うこともある.ただし,$\mathbf{b}_{(i)}$ は $b_{j(i)}$ からなるベクトルである.実はこの統計量は Cook の距離と一致する (Neter et al. (1996)).

逸脱度に関しても,すべての観測値に対して計算された逸脱度と i 番目の観測値を除いて計算された逸脱度の差として定義される **delta-deviance** 統計量を計算することができる.

実は正規線形モデルに対しては,上記のように 1 つ観測値を除いたうえでモデルを当てはめ直す (refitted) といったことは必要ない,より単純な統計量が

定義可能である．これは簡単に計算でき，多くの統計ソフトウェアで標準的に出力されている．これらの診断統計量の詳細に関しては Chatterjee and Hadi (1986) を参照してほしい．

もし影響観測値や外れ値が見つかった場合は，まず，それが測定誤差によるものなのか，転記ミスなのか，それとも別の理由によるものなのかを検討することが必要である．データセットからその値を除くのは，そうするに足る十分な理由があるときに限るべきである．そうでなければ，その観測値を含めた場合と含めない場合の両方の結果を報告するのがよい．

6.3 重回帰

説明変数がすべて連続変数の場合，デザイン行列は，すべて 1 の要素からなる列（線形成分の切片項に相当）と説明変数の観測値からなる列で構成される．重回帰はこの状況に対応するもっとも簡単な正規線形モデルである．次の例で説明しよう．

6.3.1 炭水化物ダイエット

表 6.3 のデータは 6 ヶ月間，高炭水化物ダイエットを続けている 20 名の男性インスリン依存性糖尿病患者が摂取した複合炭水化物の総カロリーに占める割合（％）を示している．このダイエット療法に対するコンプライアンス（遵守の度合い）は，年齢（歳），体重（身長から計算される理想体重に対する％），および摂取蛋白の総カロリーに占める割合（％）といった他の要因に関係すると考えられた．そこで，これらの変数を説明変数とする．

まず，以下のモデルをデータに当てはめよう．

$$E(Y_i) = \mu_i = \beta_0 + \beta_1 x_{i1} + \beta_2 x_{i2} + \beta_3 x_{i3}; \quad Y_i \sim N(\mu_i, \sigma^2) \tag{6.6}$$

すなわち，炭水化物 Y は年齢 x_1，（相対）体重 x_2，蛋白 x_3 に線形に関係しているとする（$i = 1, ..., N = 20$）．

表 6.3 20 名の男性インスリン依存性糖尿病患者の炭水化物摂取量，年齢，相対体重，および蛋白摂取量（K. Webb のデータ．私信による）

炭水化物 y	年齢 x_1	体重 x_2	蛋白 x_3
33	33	100	14
40	47	92	15
37	49	135	18
27	35	144	12
30	46	140	15
43	52	101	15
34	62	95	14
48	23	101	17
30	32	98	15
38	42	105	14
50	31	108	17
51	61	85	19
30	63	130	19
36	40	127	20
41	50	109	15
42	64	107	16
46	56	117	18
24	61	100	13
35	48	118	18
37	28	102	14

$$\mathbf{y} = \begin{bmatrix} Y_1 \\ \vdots \\ Y_N \end{bmatrix}, \quad \mathbf{X} = \begin{bmatrix} 1 & x_{11} & x_{12} & x_{13} \\ \vdots & \vdots & \vdots & \vdots \\ 1 & x_{N1} & x_{N2} & x_{N3} \end{bmatrix}, \quad \boldsymbol{\beta} = \begin{bmatrix} \beta_0 \\ \vdots \\ \beta_3 \end{bmatrix}$$

としてデータから計算すると，

$$\mathbf{X}^T\mathbf{y} = \begin{bmatrix} 752 \\ 34596 \\ 82270 \\ 12105 \end{bmatrix}, \quad \mathbf{X}^T\mathbf{X} = \begin{bmatrix} 20 & 923 & 2214 & 318 \\ 923 & 45697 & 102003 & 14780 \\ 2214 & 102003 & 250346 & 35306 \\ 318 & 14780 & 35306 & 5150 \end{bmatrix}$$

したがって，$\mathbf{X}^T\mathbf{X}\mathbf{b} = \mathbf{X}^T\mathbf{y}$ の解は

$$\mathbf{b} = \begin{bmatrix} 36.9601 \\ -0.1137 \\ -0.2280 \\ 1.9577 \end{bmatrix}$$

で与えられ,

$$\left(\mathbf{X}^T\mathbf{X}\right)^{-1} = \begin{bmatrix} 4.8158 & -0.0113 & -0.0188 & -0.1362 \\ -0.0113 & 0.0003 & 0.0000 & -0.0004 \\ -0.0188 & 0.0000 & 0.0002 & -0.0002 \\ -0.1362 & -0.0004 & -0.0002 & 0.0114 \end{bmatrix}$$

となる(小数点以下4桁まで).さらに $\mathbf{y}^T\mathbf{y} = 29368, N\bar{y}^2 = 28275.2, \mathbf{b}^T\mathbf{X}^T\mathbf{y} = 28800.337$ となる.式 (6.4) から,σ^2 の不偏分散は $\hat{\sigma}^2 = 35.479$ と計算されるので,表 6.4 に示されるような $\mathbf{b}$ の各要素に対する標準誤差が得られる.

表 6.4 モデル (6.6) の推定値

項	推定値 b_j	標準誤差 *
定数項	36.960	13.071
年齢に対する係数	-0.114	0.109
体重に対する係数	-0.228	0.083
蛋白に対する係数	1.958	0.635

* 標準誤差は,上記の $(\mathbf{X}^T\mathbf{X})^{-1}$ よりも大きな有効数字を用いて計算されている.

逸脱度の使い方を説明するために,Y が年齢には依存しない,すなわち $H_0: \beta_1 = 0$ という仮説を検定する.対応するモデルは

$$E(Y_i) = \beta_0 + \beta_2 x_{i2} + \beta_3 x_{i3} \tag{6.7}$$

である.式 (6.7) に対応するデザイン行列 $\mathbf{X}$ を得るには,前のモデルのデザイン行列から 2 列目を除けばよいので,

$$\mathbf{X}^T\mathbf{y} = \begin{bmatrix} 752 \\ 82270 \\ 12105 \end{bmatrix}, \quad \mathbf{X}^T\mathbf{X} = \begin{bmatrix} 20 & 2214 & 318 \\ 2214 & 250346 & 35306 \\ 318 & 35306 & 5150 \end{bmatrix}$$

となり，したがって，

$$\mathbf{b} = \begin{bmatrix} 33.130 \\ -0.222 \\ 1.824 \end{bmatrix}$$

となる．

以上から，モデル (6.7) に対して $\mathbf{b}^T\mathbf{X}^T\mathbf{y} = 28761.978$ となる．仮説 H_0 に対する有意性検定の結果は表 6.5 に要約されている．検定統計量は $F = 38.36/35.48 = 1.08$ と計算されるが，これは $F(1, 16)$ の分布と比べて有意ではない．したがって仮説 H_0 は棄却されず，Y は年齢には関係しないと結論される．

表 **6.5** モデル (6.6) とモデル (6.7) を比較する分散分析表

変動要因	自由度	平方和	平均平方
モデル (6.7)	3	28761.978	
モデル (6.6) による改善	1	38.359	38.36
残差	16	567.663	35.48
計	20	29368.000	

モデル (6.6) と (6.7) では，パラメータ推定値は異なることに注意しよう．例えば，蛋白に対する係数は，(6.6) では 1.958 であり，(6.7) では 1.824 である．この相違は，蛋白とそれ以外の変数の間に直交性が成立していないために生じている．演習問題 6.3(c) において，体重と蛋白がともに入っているモデルで「年齢の係数がゼロである」という仮説を検定する分散分析表（表 6.5）は，蛋白しか入っていないモデルで同じ仮説を検定する分散分析表とは異なることが示される．

6.3.2 決定係数 R^2

（逸脱度が最大モデルとの比較で定義されるのとは対照的に）重回帰では，最小 2 乗基準によるもっとも単純なモデル，すなわち**最小モデル** (minimal model) との比較に基づいて適合度を評価することが多い．モデル (6.2) の最小 2 乗基準は

$$S = \sum_{i=1}^N e_i^2 = \mathbf{e}^T\mathbf{e} = (\mathbf{y} - \mathbf{X}\boldsymbol{\beta})^T(\mathbf{y} - \mathbf{X}\boldsymbol{\beta})$$

であり，最小 2 乗推定量は 6.2.2 項より $\mathbf{b} = \left(\mathbf{X}^T\mathbf{X}\right)^{-1}\mathbf{X}^T\mathbf{y}$ となるので，S の最小値は，

$$\hat{S} = (\mathbf{y} - \mathbf{X}\mathbf{b})^T (\mathbf{y} - \mathbf{X}\mathbf{b}) = \mathbf{y}^T\mathbf{y} - \mathbf{b}^T\mathbf{X}^T\mathbf{y}$$

で与えられる．

一方，最小モデルは，すべての i について $E(Y_i) = \mu$ が成り立つモデルである．この場合，β は μ だけからなるスカラーであり，$\mathbf{X}$ はすべて 1 からなる $N \times 1$ ベクトルである．$\mathbf{X}^T\mathbf{X} = N$ かつ $\mathbf{X}^T\mathbf{y} = \sum y_i$ なので，最小 2 乗推定量は $\mathbf{b} = \left(\mathbf{X}^T\mathbf{X}\right)^{-1}\mathbf{X}^T\mathbf{y} = \bar{y}$ となり，S の最小値は

$$\hat{S}_0 = \mathbf{y}^T\mathbf{y} - N\bar{y}^2 = \sum (y_i - \bar{y})^2$$

で与えられる．

ゆえに $\hat{S}_0$ は観測値の分散に比例し，また S がとりうる値のなかでの'最悪'値に相当すると言える．モデルのデータ適合度の指標として，**決定係数** (coefficient of determination)

$$R^2 = \frac{\hat{S}_0 - \hat{S}}{\hat{S}_0} = \frac{\mathbf{b}^T\mathbf{X}^T\mathbf{y} - N\bar{y}^2}{\mathbf{y}^T\mathbf{y} - N\bar{y}^2}$$

が用いられる．モデルの決定係数とは，そのモデルがデータの全変動 $(= \hat{S}_0)$ の何％を説明しているかを表す指標である．

例えば，炭水化物ダイエットのデータでは，モデル (6.6) の決定係数は $R^2 = 0.48$ なので，データの全変動の 48 ％がこのモデルにより'説明'されていることになる．もし，年齢がモデルから削除されれば $R^2 = 0.445$ となり，全変動の 44.5 ％が'説明'される．

あるモデルの適合度が最小モデルの適合度とあまり変わらない場合，$\hat{S}$ は $\hat{S}_0$ とほぼ同じ値となるので，R^2 は 0 に近い値となる．逆に最大モデルでは各観測値 Y_i にパラメータ μ_i が 1 つ対応するので，β は $N \times 1$ のベクトル，$\mathbf{X}$ は $N \times N$ の単位行列 $\mathbf{I}$，したがって最小 2 乗推定値は $\mathbf{b} = \mathbf{y}$ （つまり $\hat{\mu}_i = y_i$）となる．ゆえに，$\mathbf{b}^T\mathbf{X}^T\mathbf{y} = \mathbf{y}^T\mathbf{y}$ となり，データへの'完全な'適合が得られるため $\hat{S} = 0$ となり，したがって $R^2 = 1$ となる．一般には $0 < R^2 < 1$ が成り立

つ．R^2 の平方根 R は**重相関係数** (multiple correlation coefficient) と呼ばれている．

R^2 はよく用いられ，また直感的にも理解しやすい指標であるが，モデルの適合度指標としてはやや限界がある．その理由として，第1に標本分布が簡単に求められないこと，第2にパラメータが増えるにつれ，その値は常に高くなってしまうことがあげられる．後者の問題については，パラメータの個数について調整した自由度調整済み決定係数を用いることで回避される．

6.3.3 モデル選択

重回帰の応用では数多くの説明変数を含むことがしばしばであるが，これらの中から反応変数をよく説明できる必要最小限の部分集合を見いだすことが重要である．このためにモデルの中から逐次的に変数を加えたり除いたりする作業が行われ，これを**ステップワイズ回帰** (stepwise regression) と呼んでいる．この方法の詳細については回帰分析に関する標準的なテキスト，例えば Draper and Smith (1998) や Neter (1996) などを参照してほしい．

ある説明変数が，別の説明変数と強く相関しているときは，**共線性** (collinearity) または**多重共線性** (multicollinearilty) が存在するという．多重共線性は好ましくない結果をもたらす．第1にデザイン行列 $\mathbf{X}$ を構成する列ベクトル間に線形的な従属関係が生じるため，$\mathbf{X}^T\mathbf{X}$ は特異に近い状態となり，したがって方程式 $(\mathbf{X}^T\mathbf{X})\mathbf{b} = \mathbf{X}^T\mathbf{y}$ の解 $\mathbf{b}$ は著しく不安定となる．すなわち，データがわずかに変化するだけで $\mathbf{b}$ は大きく変化する（6.2.7項参照）．実際，$\sigma^2(\mathbf{X}^T\mathbf{X})^{-1}$ のいくつかの成分は非常に大きな値となるので，$\mathbf{b}$ の成分の分散や共分散は大きくなる．第2に多重共線性が存在すると，説明変数群のなかからどれを選ぶべきかの判断が難しくなってしまう．

説明変数間に多重共線性があるかどうかは，**分散拡大因子** (variance inflation factor)

$$VIF_j = \frac{1}{1 - R^2_{(j)}}$$

によって判断される．ここで $R^2_{(j)}$ は，第 j 説明変数を反応変数と見なして，その他の説明変数に関して重回帰を行った場合の決定係数である．もし第 j 変数

と他のすべての説明変数の間の相関がゼロであれば，$VIF_j = 1$ である．第 j 変数と説明変数間の相関が高くなれば，($R_{(j)}^2$ は上昇するので) VIF_j は上昇する．Montgomery and Peck (1992) には，$VIF > 5$ であれば，注意を要すると述べられている．

いくつかの説明変数が高度に相関しているときは，どの変数をモデルに残すかを統計的な基準だけで決めることは難しい．こういうケースでは，データの発生源となっている各分野からの追加情報や重回帰以外のモデルの適用，またはその他の計算によらない方法が必要となるかもしれない．

6.4 分散分析

分散分析は，質的変数（因子）が定めるカテゴリー（水準）の間で連続変数の平均値を比較する統計手法である．分散分析は，1 つまたはそれ以上の質的変数を説明変数とした正規線形モデルであり，デザイン行列 **X** はダミー変数から構成される．演習問題 2.4.3 で説明されているように，ダミー変数の定義の仕方にはいくつかの方法があるが，もっとも適切な **X** を選ぶことが重要である．以下，仮想データによる 2 つの数値例で重要な事項を説明する．

表 6.6　3 つの異なった成長条件による作物の乾燥重量 y_i

	対照	処理 A	処理 B
	4.17	4.81	6.31
	5.58	4.17	5.12
	5.18	4.41	5.54
	6.11	3.59	5.50
	4.50	5.87	5.37
	4.61	3.83	5.29
	5.17	6.03	4.92
	4.53	4.89	6.15
	5.33	4.32	5.80
	5.14	4.69	5.26
$\sum y_i$	50.32	46.61	55.26
$\sum y_i^2$	256.27	222.92	307.13

6.4.1 一元配置分散分析

演習問題 2.1 の作物重量のデータに類似した表 6.6 を考えよう．この実験では対照，処理 A，処理 B の 3 つの成長条件について重量 Y_i（作物の乾燥重量）を比較している．つまり反応変数となる乾燥重量は，3 つの水準から構成される 1 因子（成長条件）に依存している．ここでの関心は，各水準における反応の平均（つまり，平均重量）が異なるかどうかである．

一般に J 個の水準からなる因子に対して，各実験単位を J 個の群のいずれかにランダムに割り付けるとき，それを**完全ランダム化実験** (completely randomized experiment) と呼んでいる．データの形は表 6.7 のようになる．

表 6.7 J 個の水準からなる因子 A に関する完全ランダム化実験のデータ

	因子水準			
	A_1	A_2	$\cdots$	A_J
	Y_{11}	Y_{21}		Y_{J1}
	Y_{12}	Y_{22}		Y_{J2}
	$\vdots$	$\vdots$		$\vdots$
	Y_{1n_1}	Y_{2n_2}		Y_{Jn_J}
計	$Y_{1.}$	$Y_{2.}$	$\cdots$	$Y_{J.}$

第 j 水準で観測された反応 $Y_{j1}, ..., Y_{jn_j}$ はすべて同じ期待値を持ち，**繰返し** (replicates)†と呼ばれている．一般には，繰返しの数 n_j は各水準で異なることが多いかもしれない．

議論を簡単にするために，すべての水準が同じ繰返し数（サンプルサイズ）を持つ，すなわち $n_j = K$，$j = 1, ..., J$ と仮定して，反応 $\mathbf{y}$ を $N = JK$ 個の観測値からなる列ベクトル

$$\mathbf{y} = [Y_{11}, Y_{12}, ..., Y_{1K}, Y_{21}, ..., Y_{2K}, ..., Y_{J1}, ..., Y_{JK}]^T$$

と定義する．

因子水準間で反応の平均値が異なるという仮説を検定するためのモデルを（異なる角度から）3 通りの方法で記述しよう．

---

†実験計画法の領域では繰返しと反復を区別して使用することがある．この例のように単純に複数個の観測値が得られるような場合を繰返し，それに対して，一揃いの処理・実験を複数回繰り返す場合を反復という．

(a) もっとも単純には

$$E(Y_{jk}) = \mu_j, \quad j = 1, ..., J \tag{6.8}$$

と表せる．正規線形モデルであることを意識してより統一的な記述をすれば，

$$E(Y_i) = \sum_{j=1}^{J} x_{ij}\mu_j, \quad i = 1, ..., N$$

となる．ただし，Y_i が第 j 水準に属する反応であれば $x_{ij} = 1$ とし，それ以外の j に対しては $x_{ij} = 0$ とする．これを行列形式で表せば，

$$\boldsymbol{\beta} = \begin{bmatrix} \mu_1 \\ \mu_2 \\ \vdots \\ \mu_J \end{bmatrix}, \quad \mathbf{X} = \begin{bmatrix} 1 & 0 & \cdots & 0 \\ 0 & 1 & & 0 \\ \vdots & & \ddots & \vdots \\ 0 & 0 & \cdots & 1 \end{bmatrix}$$

として，$E(\mathbf{y}) = \mathbf{X}\boldsymbol{\beta}$ となる．ここに，$\mathbf{0}$ は要素がすべて 0 からなる $K \times 1$ ベクトル，$\mathbf{1}$ は要素がすべて 1 からなる $K \times 1$ ベクトルである．（$\mathbf{X}$ は $N \times J$ 行列なので）$\mathbf{X}^T\mathbf{X}$ は $J \times J$ 対角行列となり，

$$\mathbf{X}^T\mathbf{X} = \begin{bmatrix} K & 0 & \cdots & 0 \\ 0 & K & & 0 \\ \vdots & & \ddots & \vdots \\ 0 & \cdots & & K \end{bmatrix}, \quad \mathbf{X}^T\mathbf{y} = \begin{bmatrix} Y_{1.} \\ Y_{2.} \\ \vdots \\ Y_{J.} \end{bmatrix}$$

と表される．式 (6.3) より，

$$\mathbf{b} = \frac{1}{K} \begin{bmatrix} Y_{1.} \\ Y_{2.} \\ \vdots \\ Y_{J.} \end{bmatrix} = \begin{bmatrix} \bar{Y}_1 \\ \bar{Y}_2 \\ \vdots \\ \bar{Y}_J \end{bmatrix}, \quad \mathbf{b}^T\mathbf{X}^T\mathbf{y} = \frac{1}{K}\sum_{j=1}^{J} Y_{j.}^2$$

となり，当てはめ値は $\hat{\mathbf{y}} = [\bar{Y}_1, \bar{Y}_1, ..., \bar{Y}_1, \bar{Y}_2, ..., \bar{Y}_J]^T$ で与えられる．ところで，このモデルでは，2 つ以上の因子が反応に関係する場合に，各因子の水

準（または，それらの組合せ）における反応値が，平均的あるいは特定の反応値からどれだけ乖離しているか，といった点を検討できない，という欠点がある．そこでそういったことがパラメータの値に反映されるようなモデル化を次に述べて，多因子のケースを扱えるようにする．

(b) 第2のモデルとして，次のかたちのものを考える．

$$E(Y_{jk}) = \mu + \alpha_j, \quad j = 1, ..., J$$

ここで μ は全水準に対する（共通の）平均効果，α_j は水準 A_j に固有の付加的な効果を表す．このモデルではパラメータの総数は $J+1$ 個であり，

$$\boldsymbol{\beta} = \begin{bmatrix} \mu \\ \alpha_1 \\ \vdots \\ \alpha_J \end{bmatrix}, \quad \mathbf{X} = \begin{bmatrix} 1 & 1 & 0 & \cdots & 0 \\ 1 & 0 & 1 & & 0 \\ \vdots & & & \ddots & \vdots \\ 1 & 0 & 0 & \cdots & 1 \end{bmatrix}$$

と表せる．したがって，

$$\mathbf{X}^T\mathbf{X} = \begin{bmatrix} N & K & K & \cdots & K \\ K & K & 0 & \cdots & 0 \\ K & 0 & K & & \vdots \\ \vdots & \vdots & & \ddots & 0 \\ K & 0 & \cdots & 0 & K \end{bmatrix}, \quad \mathbf{X}^T\mathbf{y} = \begin{bmatrix} Y_{..} \\ Y_{1.} \\ \vdots \\ Y_{J.} \end{bmatrix}$$

となる．ただし，$\mathbf{0}, \mathbf{1}$ は $K \times 1$ ベクトルである．$(J+1) \times (J+1)$ 行列 $\mathbf{X}^T\mathbf{X}$ の第1行目（第1列目）は，残りの行（列）の和になっているので，$\mathbf{X}^T\mathbf{X}$ は特異行列となり，正規方程式 $\mathbf{X}^T\mathbf{X}\mathbf{b} = \mathbf{X}^T\mathbf{y}$ の解は一意には決まらない．この一般解は，λ を任意の定数として，

$$\mathbf{b} = \begin{bmatrix} \hat{\mu} \\ \hat{\alpha}_1 \\ \vdots \\ \hat{\alpha}_J \end{bmatrix} = \frac{1}{K} \begin{bmatrix} 0 \\ Y_{1.} \\ \vdots \\ Y_{J.} \end{bmatrix} - \lambda \begin{bmatrix} -1 \\ 1 \\ \vdots \\ 1 \end{bmatrix}$$

と表される．ここで**零和制約** (sum-to-zero constraint)

$$\sum_{j=1}^{J} \alpha_j = 0$$

を仮定すれば，

$$\frac{1}{K} \sum_{j=1}^{J} Y_{j.} - J\lambda = 0$$

なので，

$$\lambda = \frac{1}{JK} \sum_{j=1}^{J} Y_{j.} = \frac{Y_{..}}{N}$$

すなわち，λ は全観測値の平均値に一致する．このとき，正規方程式の解は

$$\hat{\mu} = \frac{Y_{..}}{N}, \quad \alpha_j = \frac{Y_{j.}}{K} - \frac{Y_{..}}{N}, \quad j = 1, ..., J$$

となる．したがって，

$$\mathbf{b}^T \mathbf{X}^T \mathbf{y} = \frac{Y_{..}^2}{N} + \sum_{j=1}^{J} Y_{j.} \left(\frac{Y_{j.}}{K} - \frac{Y_{..}}{N} \right) = \frac{1}{K} \sum_{j=1}^{J} Y_{j.}^2$$

となり，(a) のモデルのものと一致する．当てはめ値も $\hat{\mathbf{y}} = [\bar{Y}_1, \bar{Y}_1, \ldots, \bar{Y}_J]^T$ となり同じある．零和制約は多くの標準的統計ソフトウェアでよく採用されている制約である．

(c) 3 番目は $E(Y_{jk}) = \mu + \alpha_j$, $\alpha_1 = 0$ とするモデルである．つまり μ を第 1 水準での平均効果とみなし，α_j は第 1 水準と第 j 水準の差を表すと考える．これは**端点制約によるパラメータ化** (corner-point parameterization) と呼ばれている．この制約のもとでは，

$$\boldsymbol{\beta} = \begin{bmatrix} \mu \\ \alpha_2 \\ \vdots \\ \alpha_J \end{bmatrix}, \quad \mathbf{X} = \begin{bmatrix} 1 & 0 & \cdots & 0 \\ 1 & 1 & \cdots & 0 \\ \vdots & \vdots & \ddots & \vdots \\ 1 & 0 & \cdots & 1 \end{bmatrix}$$

と表せるので，

$$\mathbf{X}^T\mathbf{X} = \begin{bmatrix} N & K & K & \cdots & K \\ K & K & 0 & \cdots & 0 \\ K & 0 & K & & \vdots \\ \vdots & \vdots & & \ddots & 0 \\ K & 0 & \cdots & 0 & K \end{bmatrix}, \quad \mathbf{X}^T\mathbf{y} = \begin{bmatrix} Y_{..} \\ Y_{2.} \\ \vdots \\ Y_{J.} \end{bmatrix}$$

となる．

$J \times J$ 行列 $\mathbf{X}^T\mathbf{X}$ は正則行列となるので，一意的な解

$$\mathbf{b} = \frac{1}{K}\begin{bmatrix} Y_{1.} \\ Y_{2.} - Y_{1.} \\ \vdots \\ Y_{J.} - Y_{1.} \end{bmatrix}$$

が存在する．$\mathbf{b}^T\mathbf{X}^T\mathbf{y} = \dfrac{1}{K}\left[Y_{..}Y_{1.} + \sum_{j=1}^{J} Y_{j.}\left(Y_{j.} - Y_{1.}\right)\right] = \dfrac{1}{K}\sum_{j=1}^{J}Y_{j.}^2$，当てはめ値は $\hat{\mathbf{y}} = \left[\bar{Y}_1, \bar{Y}_1, \ldots, \bar{Y}_J\right]^T$ となり，第 1，第 2 のモデルの当てはめ値と一致することがわかる．

以上から，(a)，(b)，(c) はパラメータ化の方法こそ異なるが，いずれも同じ $\mathbf{b}^T\mathbf{X}^T\mathbf{y}$ を与え，したがって，同じ逸脱度

$$D_1 = \frac{1}{\sigma^2}\left(\mathbf{y}^T\mathbf{y} - \mathbf{b}^T\mathbf{X}^T\mathbf{y}\right) = \frac{1}{\sigma^2}\left[\sum_{j=1}^{J}\sum_{k=1}^{K}Y_{jk}^2 - \frac{1}{K}\sum_{j=1}^{J}Y_{j.}^2\right]$$

を与える．

これら 3 つのモデルはすべて「各水準間で反応平均が異なる」という仮説 H_1 に対応している．「反応平均はすべて等しい」という帰無仮説 H_0 と比較するために，H_0 のもとでのモデル $E(Y_{jk}) = \mu$ を考えよう．このとき，$\boldsymbol{\beta} = [\mu]$ で，$\mathbf{X}$ はすべて 1 からなる $N \times 1$ ベクトルである．$\mathbf{X}^T\mathbf{X} = N$ かつ $\mathbf{X}^T\mathbf{y} = Y_{..}$ なので，パラメータ推定値は $\mathbf{b} = \hat{\mu} = Y_{..}/N$，回帰平方和は $\mathbf{b}^T\mathbf{X}^T\mathbf{y} = Y_{..}^2/N$ となり，逸脱度は

$$D_0 = \frac{1}{\sigma^2}\left[\sum_{j=1}^{J}\sum_{k=1}^{K}Y_{jk}^2 - \frac{Y_{..}^2}{N}\right]$$

で与えられる.

帰無仮説 H_0 の検定を行おう.H_1 は正しく,$D_1 \sim \chi^2(N-J)$ と仮定してよいものとする.もし H_0 が正しければ,さらに $D_0 \sim \chi^2(N-1)$ と仮定できる.H_0 が正しくなければ,D_0 は非心カイ2乗分布に従う.したがって H_0 の下では

$$D_0 - D_1 = \frac{1}{\sigma^2}\left[\frac{1}{K}\sum_{j=1}^{J}Y_{j\cdot}^2 - \frac{1}{N}Y_{\cdot\cdot}^2\right] \sim \chi^2(J-1)$$

となり,

$$F = \frac{D_0 - D_1}{J-1} \bigg/ \frac{D_1}{N-J} \sim F(J-1,\ N-J)$$

となる.もし H_0 が正しくなければ,この値は自由度 $(J-1, N-J)$ の F 分布に比べて大きくなるであろう.以上の仮説検定の議論は通常,分散分析表にまとめられる.

例えば作物重量のデータでは,

$$\frac{Y_{\cdot\cdot}^2}{N} = 772.0599, \quad \frac{1}{K}\sum_{j=1}^{J}Y_{j\cdot}^2 = 775.8262$$

なので,

$$D_0 - D_1 = 3.7663/\sigma^2$$

となる.さらに,

$$\sum_{j=1}^{J}\sum_{k=1}^{K}Y_{jk}^2 = 786.3183$$

なので,$D_1 = (786.3183 - 772.0599 - 3.7663)/\sigma^2 = 10.4921/\sigma^2$ と計算される.この議論をまとめた分散分析表は表 6.8 のようになる.

表 6.8 作物の乾燥重量データ (表 6.6) に対する分散分析表

変動要因	自由度	平方和	平均平方	F
平均	1	772.0599		
処理間	2	3.7663	1.883	4.85
残差	27	10.4921	0.389	
計	30	786.3183		

$F = 4.85$ の値を，$F(2, 27)$ の分布と比較すると，5%水準で有意となる．そこで仮説 H_0 を棄却して，H_1 を採用，すなわち「水準間で反応平均が異なる」と結論する．

この結果をより詳しく検討するため，最初のモデル (6.8) $E(Y_{jk}) = \mu_j$ に戻ろう．このモデルのパラメータ推定値は，

$$\mathbf{b} = \begin{bmatrix} \hat{\mu}_1 \\ \hat{\mu}_2 \\ \hat{\mu}_3 \end{bmatrix} = \begin{bmatrix} 5.032 \\ 4.661 \\ 5.526 \end{bmatrix}$$

で与えられる．σ^2 の推定量として

$$\hat{\sigma}^2 = \frac{1}{N-J}(\mathbf{y} - \mathbf{Xb})^T (\mathbf{y} - \mathbf{Xb}) = \frac{1}{N-J}\left(\mathbf{y}^T\mathbf{y} - \mathbf{b}^T\mathbf{X}^T\mathbf{y}\right)$$

を用いれば（式 (6.4) 参照），$\hat{\sigma}^2 = 10.4921/27 = 0.389$（表 6.8 の平均平方残差）と推定される．したがって，$\mathbf{b}$ の分散共分散行列 $\hat{\sigma}^2 \left(\mathbf{X}^T\mathbf{X}\right)^{-1}$ は

$$\mathbf{X}^T\mathbf{X} = \begin{bmatrix} 10 & 0 & 0 \\ 0 & 10 & 0 \\ 0 & 0 & 10 \end{bmatrix}$$

より，$\hat{\sigma}^2/10$ を対角成分とする対角行列となり，$\mathbf{b}$ の各成分の標準誤差は $\sqrt{0.389/10} = 0.197$ となる．有意な処理効果は，処理 B の平均が他の 2 つの平均よりも有意に大きな値 $\hat{\mu}_3 = 5.526$ を持つことによると考えられる（2 シグマ以上の開きがある）．もし $\mathbf{b}$ の要素を対ごとに比較するときは，適切な多重比較法で調整する必要がある．詳しくは，Neter et al. (1996) などを参照してほしい．

6.4.2 二元配置分散分析

表 6.9 のような仮想データを考えよう．ここでは，因子 A（$J = 3$ 水準）および因子 B（$K = 2$ 水準）が交差 (crossed) しており，全部で JK 水準のサブグループから構成されている．各サブグループには $L = 2$ 個の繰返し (replicates) がある．

このデータにおける主たる仮説は，

表 6.9 各サブグループにおける観測値の繰返し数が等しい二元配置分散分析データ（仮想データ）

因子 A の水準	因子 B の水準		
	B_1	B_2	計
A_1	6.8, 6.6	5.3, 6.1	24.8
A_2	7.5, 7.4	7.2, 6.5	28.6
A_3	7.8, 9.1	8.8, 9.1	34.8
計	45.2	43.0	88.2

H_I：交互作用はない，すなわち A と B の効果は加法的である．

H_A：因子 A の水準間に差がない．

H_B：因子 B の水準間に差がない．

である．そこで以下のように，**飽和モデル** (saturated model) と 3 つの**縮小モデル** (reduced model) を考えよう．縮小モデルは飽和モデルのいくつかの項を省略することで構成される．

1. 飽和モデルは

$$E(Y_{jkl}) = \mu + \alpha_j + \beta_k + (\alpha\beta)_{jk} \tag{6.9}$$

と表される．項 $(\alpha\beta)_{jk}$ は**交互作用効果** (interaction effect) に，項 α_j と β_k は因子 A と B の**主効果** (main effect) にそれぞれ対応する．

2. **加法モデル** (additive model) は

$$E(Y_{jkl}) = \mu + \alpha_j + \beta_k \tag{6.10}$$

と表される．仮説 H_I を検定するときには，このモデルと飽和モデルを比較する．

3. B による効果を除外したモデルは

$$E(Y_{jkl}) = \mu + \alpha_j \tag{6.11}$$

と表される．仮説 H_B を検定するときには，このモデルと加法モデルを比較する．

4. A による効果を除外したモデルは

$$E(Y_{jkl}) = \mu + \beta_k \tag{6.12}$$

と表される.仮説 H_A を検定するときには,このモデルと加法モデルを比較する.

式 (6.9)〜(6.12) はそのままではパラメータの数が多すぎる.というのは,JK 個の各サブグループ内の繰返しは同じ期待値を持つので,デザイン行列 $\mathbf{X}$ において独立した行は高々 JK 個にすぎない.一方で,例えば飽和モデルは $1+J+K+JK = (J+1)(K+1)$ 個もパラメータが存在する.このままでは $\mathbf{X}^T\mathbf{X}$ は特異行列となり正規方程式から解を一意に求められないので,次の制約を課す.

$$\alpha_1 + \alpha_2 + \alpha_3 = 0, \quad \beta_1 + \beta_2 = 0,$$
$$(\alpha\beta)_{11} + (\alpha\beta)_{12} = 0, \quad (\alpha\beta)_{21} + (\alpha\beta)_{22} = 0, \quad (\alpha\beta)_{31} + (\alpha\beta)_{32} = 0,$$
$$(\alpha\beta)_{11} + (\alpha\beta)_{21} + (\alpha\beta)_{31} = 0$$

(最後の 4 式から,$(\alpha\beta)_{12} + (\alpha\beta)_{22} + (\alpha\beta)_{32} = 0$ は自動的に成り立つ).これらは分散分析に対する伝統的な零和制約である.一方,端点制約

$$\alpha_1 = \beta_1 = (\alpha\beta)_{11} = (\alpha\beta)_{12} = (\alpha\beta)_{21} = (\alpha\beta)_{31} = 0$$

を課すこともできる.いずれにしても独立なパラメータの個数は μ に対して 1 個,α_j に対して $J-1$ 個,β_k に対して $K-1$ 個,$(a\beta)_{jk}$ に対して $(J-1)(K-1)$ 個であるので,計 JK 個である.

ここでは,上記 4 つのモデルすべてに端点制約を課してみる.観測値からなるベクトルは,

$$\mathbf{y} = [6.8,\ 6.6,\ 5.3,\ 6.1,\ 7.5,\ 7.4,\ 7.2,\ 6.5,\ 7.8,\ 9.1,\ 8.8,\ 9.1]^T$$

であり,総変動は $\mathbf{y}^T\mathbf{y} = 664.1$ である.

飽和モデル (6.9) に端点制約を課すと,

$$\alpha_1 = \beta_1 = (\alpha\beta)_{11} = (\alpha\beta)_{12} = (\alpha\beta)_{21} = (\alpha\beta)_{31} = 0,$$

$$\boldsymbol{\beta} = \begin{bmatrix} \mu \\ \alpha_2 \\ \alpha_3 \\ \beta_2 \\ (\alpha\beta)_{22} \\ (\alpha\beta)_{32} \end{bmatrix}, \quad \mathbf{X} = \begin{bmatrix} 1 & 0 & 0 & 0 & 0 & 0 \\ 1 & 0 & 0 & 0 & 0 & 0 \\ 1 & 0 & 0 & 1 & 0 & 0 \\ 1 & 0 & 0 & 1 & 0 & 0 \\ 1 & 1 & 0 & 0 & 0 & 0 \\ 1 & 1 & 0 & 0 & 0 & 0 \\ 1 & 1 & 0 & 1 & 1 & 0 \\ 1 & 1 & 0 & 1 & 1 & 0 \\ 1 & 0 & 1 & 0 & 0 & 0 \\ 1 & 0 & 1 & 0 & 0 & 0 \\ 1 & 0 & 1 & 1 & 0 & 1 \\ 1 & 0 & 1 & 1 & 0 & 1 \end{bmatrix}, \quad \mathbf{X}^T \mathbf{y} = \begin{bmatrix} Y_{...} \\ Y_{2..} \\ Y_{3..} \\ Y_{.2.} \\ Y_{22.} \\ Y_{32.} \end{bmatrix} = \begin{bmatrix} 88.2 \\ 28.6 \\ 34.8 \\ 43.0 \\ 13.7 \\ 17.9 \end{bmatrix},$$

$$\mathbf{X}^T \mathbf{X} = \begin{bmatrix} 12 & 4 & 4 & 6 & 2 & 2 \\ 4 & 4 & 0 & 2 & 2 & 0 \\ 4 & 0 & 4 & 2 & 0 & 2 \\ 6 & 2 & 2 & 6 & 2 & 2 \\ 2 & 2 & 0 & 2 & 2 & 0 \\ 2 & 0 & 2 & 2 & 0 & 2 \end{bmatrix}, \quad \mathbf{b} = \begin{bmatrix} 6.7 \\ 0.75 \\ 1.75 \\ -1.0 \\ 0.4 \\ 1.5 \end{bmatrix}$$

となり，$\mathbf{b}^T \mathbf{X}^T \mathbf{y} = 662.62$ を得る．

次に加法モデル (6.10) に端点制約 $\alpha_1 = \beta_1 = 0$ を課す．この場合のデザイン行列は，飽和モデルのデザイン行列から最後の 2 列を除けばよい．したがって，

$$\boldsymbol{\beta} = \begin{bmatrix} \mu \\ \alpha_2 \\ \alpha_3 \\ \beta_2 \end{bmatrix}, \quad \mathbf{X}^T \mathbf{X} = \begin{bmatrix} 12 & 4 & 4 & 6 \\ 4 & 4 & 0 & 2 \\ 4 & 0 & 4 & 2 \\ 6 & 2 & 2 & 6 \end{bmatrix}, \quad \mathbf{X}^T \mathbf{y} = \begin{bmatrix} 88.2 \\ 28.6 \\ 34.8 \\ 43.0 \end{bmatrix}$$

から，

$$\mathbf{b} = \begin{bmatrix} 6.383 \\ 0.950 \\ 2.500 \\ -0.367 \end{bmatrix}$$

となり，$\mathbf{b}^T \mathbf{X}^T \mathbf{y} = 661.4133$ を得る．

次に加法モデルから因子 B の効果を削除したモデル (6.11) に端点制約 $\alpha_1 = 0$ を課す．この場合のデザイン行列は，飽和モデルのデザイン行列から最後の 3

列を除けばよい．したがって，

$$\boldsymbol{\beta} = \begin{bmatrix} \mu \\ \alpha_2 \\ \alpha_3 \end{bmatrix}, \quad \mathbf{X}^T\mathbf{X} = \begin{bmatrix} 12 & 4 & 4 \\ 4 & 4 & 0 \\ 4 & 0 & 4 \end{bmatrix}, \quad \mathbf{X}^T\mathbf{y} = \begin{bmatrix} 88.2 \\ 28.6 \\ 34.8 \end{bmatrix}$$

から，

$$\mathbf{b} = \begin{bmatrix} 6.20 \\ 0.95 \\ 2.50 \end{bmatrix}$$

となり，$\mathbf{b}^T\mathbf{X}^T\mathbf{y} = 661.01$ を得る．

次に加法モデルから因子 A の効果を削除したモデル (6.12) に端点制約 $\beta_1 = 0$ を課す．この場合のデザイン行列は，飽和モデルのデザイン行列から 1 列目と 4 列目だけ残せばよい．したがって，

$$\boldsymbol{\beta} = \begin{bmatrix} \mu \\ \beta_2 \end{bmatrix}, \quad \mathbf{X}^T\mathbf{X} = \begin{bmatrix} 12 & 6 \\ 6 & 6 \end{bmatrix}, \quad \mathbf{X}^T\mathbf{y} = \begin{bmatrix} 88.2 \\ 43.0 \end{bmatrix}$$

から，

$$\mathbf{b} = \begin{bmatrix} 7.533 \\ -0.367 \end{bmatrix}$$

となり，$\mathbf{b}^T\mathbf{X}^T\mathbf{y} = 648.6733$ を得る．

最後に，共通の平均効果だけを持つ最小モデル $E(Y_{jkl}) = \mu$ では，推定値は $\mathbf{b} = [\hat{\mu}] = 7.35$ となり，$\mathbf{b}^T\mathbf{X}^T\mathbf{y} = 648.27$ である．

表 6.10 表 6.9 のデータに対する計算の要約

モデル	d.f.（自由度）	$\mathbf{b}^T\mathbf{X}^T\mathbf{y}$	尺度つき逸脱度
$\mu + \alpha_j + \beta_k + (\alpha\beta)_{jk}$	6	662.6200	$\sigma^2 D_S = 1.4800$
$\mu + \alpha_j + \beta_k$	8	661.4133	$\sigma^2 D_I = 2.6867$
$\mu + \alpha_j$	9	661.0100	$\sigma^2 D_B = 3.0900$
$\mu + \beta_k$	10	648.6733	$\sigma^2 D_A = 15.4267$
μ	11	648.2700	$\sigma^2 D_M = 15.8300$

表 6.10 には各モデルに対する計算結果が要約されている．飽和モデル，仮説 H_I, H_A, H_B に対応するモデル，および平均のみのモデルがそれぞれ添え字 S,

I, A, B, M で表されており，尺度付き逸脱度†は $\sigma^2 D = \mathbf{y}^T\mathbf{y} - \mathbf{b}^T\mathbf{X}^T\mathbf{y}$ の項を示している．逸脱度の自由度 d.f. は ($N-$ モデルのパラメータ数) に等しい．

仮説 H_I を検定するためにまず，飽和モデルが正しいモデルであると仮定する．ゆえに $D_S \sim \chi^2(6)$ である．ここでもし H_I が正しければ $D_I \sim \chi^2(8)$ となるので，$D_I - D_S \sim \chi^2(2)$ かつ

$$F = \frac{D_I - D_S}{2} \bigg/ \frac{D_S}{6} \sim F(2, 6)$$

となる．F 値を計算すると，

$$F = \frac{2.6867 - 1.48}{2\sigma^2} \bigg/ \frac{1.48}{6\sigma^2} = 2.45$$

となり，これは有意ではないので H_I は棄却されない．交互作用の存在は示されなかったので，次に H_A や H_B の検定に進もう．仮説 H_B については，モデル (6.10) と (6.11) の逸脱度の差 $D_B - D_I$ を D_S と比較することにより検定できる．H_B が正しければ $D_B \sim \chi^2(9)$ なので，$D_B - D_I \sim \chi^2(1)$ となり，

$$F = \frac{D_B - D_I}{1} \bigg/ \frac{D_S}{6} = \frac{3.09 - 2.6867}{\sigma^2} \bigg/ \frac{1.48}{6\sigma^2} = 1.63$$

と計算される．この値は自由度 $(1, 6)$ の F 分布と比較して5%水準で有意ではないので，H_B は棄却されない．すなわち因子 B の水準間で平均反応に差があるとは言えない．同様に仮説 H_A に対応する検定は $F = 25.82$ を与え，これは自由度 $(2, 6)$ の F 分布と比較して5%水準で有意であるので，H_A は棄却される．けっきょく，平均反応は因子 A の水準のみに依存すると判断できる．

ところで，この例のような場合，F 比の分母を D_S にするか D_I にするかは議論の余地がある．D_S の方が（パラメータ数が多く，その分）中心カイ2乗分布をよりよく近似していることが期待できるが，D_S の方が自由度は小さい．

二元配置分散分析の結果は表 6.11 のように要約される．第1行目の平方和の値 (648.2700) は最小モデル $E(Y_{jkl}) = \mu$ に対応する $\mathbf{b}^T\mathbf{X}^T\mathbf{y}$ を表している．

このデータには仮説検定が独立に行えるという特徴がある．例えば，因子 B の水準に違いがないという仮説 $H_B: \beta_k = 0$（すべての k）を検定するために

---

†5.6.2 項参照．

表 6.11 表 6.8 のデータに対する分散分析表

変動要因	自由度	平方和	平均平方	F
平均	1	648.2700		
A の水準	2	12.7400	6.3770	25.82
B の水準	1	0.4033	0.4033	1.63
交互作用	2	1.2067	0.6033	2.45
残差	6	1.4800	0.2467	
計	12	664.1000		

は，モデル $E(Y_{jkl}) = \mu + \alpha_j + \beta_k$ とモデル $E(Y_{jkl}) = \mu + \alpha_j$ を比較して

$$\sigma^2 D_B - \sigma^2 D_I = 3.0900 - 2.6867 = 0.4033$$

を評価してもよいし，あるいはモデル $E(Y_{jkl}) = \mu + \beta_k$ とモデル $E(Y_{jkl}) = \mu$ を比較して，

$$\sigma^2 D_M - \sigma^2 D_A = 15.8300 - 15.4267 = 0.4033$$

を評価してもよい．いずれにしても等しい結果を与えるが，その意味で検定の結果は，（検定には関係のない）その他の因子（ここでは A）がモデルに含まれているか否かに依存しない．

これはデータがバランスしている (balanced)，つまりサブグループの観測値の個数が等しいので，デザイン行列が直交性を持つように構成できるためである（6.2.5 項および演習問題 6.7 参照）．上記の意味で仮説検定の独立性が成り立たない例は演習問題 6.8 に与えられている．

各サブグループにおける平均の推定値は b の値から計算できる．例えば，飽和モデル (6.9) において，A_3 と B_2 を組み合わせた水準での平均値は $\hat{\mu} + \hat{\alpha}_3 + \hat{\beta}_2 + (\widehat{\alpha\beta})_{32} = 6.7 + 1.75 - 1.0 + 1.5 = 8.95$ である．

一方，加法モデル (6.10) により同じサブグループの平均を推定すれば，

$$\hat{\mu} + \hat{\alpha}_3 + \hat{\beta}_2 = 6.383 + 2.5 - 0.367 = 8.516$$

となる．この例は，どのモデルを使ってデータを要約するべきかの重要性を示している．

分散分析モデルが適当かどうかを診断するためには，残差を計算して，異常

な傾向を示すことなく正規分布に従っているか？独立に分布しているか？といったことのチェックが必要である（6.2.6 項参照）.

6.5　共分散分析

共分散分析とは，説明変数が，ダミー変数で表される名義変数と**共変量** (covariate) と呼ばれる連続変数からなるモデルに対して使われる用語である．分散分析と同様，因子の水準間で反応の平均値を比べることが目的である．しかし，ここでは反応に影響をおよぼす共変量をモデルに加え，共変量の影響を'調整'したうえで因子水準間の平均の比較ができるようにする．

表 6.12　学力テストの点数（Winer (1971), p.776, からのデータ）

| | トレーニング法 | | | | | |
| | A法 | | B法 | | C法 | |
	y	x	y	x	y	x
	6	3	8	4	6	3
	4	1	9	5	7	2
	5	3	7	5	7	2
	3	1	9	4	7	3
	4	2	8	3	8	4
	3	1	5	1	5	1
	6	4	7	2	7	4
計	31	15	53	24	47	19
平方和	147	41	413	96	321	59
$\sum xy$	75		191		132	

典型的な例である表 6.12 のデータを使って説明しよう．3 種類の学習法 A, B, C でトレーニングを行った後に学力テストを実施し，得られた点数を Y_{jk} とする．一方，トレーニング前に実施した学力テストの点数を x_{jk} とする．3 種類の学習法の効果を比較するためには，ベースラインの学力の影響を調整しなければならない．

図 6.1 はデータをプロットしたものである．明らかにトレーニング後の学力 y は，ベースラインの学力 x に線形的に依存している．また，学習法 B, C の方が A よりも y の値は高い傾向にある．

帰無仮説「3 つの学習法の間で，学力テストの平均点に差はない」を検定す

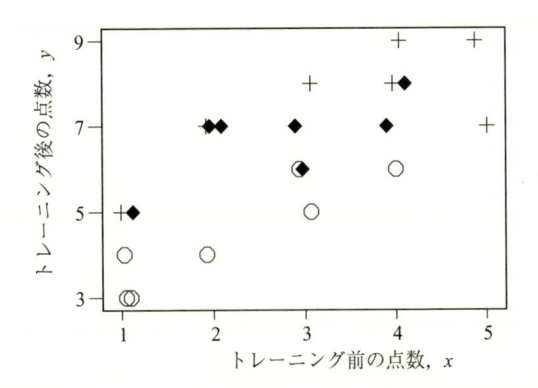

図 6.1 各学習法によるトレーニングを開始する前および開始した後の学力テストの点数：○は学習法 A，+は学習法 B，◆は学習法 C を表す

るため，モデル

$$E(Y_{jk}) = \mu_j + \gamma x_{jk} \tag{6.13}$$

を縮小モデル

$$E(Y_{jk}) = \mu + \gamma x_{jk} \tag{6.14}$$

と比較しよう．ただし，$j = 1, 2, 3$ はそれぞれ A, B, C に対応し，$k = 1, \ldots, 7$ とする．

$$\mathbf{y}_j = \begin{bmatrix} Y_{j1} \\ \vdots \\ Y_{j7} \end{bmatrix}, \quad \mathbf{x}_j = \begin{bmatrix} x_{j1} \\ \vdots \\ x_{j7} \end{bmatrix},$$

$$\mathbf{y} = \begin{bmatrix} \mathbf{y}_1 \\ \mathbf{y}_2 \\ \mathbf{y}_3 \end{bmatrix}, \quad \boldsymbol{\beta} = \begin{bmatrix} \mu_1 \\ \mu_2 \\ \mu_3 \\ \gamma \end{bmatrix}, \quad \mathbf{X} = \begin{bmatrix} \mathbf{1} & \mathbf{0} & \mathbf{0} & \mathbf{x}_1 \\ \mathbf{0} & \mathbf{1} & \mathbf{0} & \mathbf{x}_2 \\ \mathbf{0} & \mathbf{0} & \mathbf{1} & \mathbf{x}_3 \end{bmatrix}$$

とすれば（**0** および **1** は長さ 7 のベクトル．したがって $\mathbf{X}$ は 21×4 行列），$E(\mathbf{y}) = \mathbf{X}\boldsymbol{\beta}$ と表すことができる．

$$\mathbf{X}^T\mathbf{X} = \begin{bmatrix} 7 & 0 & 0 & 15 \\ 0 & 7 & 0 & 24 \\ 0 & 0 & 7 & 19 \\ 15 & 24 & 19 & 196 \end{bmatrix}, \quad \mathbf{X}^T\mathbf{y} = \begin{bmatrix} 31 \\ 53 \\ 47 \\ 398 \end{bmatrix}$$

と計算されるので,これらからパラメータは

$$\mathbf{b} = \begin{bmatrix} 2.837 \\ 5.024 \\ 4.698 \\ 0.743 \end{bmatrix}$$

と推定される.

さらに $\mathbf{y}^T\mathbf{y} = 881$, $\mathbf{b}^T\mathbf{X}^T\mathbf{y} = 870.698$ なので,モデル (6.13) に対して

$$D_1 = \frac{\mathbf{y}^T\mathbf{y} - \mathbf{b}^T\mathbf{X}^T\mathbf{y}}{\sigma^2} = \frac{10.302}{\sigma^2}$$

となる.同様に,縮小モデル (6.14) に対しては

$$\boldsymbol{\beta} = \begin{bmatrix} \mu \\ \gamma \end{bmatrix}, \quad \mathbf{X} = \begin{bmatrix} 1 & \mathbf{x}_1 \\ 1 & \mathbf{x}_2 \\ 1 & \mathbf{x}_3 \end{bmatrix}, \quad \mathbf{X}^T\mathbf{X} = \begin{bmatrix} 21 & 58 \\ 58 & 196 \end{bmatrix}, \quad \mathbf{X}^T\mathbf{y} = \begin{bmatrix} 131 \\ 398 \end{bmatrix}$$

となるので,

$$\mathbf{b} = \begin{bmatrix} 3.447 \\ 1.011 \end{bmatrix}, \quad \mathbf{b}^T\mathbf{X}^T\mathbf{y} = 853.766$$

$$D_0 = \frac{\mathbf{y}^T\mathbf{y} - \mathbf{b}^T\mathbf{X}^T\mathbf{y}}{\sigma^2} = \frac{27.234}{\sigma^2}$$

と計算される.モデル (6.13) は正しいと仮定すれば,$D_1 \sim \chi^2(17)$ となる.もし,帰無仮説が正しければ,$D_0 \sim \chi^2(19)$ であり,

$$F = \frac{D_0 - D_1}{2} \bigg/ \frac{D_1}{17} \sim F(2, 17)$$

である.

$$F = \frac{16.932}{2} \bigg/ \frac{10.302}{17} = 13.97$$

であり,この値は 5% 水準で有意であり,帰無仮説を棄却する根拠となる.したがって,トレーニング前の学力の影響を調整した上で,3 つの学習法間に効果の差がある(学力テストの平均点に差がある)と結論できる.以上の議論は通常,表 6.13 のような共分散分析表にまとめられる.

表 6.13　表 6.12 のデータに対する共分散分析表

変動要因	自由度	平方和	平均平方	F
平均および共変量	2	853.766		
因子水準	2	16.932	8.466	13.97
残差	17	10.302	0.606	
計	21	881.000		

6.6　一般線形モデル

一般線形モデル (general linear model) という用語は，名義変数および連続変数を説明変数として持つ正規線形モデルを指す．多くの場合，6.4.2 項の表 6.9 のように名義変数は**交差** (crossed) しており，それぞれが持つ水準の組合せに対して観測値が存在する．一方，次の例のように，**入れ子**(nested) になる場合もある．

表 6.14　入れ子構造になっている因子実験

病院	薬剤 A_1			薬剤 A_2	
	B_1	B_2	B_3	B_4	B_5
反応	Y_{111}	Y_{121}	Y_{131}	Y_{241}	Y_{251}
	$\vdots$	$\vdots$	$\vdots$	$\vdots$	$\vdots$
	Y_{11n_1}	Y_{12n_2}	Y_{13n_3}	Y_{24n_4}	Y_{25n_5}

表 6.14 は「薬剤 (A_1, A_2)」とそれが投与された「病院 (B_1, B_2, ..., B_5)」の 2 因子からなる入れ子デザインである．薬剤 A_1 は病院 B_1, B_2, B_3 で，薬剤 A_2 は病院 B_4, B_5 で投与されている．われわれは 2 つの薬剤の効果を比較し，さらに同じ薬剤を使っている病院間で効果の差（もしあれば）も検討したい．この場合，飽和モデル

$$E(Y_{jkl}) = \mu + \alpha_1 + \alpha_2 + (\alpha\beta)_{11} + (\alpha\beta)_{12} + (\alpha\beta)_{13} + (\alpha\beta)_{24} + (\alpha\beta)_{25}$$

を仮定するのが適切である．ただし端点制約として，$\alpha_1 = (\alpha\beta)_{11} = (\alpha\beta)_{24} = 0$ を仮定する．ここでは，病院 B_1, B_2, B_3 は薬剤 A_1 群のなかだけで比較され，病院 B_4, B_5 は薬剤 A_2 群のなかだけで比較される．

入れ子デザインに対する解析は，基本的には交差因子を含むモデルの場合と変わらない．一般線形モデルに対する重要な仮定として，反応変数は正規分布に従っていること，反応変数は説明変数の線形式で表されること，すべての反

応は共通の分散 σ^2 を持つこと，があげられる．本章におけるモデルでは，さらに反応が互いに独立であることも仮定されている（この仮定は第 11 章で緩められる）．これらの仮定はすべて残差分析を通じてチェックされなければならない（6.2.6 項参照）．残差が歪んだ分布であることが確認された場合には，正規性の仮定を満たすように反応変数を変換してもよいかもしれない．例えば，**Box-Cox 変換** (Box-Cox transformation; Box and Cox (1964)) は多くの統計ソフトウェアで実行可能な方法である．y をもとの値，y^* を変換後の値とするとき，

$$y^* = \begin{cases} \dfrac{y^\lambda - 1}{\lambda} & \lambda \neq 0 \\ \log y & \lambda = 0 \end{cases}$$

は，（λ の値を変えることで）変換の族を作り出す．例えば，$\lambda = 1$ なら y は（実質的に）変わらないし，$\lambda = \dfrac{1}{2}$ なら平方根をとることに，$\lambda = -1$ なら逆数をとることに，$\lambda = 0$ なら対数をとることに相当する．y^* がもっとも正規分布に近づくような λ を最尤推定法によって推定する．

同様に，連続な説明変数の変換も，反応との線形関係を改善するのに役立つかもしれない．

6.7 演習問題

6.1 表 6.15 は，オーストラリアにおける 1 人当たりの砂糖消費量 (kg/year) の年次推移として，特に精糖の消費量および加工食品に含まれる砂糖の消費量をまとめたものである（出典：1998 年オーストラリア統計局資料）．

(a) 砂糖の消費量を縦軸，期間を横軸とした散布図を（砂糖の種類別に）描け．次に消

表 **6.15** オーストラリアの砂糖消費量

時期	精糖の消費量	加工食品に含まれる砂糖の消費量
1936–39	32.0	16.3
1946–49	31.2	23.1
1956–59	27.0	23.6
1966–69	21.0	27.7
1976–79	14.9	34.6
1986–89	8.8	33.9

費量と期間の関係を単回帰モデルにより推定し，消費量の平均変化率（回帰直線の傾き）の 95%信頼区間を計算せよ．
(b) 各期間における総消費量（2 種類の砂糖の消費量の合計）を求め，期間に対する散布図を描け．適当なモデルを使い，「総消費量は各期間において一定である」という仮説を検定せよ．

6.2 表 6.16 は，リン施肥が牧草生育に与える影響を研究するために，リン酸肥料に含まれるリン (K) の総量と 2 種類の牧草（イネ科およびマメ科牧草）の総収穫量の関係をまとめたものである（出典：D.F. Sinclair からのデータ．Sinclair and Probert (1986) に実験結果が報告されている）．ともに単位は，1 ヘクタール当たり kg で表示されている．収穫量とリン総量の関係を説明する適切なモデルを見つけたい．

表 6.16 牧草の収穫量とリン (K) の総量の関係

K	収穫量	K	収穫量	K	収穫量
0	1753.9	15	3107.7	10	2400.0
40	4923.1	30	4415.4	5	2861.6
50	5246.2	50	4923.1	40	3723.0
5	3184.6	5	3046.2	30	4892.3
10	3538.5	0	2553.8	40	4784.6
30	4000.0	10	3323.1	20	3184.6
15	4184.6	40	4461.5	0	2723.1
40	4692.3	20	4215.4	50	4784.6
20	3600.0	40	4153.9	15	3169.3

(a) 収穫量を縦軸，リン総量を横軸にとった散布図を描き，2 変数間に（大まかな）線形関係があることを確認せよ．ただし，どちらか一方または両方の変数に適当な変換が必要になるかもしれない．
(b) (a) で得られた図をもとに，適当なモデルを当てはめよ．
(c) 当てはめたモデルに関する標準化残差を計算せよ．適当なプロットを利用して，何か系統的な影響がないか，モデルが妥当かどうかを検討せよ．

6.3 炭水化物データ（表 6.3）を適当なソフトウェアを利用して解析せよ（可能ならば，いくつかのソフトウェアで同じ解析を繰り返してみて，得られた結果を比較せよ）．
(a) 説明変数 x_1, x_2, x_3 のそれぞれに対し，反応 y との関係を散布図に描け．図から説明変数と y の間に線形関係があるかどうかチェックせよ．
(b) モデル (6.6) を当てはめて残差を調べ，このモデルの妥当性を評価せよ．
(c) モデル
$$E(Y_i) = \beta_0 + \beta_1 x_{i1} + \beta_3 x_{i3}$$

および

表 6.17 30代女性のコレステロール，年齢，BMI の関係

コレステロール	年齢	BMI	コレステロール	年齢	BMI
5.94	52	20.7	6.48	65	26.3
4.71	46	21.3	8.83	76	22.7
5.86	51	25.4	5.10	47	21.5
6.52	44	22.7	5.81	43	20.7
6.80	70	23.9	4.65	30	18.9
5.23	33	24.3	6.82	58	23.9
4.97	21	22.2	6.28	78	24.3
8.78	63	26.2	5.15	49	23.8
5.13	56	23.3	2.92	36	19.6
6.74	54	29.2	9.27	67	24.3
5.95	44	22.7	5.57	42	22.0
5.83	71	21.9	4.92	29	22.5
5.74	39	22.4	6.72	33	24.1
4.92	58	20.2	5.57	42	22.7
6.69	58	24.4	6.25	66	27.3

$$E(Y_i) = \beta_0 + \beta_3 x_{i3}$$

を当てはめよ（相対体重 x_2 は両方のモデルから除かれていることに注意）．両モデルの当てはめの結果から，仮説 $\beta_1 = 0$ を検定せよ．さらにその結果を表 6.5 の結果と比較せよ．

6.4 血清コレステロール濃度が年齢とともに増加することはよく知られているが，体重にも関係しているかどうかは明確ではない．表 6.17 は 30 名の女性の血清コレステロール (millimole/liter)，年齢 (year)，BMI (kg/m^2, 体重を身長の 2 乗で割ったもの) を示している．重回帰モデルを用いて，年齢効果を調整した上で（つまり，年齢をモデルに入れた上で），血清コレステロールと BMI の間に有意な関係があるかどうか調べよ．

6.5 表 6.18 は，肥満患者および健常人に対するブドウ糖負荷試験 1 時間後の血清無機リン酸濃度 (mg/dl) を示している．肥満患者は高インスリン血症の有無別に値がまとめられている（出典：Jones (1987)）．
 (a) 一元配置分散分析を実施して 3 群間で平均に差がないという仮説を検定せよ．どのような結論が得られるか？
 (b) 2 つの肥満患者群における平均の差の 95%信頼区間を求めよ．
 (c) 適当なモデルを当てはめて，すべての観測値の標準化残差を調べ，なんらかの系統的な影響があるか，また正規性の仮定が正しいかどうかをチェックせよ．

6.6 表 6.19 は，4 人の工員が作った標準サイズの機械部品の重量 (g) を示している．4 人が，別の日に作った同じ部品の重量もまとめられている．各日の各工員が作った部品から

6.7 演習問題 137

表 6.18 肥満患者および対照（健常人）における無機リン酸濃度

高インスリン血症性肥満	非高インスリン血症性肥満	対照（健常人）
2.3	3.0	3.0
4.1	4.1	2.6
4.2	3.9	3.1
4	3.1	2.2
4.6	3.3	2.1
4.6	2.9	2.4
3.8	3.3	2.8
5.2	3.9	3.4
3.1		2.9
3.7		2.6
3.8		3.1
		3.2

表 6.19 4人の工員が作った機械部品の重量

	工員			
	1	2	3	4
1日目	35.7	38.4	34.9	37.1
	37.1	37.2	34.3	35.5
	36.7	38.1	34.5	36.5
	37.7	36.9	33.7	36.0
	35.3	37.2	36.2	33.8
2日目	34.7	36.9	32.0	35.8
	35.2	38.5	35.2	32.9
	34.6	36.4	33.5	35.7
	36.4	37.8	32.9	38.0
	35.2	36.1	33.3	36.1

5個ずつランダムに選ばれている．分散分析を用いて，工員間の差や日間の差があるのか，またそれらに交互作用が存在するのかを検定せよ．どのような結論が得られたか？

6.7 表 6.9 のバランスしたデータに対する 6.4.2 項の解析では，仮説検定が独立であることが示された．飽和モデル (6.9) に対するデザイン行列は，以下のようにも記述することができる（ただし，端点制約 $\alpha_1 = \beta_1 = (\alpha\beta)_{11} = (\alpha\beta)_{12} = (\alpha\beta)_{21} = (\alpha\beta)_{31} = 0$ を仮定する）．

$$\boldsymbol{\beta} = \begin{bmatrix} \mu \\ \alpha_2 \\ \alpha_3 \\ \beta_2 \\ (\alpha\beta)_{22} \\ (\alpha\beta)_{32} \end{bmatrix}, \quad \mathbf{X} = \begin{bmatrix} 1 & -1 & -1 & -1 & 1 & 1 \\ 1 & -1 & -1 & -1 & 1 & 1 \\ 1 & -1 & -1 & 1 & -1 & -1 \\ 1 & -1 & -1 & 1 & -1 & -1 \\ 1 & 1 & 0 & -1 & -1 & 0 \\ 1 & 1 & 0 & -1 & -1 & 0 \\ 1 & 1 & 0 & 1 & 1 & 0 \\ 1 & 1 & 0 & 1 & 1 & 0 \\ 1 & 0 & 1 & -1 & 0 & -1 \\ 1 & 0 & 1 & -1 & 0 & -1 \\ 1 & 0 & 1 & 1 & 0 & 1 \\ 1 & 0 & 1 & 1 & 0 & 1 \end{bmatrix}$$

この場合,$(\alpha\beta)_{jk}$ に対応する $\mathbf{X}$ の列は,項 α_j および β_k に対応する列の積となっている.

(a) $\mathbf{X}^T\mathbf{X}$ は 6.2.5 項で説明されたブロック対角行列になっていることを示せ.モデル (6.9) および (6.10)–(6.12) を当てはめて,表 6.10 と同じ結果が得られることを確認せよ.

(b) 6.4.2 項の終りで,処理 A_3 かつ B_2 が施されたサブグループにおける母平均を,モデル (6.9) と (6.10) のもとで推定した.ここでも同じ値が得られることを示せ.

6.8 表 6.20 は,仮想的な 2 因子実験のデータを示している.

表 6.20 アンバランスなデータからなる 2 因子実験

因子 A	因子 B	
	B_1	B_2
A_1	5	3, 4
A_2	6, 4	4, 3
A_3	7	6, 8

(a) 「2 因子間に交互作用はない」という仮説を検定せよ.
(b) 「因子 A の効果はない」という仮説を,2 通りの方法で検定せよ.
 (i) 以下の 2 モデルの比較
$$E(Y_{jkl}) = \mu + \alpha_j + \beta_k, \quad E(Y_{jkl}) = \mu + \beta_k$$
 (ii) 以下の 2 モデルの比較
$$E(Y_{jkl}) = \mu + \alpha_j, \quad E(Y_{jkl}) = \mu$$

得られた結果を説明せよ.

第 7 章
2 値変数とロジスティック回帰

7.1 確率分布

本章では，反応変数が 2 値で測られる一般化線形モデルを考察する．2 値変数とは，例えば，患者の生死や存在の有無などを表す変数のことである．以下，2 値を '成功' および '失敗' と称することにする．

まず，**2 値確率変数** (binary random variable) として，

$$Z = \begin{cases} 1 & \text{結果が成功のとき} \\ 0 & \text{結果が失敗のとき} \end{cases}$$

と定義し，$\Pr(Z=1) = \pi$, $\Pr(Z=0) = 1 - \pi$ とする．そのような n 個の変数 $Z_1, \ldots, Z_n$ が存在して，互いに独立かつ $\Pr(Z_j = 1) = \pi_j$ であるならば，同時確率は次のように表現でき，指数型分布族（式 (3.3) 参照）に属することがわかる．

$$\prod_{j=1}^{n} \pi_j^{z_j} (1 - \pi_j)^{1-z_j} = \exp\left[\sum_{j=1}^{n} z_j \log\left(\frac{\pi_j}{1-\pi_j}\right) + \sum_{j=1}^{n} \log(1-\pi_j)\right] \quad (7.1)$$

次に，もし π_j がすべての j について等しいときは，

$$Y = \sum_{j=1}^{n} Z_j$$

表 7.1　2 項分布に従う N 個の確率変数の成功数

	サブグループ			
	1	2	$\cdots$	N
成功	Y_1	Y_2	$\cdots$	Y_N
失敗	$n_1 - Y_1$	$n_2 - Y_2$	$\cdots$	$n_N - Y_N$
計	n_1	n_2		n_N

と定義すれば，Y は n 回の '試行' において成功した回数を表す．確率変数 Y は 2 項分布 $binomial\,(n, \pi)$

$$\Pr(Y = y) = \binom{n}{y} \pi^y (1 - \pi)^{1-y}, \quad y = 0, 1, \ldots, n \tag{7.2}$$

に従う．

最後に，より一般的な場合として，N 個の独立な確率変数 $Y_1, Y_2, \ldots, Y_N$ が表 7.1 に示す N 個の各サブグループにおける成功数を表す場合，すなわち $Y_i \sim binomial\,(n_i, \pi_i)$ ならば，対数尤度関数は，

$$\begin{aligned} &l\,(\pi_1, \ldots, \pi_N; y_1, \ldots, y_N) \\ &= \sum_{i=1}^{N} \left[y_i \log\left(\frac{\pi_i}{1 - \pi_i}\right) + n_i \log(1 - \pi_i) + \log\binom{n_i}{y_i} \right] \end{aligned} \tag{7.3}$$

と表される．

7.2　一般化線形モデル

各サブグループにおける成功の割合 $P_i = Y_i/n_i$ を，そのサブグループを特徴づけるいくつかの説明変数に関して表したい．具体的には $E(P_i) = E(Y_i)/n_i = \pi_i$ なので，確率 π_i を以下のようにモデル化する．

$$g(\pi_i) = \mathbf{x}_i^T \boldsymbol{\beta}$$

ここで，$\mathbf{x}_i$ は説明変数ベクトル（各要素は名義変数に対するダミー変数であったり，連続量の測定値だったりする），$\boldsymbol{\beta}$ はパラメータベクトル，g は連結関数とする．

もっとも単純なケースとしては，**線形モデル** (linear model)

$$\pi_i = \mathbf{x}_i^T \boldsymbol{\beta}$$

がある．このようなモデルが用いられる場合もあるが，$\mathbf{x}_i$ の値によっては $\mathbf{x}_i^T \boldsymbol{\beta}$ が 0 より小さくなったり，1 より大きくなったりしてしまうので確率を表すモデルとしては不適当である．

π_i を区間 $[0,1]$ に制限するために，次のように累積分布関数を用いる方法がよく使われる．

$$\pi_i = \int_{-\infty}^{t_i} f(s)ds$$

ここに，$f(s) \geq 0$ かつ $\int_{-\infty}^{\infty} f(s)ds = 1$ である．このときの確率密度関数 $f(s)$ は，**許容値分布** (tolerance distribution) と呼ばれている．よく使われる許容値分布の例は次節で取り上げる．

7.3 用量反応モデル

歴史的には，2 値データに対し初めて回帰のようなモデルが使われたのは，生物検定法（バイオアッセイ）の分野である (Finney (1973))．この場合の反応とは何らかの '成功' の割合（％）であり，例えば，毒性物質のさまざまな用量に対して死亡する実験動物の割合などがその例である．そのようなデータは**定性反応** (quantal response) データと呼ばれており，分析の目的は死亡割合 π を用量 x の関数（例えば，$g(\pi) = \beta_1 + \beta_2 x$），としてモデル化することである．

もし，$f(s)$ が区間 $[c_1, c_2]$ 上の一様分布ならば，

$$f(s) = \begin{cases} \dfrac{1}{c_2 - c_1} & c_1 \leq s \leq c_2 \\ 0 & \text{その他} \end{cases}$$

となるので，π は x の関数として

$$\pi = \int_{c_1}^{x} f(s)ds = \frac{x - c_1}{c_2 - c_1}, \quad c_1 \leq x \leq c_2$$

と表される（図 7.1）．けっきょく，$\pi = \beta_1 + \beta_2 x,\ c_1 \leq x \leq c_2$，ただし

$$\beta_1 = \frac{-c_1}{c_2 - c_1}, \quad \beta_2 = \frac{1}{c_2 - c_1}$$

図 7.1 一様分布：密度関数 $f(s)$ および π

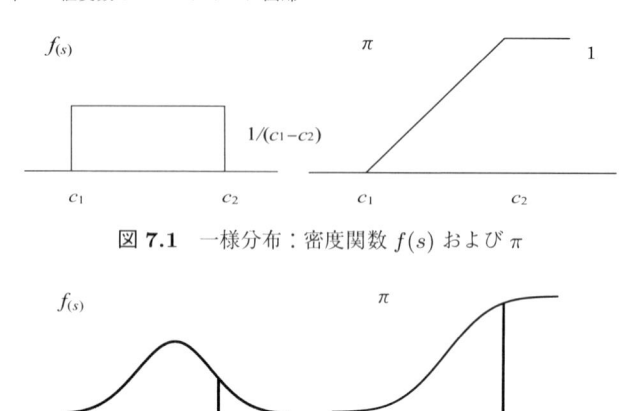

図 7.2 正規分布：密度関数 $f(s)$ および π

という連結関数 g を恒等関数とした線形モデルになる．しかし，$c_1 \leq x \leq c_2$ という余分な条件があるため，一般化線形モデルの標準的なパラメータ推定の方法は適用できない．実用上，このモデルは広く使われてはいない．

生物検定法のデータに最初に使われたのは**プロビットモデル** (probit model) である．このモデルでは，正規分布を許容値分布として用いる（図 7.2）．

$$\begin{aligned}\pi &= \frac{1}{\sigma\sqrt{2\pi}}\int_{-\infty}^{x}\exp\left[-\frac{1}{2}\left(\frac{s-\mu}{\sigma}\right)^2\right]ds \\ &= \Phi\left(\frac{x-\mu}{\sigma}\right)\end{aligned}$$

ただし，Φ は標準正規分布 $N(0, 1)$ の分布関数である．このモデルは，$\beta_1 = -\mu/\sigma$, $\beta_2 = 1/\sigma$ とおけば，

$$\Phi^{-1}(\pi) = \beta_1 + \beta_2 x$$

となるので，連結関数 g を標準正規分布の逆累積分布関数とした一般化線形モデルである．プロビットモデルは生物学や社会科学のさまざまな分野で利用されている．例えば，$x = \mu$ は **50%致死量** (median lethal dose) と呼ばれ LD(50) と表されるが，これは実験動物の 50 % を死亡させると予想される用量に対応しているためである．

プロビットモデルと非常に似た計算結果を与えるが，数値計算上いくぶん扱いやすいモデルとして**ロジスティックモデル** (logistic model) あるいは**ロジットモデル** (logit model) と呼ばれるものがある．ロジスティックモデルでは，許容値分布は

$$f(s) = \frac{\beta_2 \exp(\beta_1 + \beta_2 s)}{[1 + \exp(\beta_1 + \beta_2 s)]^2}$$

で与えられ，これから

$$\pi = \int_{-\infty}^{x} f(s) ds = \frac{\exp(\beta_1 + \beta_2 x)}{1 + \exp(\beta_1 + \beta_2 x)}$$

と計算される．これより，

$$\log\left(\frac{\pi}{1-\pi}\right) = \beta_1 + \beta_2 x$$

となり，連結関数として $g(\pi) = \log[\pi/(1-\pi)]$ を持った一般化線形モデルであることがわかる．$\log[\pi/(1-\pi)]$ はしばしば**ロジット関数** (logit function) と呼ばれるが，これは対数オッズという自然な解釈を持っている（演習問題 7.2 参照）．ロジスティックモデルは 2 値データの解析に広く用いられ，また多くの統計ソフトウェアで標準装備されている．ロジスティックモデルとプロビットモデルでは $f(s)$（したがって $\pi(x)$）の形状はよく似ているが（図 7.2），裾野における確率分布がやや異なる（詳しくは Cox and Snell (1989) を参照）．

用量反応データのモデル化に用いられるその他の許容値分布としては，**極値分布** (extreme distribution) があげられる．極値分布は，

$$f(s) = \beta_2 \exp[(\beta_1 + \beta_2 s) - \exp(\beta_1 + \beta_2 s)]$$

で与えられ，これから

$$\pi = 1 - \exp[-\exp(\beta_1 + \beta_2 x)]$$

と計算される．変形すると，$\log[-\log(1-\pi)] = \beta_1 + \beta_2 x$ となり，この場合の連結関数 $\log[-\log(1-\pi)]$ は，**complementary log-log 関数**(complementary log-log function) と呼ばれている．このモデルは π の値が 0.5 の近傍のときはロジスティックモデルやプロビットモデルによく類似しているが，π が 0 や 1 に近いときはズレが生じる．これらのモデルを次の数値例で説明しよう．

7.3.1 例: カブト虫の死亡率

表 7.2 は二硫化炭素ガスに 5 時間曝露されたカブト虫の死亡数とガス濃度との関係をまとめたものである (Bliss (1935)). 図 7.3 は死亡した割合 $p_i = y_i/n_i$ を縦軸に, ガス濃度 x_i (実際はガス濃度の対数値) を横軸にプロットしたものである. ここではまず, ロジスティックモデル

$$\pi_i = \frac{\exp(\beta_1 + \beta_2 x_i)}{1 + \exp(\beta_1 + \beta_2 x_i)}$$

を当てはめてみよう. この式から

$$\log\left(\frac{\pi_i}{1 - \pi_i}\right) = \beta_1 + \beta_2 x_i$$

および

表 **7.2** カブト虫の死亡データ

ガス濃度 x_i ($\log_{10} \mathrm{CS_2 mgl^{-1}}$)	カブト虫の数 n_i	死亡数 y_i
1.6907	59	6
1.7242	60	13
1.7552	62	18
1.7842	56	28
1.8113	63	52
1.8369	59	53
1.8610	62	61
1.8839	60	60

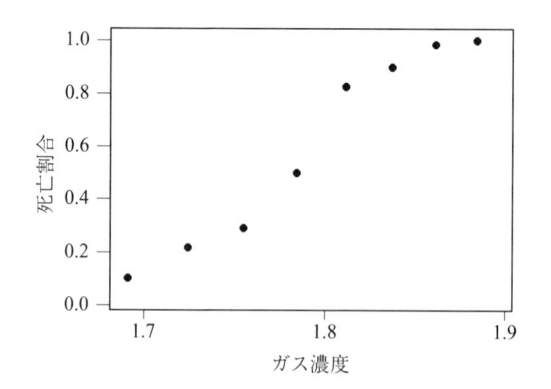

図 **7.3** カブト虫の死亡率のデータ (表 7.2): 縦軸は死亡割合 $p_i = y_i/n_i$, 横軸はガス濃度 x_i を表す (単位は $\log_{10} \mathrm{CS_2 mgl^{-1}}$)

$$\log(1-\pi_i) = -\log[1+\exp(\beta_1+\beta_2 x_i)]$$

が導かれる．これらと式 (7.3) より，対数尤度関数は

$$l = \sum_{i=1}^{N} \left[y_i(\beta_1+\beta_2 x_i) - n_i \log[1+\exp(\beta_1+\beta_2 x_i)] + \log\binom{n_i}{y_i} \right]$$

と表され，かつパラメータ β_1, β_2 に関するスコア関数は，

$$U_1 = \frac{\partial l}{\partial \beta_1} = \sum \left\{ y_i - n_i \left[\frac{\exp(\beta_1+\beta_2 x_i)}{1+\exp(\beta_1+\beta_2 x_i)} \right] \right\} = \sum (y_i - n_i \pi_i)$$

$$U_2 = \frac{\partial l}{\partial \beta_2} = \sum \left\{ y_i x_i - n_i x_i \left[\frac{\exp(\beta_1+\beta_2 x_i)}{1+\exp(\beta_1+\beta_2 x_i)} \right] \right\} = \sum x_i (y_i - n_i \pi_i)$$

と計算される．同様に，情報行列は

$$\mathfrak{S} = \begin{bmatrix} \sum n_i \pi_i (1-\pi_i) & \sum n_i x_i \pi_i (1-\pi_i) \\ \sum n_i x_i \pi_i (1-\pi_i) & \sum n_i x_i^2 \pi_i (1-\pi_i) \end{bmatrix}$$

と計算される．

最尤推定値は，逐次式

$$\mathfrak{S}^{(m-1)} \mathbf{b}^{(m)} = \mathfrak{S}^{(m-1)} \mathbf{b}^{(m-1)} + \mathbf{U}^{(m-1)}$$

を解くことで得られる（式 (4.22) 参照）．ここで上付き添え字 (m) は m 回目の近似を，$\mathbf{b}$ は推定値ベクトルをそれぞれ意味する．この逐次反復は計 6 回で収束したが，表 7.3 には，$b_1^{(0)}=0$, $b_2^{(0)}=0$ を初期値としたときの逐次近似の経過がまとめられている．すなわち，1, 2, 6 回目の各反復時における β_1 と β_2 の推定値，対数尤度（定数項 $\log\binom{n}{x}$ は除く），当てはめ値（$\hat{y}_i = n_i \hat{\pi}_i$ として計算．初期値は $\hat{\pi}_i = \frac{1}{2}, i=1,2$ とおく）の推移である．

表 7.3 の下には，6 回目の反復時における $\mathbf{b}$ の分散共分散行列の推定値，および逸脱度（5.6.1 項参照）

$$D = 2 \sum_{i=1}^{N} \left[y_i \log\left(\frac{y_i}{\hat{y}_i}\right) + (n-y_i) \log\left(\frac{n_i-y_i}{n_i-\hat{y}_i}\right) \right]$$

表 7.3 カブト虫の死亡データに対する線形ロジスティックモデルの当てはめ

		初期値	ニュートン・ラプソン近似		
			1回目	2回目	6回目
β_1		0	-37.856	-53.853	-60.717
β_2		0	21.337	30.384	34.270
対数尤度		-333.404	-200.010	-187.274	-186.235
	観測値		当てはめ値		
y_1	6	29.5	8.505	4.543	3.458
y_2	13	30.0	15.366	11.254	9.842
y_3	18	31.0	24.808	23.058	22.451
y_4	28	28.0	30.983	32.947	33.898
y_5	52	31.5	43.362	48.197	50.096
y_6	53	29.5	46.741	51.705	53.291
y_7	61	31.0	53.595	58.061	59.222
y_8	60	30.0	54.734	58.036	58.743

$$[\Im(\mathbf{b})]^{-1} = \begin{bmatrix} 26.840 & -15.082 \\ -15.082 & 8.481 \end{bmatrix}, \quad D = 11.23$$

が示されている．

最終的にパラメータとその標準誤差は，

$$b_1 = -60.717 \quad \text{s.e.}(b_1) = \sqrt{26.840} = 5.18$$
$$b_2 = 34.27 \quad \text{s.e.}(b_2) = \sqrt{8.481} = 2.91$$

と推定される．

このロジスティックモデルでは $N = 8$ の共変量パターンに対して，$p = 2$ のパラメータがあるので，モデルがデータによく適合しているなら，逸脱度 $D \sim \chi^2(6)$ としてよい．しかし，D の計算値 11.23 は $\chi^2(6)$ の上側 5% 点 12.59 に近いので，それほど当てはまりが良いわけではないようである．

このデータにその他のモデルを当てはめた結果は表 7.4 にまとめられている．これをみると極値モデルの適合度がもっとも良い．

7.4 一般ロジスティック回帰モデル

前節で使われた単純な線形ロジスティックモデル $\log[\pi_i/(1-\pi_i)] = \beta_1 + \beta_2 x_i$ は，一般ロジスティック回帰モデル

表 7.4 実際の観測値(カブト虫の死亡数)と種々の用量反応モデルから得られた当てはめ値との比較. D は逸脱度を表す

死亡数 Y の観測値	ロジスティックモデル	プロビットモデル	極値モデル
6	3.46	3.36	5.59
13	9.84	10.72	11.28
18	22.45	23.48	20.95
28	33.90	33.82	30.37
52	50.20	49.62	47.78
53	53.29	53.32	54.14
61	59.22	59.66	61.11
60	59.23	59.23	59.95
D	11.23	10.12	3.45

$$\text{logit}(\pi_i) = \log\left(\frac{\pi_i}{1-\pi_i}\right) = \mathbf{x}_i^T \boldsymbol{\beta}$$

の特別な場合に相当する.ここに $\mathbf{x}_i$ は,連続共変量の測定値や名義尺度の水準を表すダミー変数から構成されるベクトルである.このモデルは 2 値(あるいは 2 項)反応といくつかの説明変数を含むデータを解析するのに広く使われており,連続反応を解析するために使われる重回帰や分散分析に似た強力な方法を提供する.

パラメータ $\boldsymbol{\beta}$ の最尤推定値,したがって確率 $\pi_i = g^{-1}(\mathbf{x}_i^T \boldsymbol{\beta})$ の最尤推定値を得るには,対数尤度関数

$$l(\boldsymbol{\pi}; \mathbf{y}) = \sum_{i=1}^{N} \left[y_i \log \pi_i + (n_i - y_i) \log(1 - \pi_i) + \log \binom{n_i}{y_i} \right] \quad (7.4)$$

を第 4 章で述べた方法により最大化すればよい.

この推定のプロセスは,データがおのおのの**共変量パターン** (covariate pattern)(すなわち,説明変数の値がすべて同一であるような観測値群)について,グループ化されていてもいなくても変わらない.グループ化されていない場合は,Y_i は 0 または 1 をとる 2 値変数であり,共変量パターンは別々のもの ($n_i = 1$) として扱われる.もしグループ化されていれば,Y_i は第 i 共変量パターンに対する '成功' 数を表し,2 項分布に従う.

逸脱度(5.6.1 項参照)は,

$$D = 2\sum_{i=1}^{N} \left[y_i \log\left(\frac{y_i}{\hat{y}_i}\right) + (n_i - y_i) \log\left(\frac{n_i - y_i}{n_i - \hat{y}_i}\right) \right] \quad (7.5)$$

と表されるが，これは

$$D = 2\sum o \log \frac{o}{e}$$

という形式をとる．ここに，o は表 7.1 のセルの観測された度数 y_i または $(n_i - y_i)$ を，e は推定された期待度数 $\hat{y}_i = n_i \hat{\pi}_i$ または $(n - \hat{y}_i) = (n - n_i \hat{\pi}_i)$ を，それぞれ表している．Σ 記号は表の $2 \times N$ 個のセルすべてにわたる和をとることを表す．

逸脱度 D は局外パラメータを 1 つも含まないので（前章の正規モデルでは σ^2 が局外パラメータであった），モデルの適合度の検定は，近似

$$D \sim \chi^2(N-p)$$

を利用することにより，直接行うことができる．ここに N は共変量パターンの総数，p は推定されるパラメータの個数である．

統計的推測に使われる推定法や標本分布は漸近的な結果に依存している．各共変量パターンにおいて少数の観測値しかないような小さな研究では，漸近的な結果の近似精度はあまりよくないかもしれない．そのようなときでも，StatXact や LogXact のように正確な (exact) 方法を実行できるようなソフトウェアの使用によって，本章で述べた手法を使うことができる．

7.4.1　例：葯からの不定胚形成

表 7.5 はケチョウセンアサガオのデータで，Sangwan-Norrell (1977) からのものであり，Wood (1978) でも引用されている．さまざまな条件の下で，葯の

表 7.5　葯からの不定胚形成データ

貯蔵条件		遠心力		
		40	150	350
対照群	y_{1k}	55	52	57
	n_{1k}	102	99	108
処理群	y_{2k}	55	50	50
	n_{2k}	76	81	90

7.4 一般ロジスティック回帰モデル

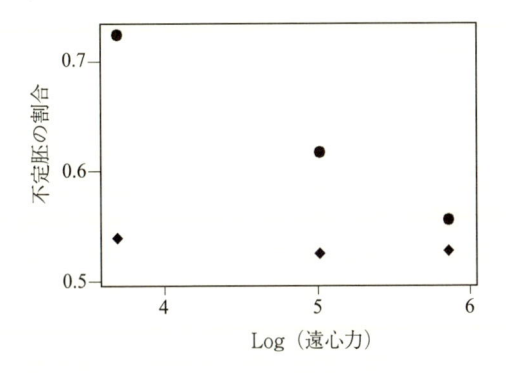

図 7.4 葯のデータ（表 7.5）：縦軸は不定胚の割合 $p_{jk} = y_{jk}/n_{jk}$, 横軸は遠心力の対数値を表す．●は処理群，◆は対照群を表す

数 n_{jk} に対して不定胚を形成した数 y_{jk} がまとめられている．具体的には，2種類の貯蔵条件（3°Cで48時間貯蔵する処理群と従来の貯蔵法による対照群）および3種類の遠心力 (40g, 150g, 350g) の組合せによる都合6通りの条件下でのデータである．(遠心力の影響を調整した上で) 2つの貯蔵条件を比較しよう．

図 7.4 は遠心力（対数値）x_k に対して，対照群および処理群の不定胚の形成割合 $p_{jk} = y_{jk}/n_{jk}$ をプロットしたものである．どの遠心力においても処理群の方が高いように見えるが，一方，処理群では遠心力が大きくなるにつれて割合が低下しているようである．

$\pi_{jk} = E(p_{jk})$（＝不定胚を形成する確率）に対する次の3つのロジスティックモデルを比較検討しよう．

モデル 1 : logit $\pi_{jk} = \alpha_j + \beta_j x_k$（異なった切片，異なった傾き）
モデル 2 : logit $\pi_{jk} = \alpha_j + \beta x_k$（異なった切片，共通の傾き）
モデル 3 : logit $\pi_{jk} = \alpha + \beta x_k$（共通の切片，共通の傾き）

ただし，$j=1$ は対照群を，$j=2$ は処理群を表し，$x_1 = \log 40 = 3.689$, $x_2 = \log 150 = 5.011$, $x_3 = \log 350 = 5.858$ とする．

これらのモデルを当てはめ，最尤推定法でパラメータを推定した結果が表 7.6 である．「傾きが処理群と対照群の間で同じである」という帰無仮説を検定するため，モデル2とモデル1の逸脱度の差 $D_2 - D_1 = 2.591$ を使う．帰無仮説が正しいという仮定の下では自由度1のカイ2乗分布に従うが，有意水準は 0.1

表 7.6 不定胚形成データに対するロジスティックモデルの最尤推定値および逸脱度（括弧内は推定値の標準誤差）

モデル 1	モデル 2	モデル 3
$a_1 = 0.234\,(0.628)$	$a_1 = 0.877\,(0.487)$	$a = 1.021\,(0.481)$
$a_2 - a_1 = 1.977\,(0.998)$	$a_2 - a_1 = 0.407\,(0.175)$	$b = -0.148\,(0.096)$
$b_1 = -0.023\,(0.127)$	$b = -0.155\,(0.097)$	
$b_2 - b_1 = -0.319\,(0.199)$		
$D_1 = 0.028$	$D_2 = 2.619$	$D_3 = 8.092$

表 7.7 不定胚形成の観測度数およびモデルからの期待度数

貯蔵条件	共変量の値	観測度数	期待度数		
			モデル 1	モデル 2	モデル 3
対照群	x_1	55	54.82	58.75	62.91
	x_2	52	52.47	52.03	56.40
	x_3	57	56.72	53.22	58.18
処理群	x_1	55	54.83	51.01	46.88
	x_2	50	50.43	50.59	46.14
	x_3	50	49.74	53.40	48.49

〜0.2 の値であり，帰無仮説を棄却するには至らない．しかし図 7.4 を見ても，またモデル 1 の最尤推定値からも，対照群の傾きはほぼ 0 だが処理群の傾きはマイナスであることが示唆される．おそらく検出力不足に陥っているため（第 2 種の過誤が上昇しているため），帰無仮説を棄却できないのであろう．

一方，モデル 3 とモデル 2 の逸脱度の差 $D_3 - D_2 = 5.473$ を使えば，「処理群と対照群の間で貯蔵条件の効果は等しい（切片は共通である）」という帰無仮説を検定できる（遠心力に対して，群間で調整を行った上での検定となっている）．この値はかなり大きく，帰無仮説は棄却される[†]．表 7.7 では，モデル 1 からモデル 3 の最尤推定値にもとづく当てはめ値がまとめられている．明らかにモデル 1 がデータによく適合しているが，これは 6 個のデータに対して，4 つのパラメータを使っているのだから，特に驚くようなことではない．このような '過剰適合 (over-fitting)' は勧められたものではない！

[†]原著では表 7.6 中の D_3 が 3.110 と誤計算されており，それにあわせてモデル 3 とモデル 2 の逸脱度の差が $D_3 - D_2 = 3.110 - 2.619 = 0.491$ と計算されている．したがって「（切片が共通であるという）帰無仮説は棄却されない」と記載されているが，$D_3 - D_2 = 8.092 - 2.619 = 5.473$ が正しい結果であり，「帰無仮説は棄却される」とすべきである．

7.5 適合度統計量

パラメータを推定するために，最尤推定法を用いる代わりに，次のような重み付き平方和を最小化する方法もある．

$$S_w = \sum_{i=1}^{N} \frac{(y_i - n_i \pi_i)^2}{n_i \pi_i (1 - \pi_i)}$$

ここに $E(Y_i) = n_i \pi_i$, $\text{var}(Y_i) = n_i \pi_i (1 - \pi_i)$ である．

この方法は，次のピアソンカイ **2** 乗統計量 (Pearson chi-squared statistic)

$$X^2 = \sum \frac{(o - e)^2}{e}$$

を最小化することに同値である．o は表 7.1 における各セルの観測度数，e は各セルの期待度数を表し，和は $2 \times N$ 個のセルすべてにわたってとられる．簡単な式展開により，

$$X^2 = \sum_{i=1}^{N} \frac{(y_i - n_i \pi_i)^2}{n_i \pi_i} + \sum_{i=1}^{N} \frac{[(n_i - y_i) - n_i (1 - \pi_i)]^2}{n_i (1 - \pi_i)}$$

$$= \sum_{i=1}^{N} \frac{(y_i - n_i \pi_i)^2}{n_i \pi_i (1 - \pi_i)} (1 - \pi_i + \pi_i) = S_w$$

となり，上の 2 式は同じものであることがわかる．

さて，推定期待度数を用いて X^2 を評価したときの統計量

$$X^2 = \sum_{i=1}^{N} \frac{(y_i - n_i \hat{\pi}_i)^2}{n_i \hat{\pi}_i (1 - \hat{\pi}_i)} \tag{7.6}$$

は，式 (7.5) の逸脱度

$$D = 2 \sum_{i=1}^{N} \left[y_i \log \left(\frac{y_i}{n_i \hat{\pi}_i} \right) + (n_i - y_i) \log \left(\frac{n_i - y_i}{n_i - n_i \hat{\pi}_i} \right) \right]$$

に漸近的に等しくなることが示される．この関係の証明には関数 $f(s) = s \log(s/t)$ を，t を中心にテイラー展開した式

$$s \log \frac{s}{t} = (s - t) + \frac{1}{2} \frac{(s - t)^2}{t} + \cdots$$

を用いる.

この式から,

$$
\begin{aligned}
D = & \ 2\sum_{i=1}^{N}\{(y_i - n_i\hat{\pi}_i) + \frac{1}{2}\frac{(y_i - n_i\hat{\pi}_i)^2}{n_i\hat{\pi}_i} + [(n_i - y_i) - (n_i - n_i\hat{\pi}_i)] \\
& + \frac{1}{2}\frac{[(n_i - y_i) - (n_i - n_i\hat{\pi}_i)]^2}{n_i - n_i\hat{\pi}_i} + \cdots\} \\
\cong & \ \sum_{i=1}^{N}\frac{(y_i - n_i\hat{\pi}_i)^2}{n_i\hat{\pi}_i(1 - \hat{\pi}_i)} = X^2
\end{aligned}
$$

となるので,両者が漸近的に一致することがわかる.

仮定したモデルが正しければ,逸脱度 D が漸近的に $D \sim \chi^2(N-p)$ となることはこれまでと同様であり (5.6 節),したがって上式から近似的に $X^2 \sim \chi^2(N-p)$ となる.D と X^2 において,どちらを用いるかは,これら 2 つの統計量がどれだけ $\chi^2(N-p)$ に近いのかに依存するだろう.実は D の方が小さなセル度数の影響をより強く受けるので,X^2 の方がよい近似を与えることが知られている (Cressie and Read (1989)).ただし期待度数があまりに小さい場合には(例えば 1 未満),両方とも近似の程度はよくない.

説明変数が連続値の場合には,観測値 y_i ごとに共変量パターンは異なるのが普通であり,y_i は 0 または 1 の値しかとらない.このような場合には上記の理由から,D や X^2 を用いることはできないので,以下のような Hosmer and Lemeshow (1980) の方法にもとづいてモデルの適合度をチェックすることがもっとも多い.まず当てはめたモデルから各被験者の予測確率 $\hat{\pi}_i$ が計算される.この予測確率の大きさにもとづき,被験者全体を g 個のグループに分割する.一般には,各グループの被験者数が大雑把に等しくなることを目安として,$g = 10$ 程度のグループに分割することが多い.こうして得られた各グループにおける '成功' と '失敗' の度数を,表 7.1 のような $g \times 2$ の分割表にまとめる.この分割表に対してピアソン統計量 X^2 を計算し,適合度の指標とするのである.これをホズマー・レメショウ統計量 (Hosmer-Lemeshow statistic) と呼び,X^2_{HL} と表記する.この標本分布に関しては,近似的に $X^2_{HL} \sim \chi^2(g-2)$ となることが数値実験の結果から分かっている.7.8 節でこの統計量の使い方を説明する.

当てはめモデルの適合度を検討するためにその対数尤度関数と，**最小モデル** (minimal model) の対数尤度関数を比較することも行われる．この場合の最小モデルとは，すべての π_i が等しいようなモデルであり（逸脱度の定義に使われる飽和モデルとはちょうど逆のモデル），それに含まれる唯一のパラメータは，$\tilde{\pi} = (\sum y_i)/(\sum n_i)$ と推定される．いま，p 個のパラメータを含むモデルを当てはめたときに，Y_i の予測確率が $\hat{\pi}_i$ と推定されたとする（当てはめ値は $\hat{y}_i = n_i \hat{\pi}_i$ となる）．このとき，対数尤度関数 l の差で定義された統計量

$$C = 2\left[l(\hat{\boldsymbol{\pi}}; \mathbf{y}) - l(\tilde{\pi}; \mathbf{y})\right]$$

は，

$$C = 2\sum \left[y_i \log\left(\frac{\hat{y}_i}{n_i \tilde{\pi}}\right) + (n_i - y_i)\log\left(\frac{n_i - \hat{y}_i}{n_i - n_i\tilde{\pi}}\right)\right]$$

となる．5.5 節の結果から，C は帰無仮説 $\beta_2 = \cdots = \beta_p = 0$（切片 β_1 以外のパラメータがすべて 0）のもとで近似的に $C \sim \chi^2(p-1)$ となり（演習問題 7.4 参照），一方，仮説が成り立たないときには非心カイ 2 乗分布に従う．したがって，C を「最小モデルが正しい」という帰無仮説の検定に使うことができる．C は**尤度比カイ 2 乗統計量** (likelihood ratio chi-squared statistic) と呼ばれるものである．

カブト虫の死亡率の例（7.3.1 項参照）では，$C = 272.97$ であり，これは $\chi^2(1)$ のもとではほとんど起こり得ない値なので，傾きのパラメータ β_2 が必要である！と結論できる．

重回帰における決定係数（6.3.2 項参照）からの類推で，擬似 R^2 が

$$\frac{l(\tilde{\pi}; \mathbf{y}) - l(\hat{\boldsymbol{\pi}}; \mathbf{y})}{l(\tilde{\pi}; \mathbf{y})} = 1 - \frac{l(\hat{\boldsymbol{\pi}}; \mathbf{y})}{l(\tilde{\pi}; \mathbf{y})}$$

と定義される．これは最小モデルに比べ，当てはめモデルが対数尤度をどれだけ改善しているかを測っている．擬似 R^2 は，いくつかの統計ソフトウェアで適合度統計量として出力される．

7.6 残差統計量

ロジスティック回帰では，適合度指標 D および X^2 に対応して，以下の 2 つの残差が用いられる．共変量パターンが m 個存在する場合は，m 個の残差が

計算される．いま，$n_k, Y_k, \hat{\pi}_k$ をそれぞれ第 k 共変量パターンにおける試行数，成功数，推定成功確率としよう．

ピアソン残差 (Pearson residuals) は，

$$X_k = \frac{(y_k - n_k \hat{\pi}_k)}{\sqrt{n_k \hat{\pi}_k (1 - \hat{\pi}_k)}}, \quad k = 1, \ldots, m \tag{7.7}$$

で定義される．式 (7.6) より $\sum_{k=1}^{m} X_k^2 = X^2$ である．さらに**標準化ピアソン残差** (standardized Pearson residuals) は，

$$r_{P_k} = \frac{X_k}{\sqrt{1 - h_k}}$$

で定義される．ただし，h_k はハット行列から得られるてこ比である（6.2.6 項参照）．

逸脱度残差 (deviance residuals) も以前と同様に，

$$d_k = \text{sign}(y_k - n_k \hat{\pi}_k) \left\{ 2 \left[y_k \log \left(\frac{y_k}{n_k \hat{\pi}_k} \right) + (n_k - y_k) \log \left(\frac{n_k - y_k}{n_k - n_k \hat{\pi}_k} \right) \right] \right\}^{1/2} \tag{7.8}$$

で定義される．項 $\text{sign}(y_k - n_k \hat{\pi}_k)$ は，d_k が X_k と同じ符号を持つことを保証するために含められている．式 (7.5) より $\sum_{k=1}^{m} d_k^2 = D$ である．**標準化逸脱度残差** (standardized deviance residuals) は，

$$r_{D_k} = \frac{d_k}{\sqrt{1 - h_k}}$$

で定義される．

2.3.4 項で述べられたように，これらの残差統計量はモデルの妥当性をチェックするために利用される．例えば，モデルに含まれる連続的な説明変数を横軸に，残差を縦軸にプロットすれば，線形性の仮定が成立しているかどうかを検討できる．また，さらにモデルに含まれていないが，影響を与えそうな変数を横軸にとった検討もされるべきであろう．測定した順に残差をプロットして（もしそのような順序があれば），系列相関の有無を確認すべきである．一方，正しいモデルのもとでの標準化残差は，各共変量パターンにおける観測度数 n_k があまり小さくない限り，近似的に $N(0,1)$ に従うので，正規確率プロットを利用することができる．

共変量パターンのほとんどでデータが2値である ($n_k = 1$)，または n_k が小さい値である，といった場合に残差プロットを利用することはあまり意味がない．というのは，互いに異なる値を持つ残差の数が少ないためである．そのようなときは，X^2 や D といったモデル全体としての適合度統計量，あるいは他の統計量を用いて判断する必要があるだろう（7.7節参照）．

2項データおよび2値データに対する残差の使い方については，例えば Collett (1991) の第5章が参考になる．

7.7 その他の診断法

重回帰モデルのところで説明した影響観測値を同定するための統計量，delta-beta, delta-カイ2乗, delta-deviance はロジスティック回帰モデルでも同様に定義可能である（6.2.7項参照）．

2値（または2項）データに関してはさらに以下の事項を検討しなければならない．まず第1に，連結関数の妥当性である．ブラウンは，ロジット関数を仮定することの妥当性を検定する方法を考案しており (Brown (1982))，いくつかの統計ソフトウェアでは実装されている．アランダとオルダスは連結関数を包括的に扱うために，連結関数の族

$$g(\pi, \alpha) = \log\left[\frac{(1-\pi)^{-\alpha} - 1}{\alpha}\right]$$

を定義した (Aranda-Ordaz (1981))．$\alpha = 1$ ならば $g(\pi) = \log[\pi/(1-\pi)]$ となり，$\alpha \to 0$ のときは $g(\pi) \to \log[-\log(1-\pi)]$，すなわち complementary log-log 関数に近づく関数族となっている．この族において，最適な α はデータにもとづいて求められるべきであるが，それにはいくつかのプロセスが必要となる．使用しているソフトウェアでそのようなプロセスが実行できない場合，複数の α における連結関数を比較してみるのがよいだろう．

第2に，**超過分散**(overdispersion) の問題がある．これは，2項分布に従うはずの観測値 Y_i が，ときに $n\pi_i(1-\pi_i)$ より大きな分散を持ってしまう状況を指す．もし逸脱度が，$N-p$ よりはるかに大きな値をとるようであれば，この問題が起きている可能性がある．超過分散は，モデルが正しくないこと（例え

ば説明変数が足りない，連結関数が正しくないなど）が原因のこともあれば，より複雑な構造が原因のこともある．超過分散の問題を扱うために，モデルに $\text{var}(Y_i) = n_i \pi_i (1 - \pi_i) \phi$ といった形でパラメータを1つ追加することがある．これはいくつかのソフトウェアでも実装されている方法である．別の方法は，Y_i を独立として扱わないことである．第11章で相関のあるデータのモデル化を概説する．2値データの超過分散のより詳しい議論については，Collet (1991) の第6章を参照してほしい．

7.8 例：老化と WAIS

ある高齢者の集団に対し，老化の症状が見られるかどうかを診断する心理テストが実施され，あわせてウェクスラー式知能検査 (Wechsler Adult Intelligent Scale; WAIS) の一部が実施された．表 7.8 に，データがまとめられている．

反応変数は2値（症状の有無）であり，共変量は WAIS スコアである．計54人の総被験者のうち，同じ WAIS スコアの人がいるので，異なる共変量パターンは $m = 17$ 個である（表 7.9）．第 i 共変量パターンには n_i 人の被験者が属し，そのうち Y_i 人に老化の症状が認められたとしよう．データにロジスティック回帰モデル

$$\log\left(\frac{\pi_i}{1-\pi_i}\right) = \beta_1 + \beta_2 x_i; \quad Y_i \sim binomial(n_i, \pi_i), i = 1, \ldots, m$$

表 7.8 54名の老人における WAIS スコア (x) と老化症状の有無（症状あり $s = 1$，なし $s = 0$）の関係

x	s	x	s	x	s	x	s	x	s
9	1	7	1	7	0	17	0	13	0
13	1	5	1	16	0	14	0	13	0
6	1	14	1	9	0	19	0	9	0
8	1	13	0	9	0	9	0	15	0
10	1	16	0	11	0	11	0	10	0
4	1	10	0	13	0	14	0	11	0
14	1	12	0	15	0	10	0	12	0
8	1	11	0	13	0	16	0	4	0
11	1	14	0	10	0	10	0	14	0
7	1	15	0	11	0	16	0	20	0
9	1	18	0	6	0	14	0		

表 7.9 共変量 x (WAIS スコア),老化症状ありの人数 (y),推定確率 $(\hat{\pi})$,ピアソン残差 (X),逸脱度残差 (d)

x	y	n	$\hat{\pi}$	X	d
4	1	2	0.751	−0.826	−0.766
5	1	1	0.687	0.675	0.866
6	1	2	0.614	−0.330	−0.326
7	2	3	0.535	0.458	0.464
8	2	2	0.454	1.551	1.777
9	2	6	0.376	−0.214	−0.216
10	1	6	0.303	−0.728	−0.771
11	1	6	0.240	−0.419	−0.436
12	0	2	0.186	−0.675	−0.906
13	1	6	0.142	0.176	0.172
14	2	7	0.107	1.535	1.306
15	0	3	0.080	−0.509	−0.705
16	0	4	0.059	−0.500	−0.696
17	0	1	0.043	−0.213	−0.297
18	0	1	0.032	−0.181	−0.254
19	0	1	0.023	−0.154	−0.216
20	0	1	0.017	−0.131	−0.184
和	14	54			
			2 乗和	8.084*	9.418*

*丸め誤差のため,ここでの値は,本文中で述べた X^2 および D の値とわずかに異なる.

を当てはめてみると,

$$b_1 = 2.404, \text{ s.e.}(b_1) = 1.192$$
$$b_2 = -0.3235, \text{ s.e.}(b_2) = 0.1140$$
$$X^2 = \sum X_i^2 = 8.083, \quad D^2 = \sum d_i^2 = 9.419$$

という結果を得た.

$m = 17$ 個の共変量パターンに対して $p = 2$ 個のパラメータからなるモデルなので,X^2 および D^2 は $\chi^2(15)$ と比べられることになる.この基準では,モデルはよく当てはまっているように思われる.

WAIS スコアを含めない最小モデルの最大対数尤度は $l(\tilde{\pi}, \mathbf{y}) = -30.9032$ であり,含めたモデルでの最大対数尤度は $l(\hat{\pi}, \mathbf{y}) = -25.5087$ である.したがって,$C = 10.789$ と計算されるが (7.5 節),この値は $\chi^2(1)$ の分布と比較して非常に大きな値なので,傾きのパラメータは必要であると言える.しかし,

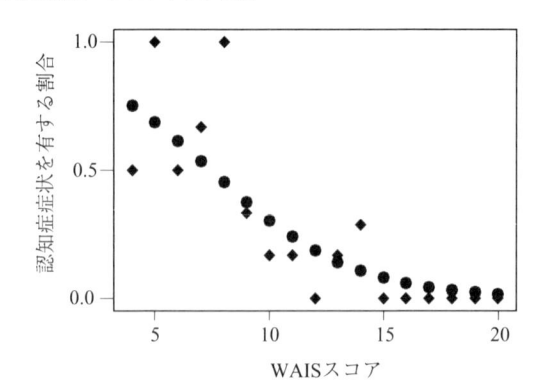

図 **7.5** 老化症状の有無と WAIS スコアの関係（表 7.8 および表 7.9 のデータ）：●は期待確率，◆は観測された相対度数を表す

擬似 $R^2 = 0.17$ より，このモデルだけでデータを十分説明できているわけではない（つまり，WAIS スコアだけでは反応変数を十分説明できない）．

図 7.5 は，17 個の各共変量パターンにおける観測された相対度数 y_i/n_i および（モデルの当てはめから計算される）期待確率 $\hat{\pi}_i$ を縦軸に，WAIS スコア x を横軸にプロットしたものである．

表 7.9 には，共変量パターンと対応する $\hat{\pi}_i$，そして式 (7.7) や (7.8) から計算される残差がまとめられている．

残差の値および残差プロット（ここでは示されていない）から，特に異常な観測値はないことが確認できる．しかし各共変量パターンにおける観測値の数が少ないので，残差を評価することは若干難しい．ホズマー・レメショウの

表 **7.10** 表 7.9 のデータに対するホズマー・レメショウ検定：$\hat{\pi}$ の値で分類したグループにおける観測度数 (o) および期待度数 (e)

$\hat{\pi}$ の値		≤ 0.107	$0.108-0.303$	>0.303
対応する x の値		$14-20$	$10-13$	$4-9$
症状ありの人数	o	2	3	9
	e	1.335	4.479	8.186
症状なしの人数	o	16	17	7
	e	16.665	15.521	7.814
合計人数		18	20	16

方法で若干問題は単純になる．表 7.10 では，54 人の被験者が $\hat{\pi}_i$ の大きさ順に，$g = 3$ つのグループに分割されている．各グループの被験者数はそれぞれ 18 人，20 人，16 人であり，大雑把に等しい数になるようグループ化されている．症状ありの期待度数は $\sum n_i \hat{\pi}_i$，症状なしの期待度数は $\sum n_i (1 - \hat{\pi}_i)$ として，それぞれ表 7.9 から計算される．表 7.10 の $g \times 2 = 6$ 個のセルの e がそれらを表している．これらからホズマー・レメショウ統計量を計算すると，$X_{HL}^2 = \sum \left[(o - e)^2 / e \right] = 1.15$ となるが，$\chi^2 (1)$ 分布のもとでは特に大きな値ではない．

7.9 演習問題

7.1 表 7.11 は，広島の原子爆弾に被爆した生存者を対象として，白血病による死亡者数およびその他のがんによる死亡者数を，被爆放射線量別にまとめたものである．1950 年に 25-64 歳であった生存者を対象に，1950-59 年の間の死亡者数が記録されている（出典：Cox and Snell (1981) のデータセット 13. 原データは Otake (1979) による）．被爆放射線量と白血病死亡率の間の用量反応関係を説明できるような適当なモデルを見つけよ．

表 **7.11** 被爆放射線量と，白血病および白血病以外のがんによる死亡数の関係（広島の原爆データ）

死因	放射線量（rads）					
	0	1-9	10-49	50-99	100-199	200+
白血病	13	5	5	3	4	18
その他のがん	378	200	151	47	31	33
合計	391	205	156	50	35	51

7.2 オッズ比 (odds ratio)．ある汚染物質に曝露した人と曝露しなかった人を追跡し，数年後に，ある疾患への罹患の有無を調べる前向き研究を想定しよう．表 7.12 の 2×2 分割表では，群ごとの罹患割合がまとめられている．罹患のオッズは $O_i = \pi_i / (1 - \pi_i)$，$i = 1, 2$，であり，曝露群の非曝露群に対する罹患オッズ比は，

$$\phi = \frac{O_1}{O_2} = \frac{\pi_1 (1 - \pi_2)}{\pi_2 (1 - \pi_1)}$$

で与えられる．これは，両群における疾患の相対的な起こりやすさの尺度となっている．
(a) 単純なロジスティックモデル $\pi_i = e^{\beta_i} / \left(1 + e^{\beta_i} \right)$ について，もし曝露群と非曝露群間の差がなければ（すなわち $\beta_1 = \beta_2$ ならば），$\phi = 1$ となることを示せ．

表 7.12 曝露と罹患の関係を要約した 2×2 表（前向き研究）

	罹患あり	罹患なし
曝露群	π_1	$1 - \pi_1$
非曝露群	π_2	$1 - \pi_2$

(b) 表 7.12 のような 2×2 表が J 個あり，それぞれがある要因の水準 $x_j, j = 1, ..., J$ に対応している場合を考えよう．ロジスティック回帰モデルでは，

$$\pi_{ij} = \frac{\exp(\alpha_i + \beta_i x_j)}{1 + \exp(\alpha_i + \beta_i x_j)}, \quad i = 1, 2, \quad j = 1, ..., J$$

と表せる．もし $\beta_1 = \beta_2$ ならば，すべての表で $\log \phi$ は同じになることを示せ (McKinlay (1978))．

7.3 表 7.13 および表 7.14 では，1938–1947 年の間にアデレード大学を卒業した男女の，卒業から 50 年後の生存状況が，在籍当時の学部別にまとめられている（J.A. Keats によりまとめられたデータである）．S の列は生存者の数，T の列は卒業者の数を表している．医学部および工学部では，解析に十分な数の女子卒業生が存在しなかったため，表 7.14 からは削除されている．このとき，

(a) 卒業後 50 年間生存した人の割合は，すべての卒業年度で同じか？
(b) 卒業後 50 年間生存した男子の割合は，すべての学部で同じか？
(c) 卒業後 50 年間生存した女子の割合は，文学部と理学部で同じか？
(d) 卒業後 50 年間生存した割合の男女差は，文学部と理学部で同じか？

7.4 $l(\mathbf{b}_{\min})$ は最小モデル（線形予測子は $\mathbf{x}^T \boldsymbol{\beta} = \beta_1$）の最大対数尤度を，$l(\mathbf{b})$ はより一般的なモデル（線形予測子は $\mathbf{x}^T \boldsymbol{\beta} = \beta_1 + \beta_2 x_1 + \cdots + \beta_p x_{p-1}$）の最大対数尤度をそれぞれ表すものとする．

(a) 尤度比カイ 2 乗統計量は，

$$C = 2[l(\mathbf{b}) - l(\mathbf{b}_{\min})] = D_0 - D_1$$

となることを示せ．ただし，D_0 は最小モデルの逸脱度，D_1 はより一般的なモデルの逸脱度をそれぞれ表す．

(b) もし $\beta_2 = \ldots = \beta_p = 0$ ならば，C は自由度 $p-1$ の中心カイ 2 乗分布に従うことを示せ．

表 7.13　アデレード大学を卒業した 50 年後の生存者数（男子学生）

卒業年	学部							
	医学部		文学部		理学部		工学部	
	S	T	S	T	S	T	S	T
1938	18	22	16	30	9	14	10	16
1939	16	23	13	22	9	12	7	11
1940	7	17	11	25	12	19	12	15
1941	12	25	12	14	12	15	8	9
1942	24	50	8	12	20	28	5	7
1943	16	21	11	20	16	21	1	2
1944	22	32	4	10	25	31	16	22
1945	12	14	4	12	32	38	19	25
1946	22	34			4	5		
1947	28	37	13	23	25	31	25	35
計	177	275	92	168	164	214	100	139

表 7.14　アデレード大学を卒業した 50 年後の生存者数（女子学生）

卒業年	学部			
	文学部		理学部	
	S	T	S	T
1938	14	19	1	1
1939	11	16	4	4
1940	15	18	6	7
1941	15	21	3	3
1942	8	9	4	4
1943	13	13	8	9
1944	18	22	5	5
1945	18	22	16	17
1946	1	1	1	1
1947	13	16	10	10
計	126	157	58	61

第8章
名義および順序ロジスティック回帰

8.1 はじめに

　反応変数が3つ以上のカテゴリーからなる場合，一般化線形モデルには以下の選択肢がある．第1の選択肢は，前章で述べた2値反応のロジスティック回帰モデルを，多値反応のロジスティック回帰モデルへ拡張することである．反応変数として，名義変数だけでなく順序変数も対象となる．本章ではこのアプローチを解説する．第2の選択肢では，各共変量パターンに対する観測度数を，ポアソン分布に従う反応変数としてモデル化する．次章で**対数線形モデル** (log-linear model) と呼ばれるこのアプローチを解説する．

　観測されたカテゴリー変数群のいずれか1つが反応変数となり，その他は説明変数として扱われる場合は名義（または順序）ロジスティック回帰モデルがよい．一方，カテゴリー変数群がすべて同等に扱われるような場合には対数線形モデルがよい．個々のケースでどちらのモデルを使うかは状況によるだろう．前向き研究 (prospective study) のようにあらかじめ反応変数が定義されている場合には名義（または順序）ロジスティック回帰モデルを使えるであろうし，横断研究 (cross-sectional study) のようにカテゴリー変数間の相互の関連性に関心がある場合には対数線形モデルが適用される．さらに得られた研究結果がどのように解釈・報告されるかもモデル選択に影響を与えるかもしれない．名義（または順序）ロジスティック回帰モデルでは，反応変数と説明変数の関係

はオッズ比として定量化され，交互作用がなければ（あるいは，あっても単純な交互作用であれば）その意味は比較的解釈しやすい．対数線形モデルは，変数間の複雑な交互作用を検定するのには適しているが，パラメータ推定値の意味はやや解釈しにくい．

本章ではまず，多項分布の定義を述べる．この分布は3つ以上のカテゴリーを持つカテゴリーデータをモデル化するときの基礎となる．次いで，名義（または順序）ロジスティック回帰モデルのさまざまな定式化を述べて，パラメータ推定値の解釈やモデル適合度をチェックするための方法を説明する．数値例を用いた説明も行う．

8.2　多項分布

まず J 個のカテゴリーからなる確率変数 Y を考えよう．$\pi_1, \pi_2, \ldots, \pi_J$ を各カテゴリーの生起確率とする（ただし，$\pi_1 + \pi_2 + \ldots + \pi_J = 1$）．いま，$n$ 個の独立な Y の観測値があり，カテゴリー1に y_1 個，カテゴリー2に y_2 個，$\ldots$，カテゴリー J に y_J 個という観測度数が得られたとする．これを，

$$\mathbf{y} = \begin{bmatrix} y_1 \\ y_2 \\ \vdots \\ y_J \end{bmatrix}, \quad \sum_{j=1}^{J} y_j = n$$

と表せば，$\mathbf{y}$ の分布は

$$f(\mathbf{y}\,|\,n) = \frac{n!}{y_1! y_2! \ldots y_J!} \pi_1^{y_1} \pi_2^{y_2} \ldots \pi_J^{y_J} \tag{8.1}$$

となる．この分布は，**多項分布** (multinomial distribution) と呼ばれている．$J = 2$ のときは $\pi_2 = 1 - \pi_1$，$y_2 = n - y_1$ であり，式 (8.1) は2項分布に等しい（式 (7.2) 参照）．一般に，多項分布 (8.1) は指数型分布族の定義式 (3.3) を満たさないが，以下に述べるポワソン分布との関係から，一般化線形モデルによるモデル化が適切である．

$Y_1, Y_2, \ldots, Y_J$ を $Y_j \sim Poisson(\lambda_j)$，$j = 1, \ldots, J$ なる J 個の独立した確率変数としよう．このとき，同時確率分布は，

$$f(\mathbf{y}) = \prod_{j=1}^{J} \frac{\lambda_j^{y_j} e^{-\lambda_j}}{y_j!} \tag{8.2}$$

と表される．ただし，$\mathbf{y} = [y_1, \ldots, y_J]^T$ である．

$n = Y_1 + Y_2 + \ldots + Y_J$ とおけば，$n \sim Poisson(\lambda_1 + \lambda_2 + \ldots + \lambda_J)$ が成り立つ（例えば，Kalbfleisch (1985), p.142）．このとき，n で条件付けられた $\mathbf{y}$ の分布は，

$$f(\mathbf{y}\,|\,n) = \left[\prod_{j=1}^{J} \frac{\lambda_j^{y_j} e^{-\lambda_j}}{y_j!}\right] \Big/ \frac{(\lambda_1 + \ldots + \lambda_J)^n e^{-(\lambda_1 + \ldots + \lambda_J)}}{n!}$$

となり，これは

$$f(\mathbf{y}\,|\,n) = \left(\frac{\lambda_1}{\sum \lambda_k}\right)^{y_1} \cdots \left(\frac{\lambda_J}{\sum \lambda_k}\right)^{y_J} \frac{n!}{y_1! \cdots y_J!} \tag{8.3}$$

と表すことができる．

ここで $\pi_j = \lambda_j \big/ \sum_{k=1}^{J} \lambda_k \, (j = 1, \ldots, J)$ とおけば，$\sum \pi_j = 1$ かつ式 (8.3) は多項分布 (8.1) に等しい．つまり，多項分布のことを「$\sum Y_j = n$ と条件付けしたポアソン変数 $Y_1, Y_2, \ldots, Y_J$ の同時分布」と解釈することができる．この結果により，一般化線形モデルの利用が正当化される．

多項分布 (8.1) では，$E(Y_j) = n\pi_j$，$\text{var}(Y_j) = n\pi_j(1 - \pi_j)$，$\text{cov}(Y_j, Y_k) = -n\pi_j\pi_k$ が成り立つ（例えば，Agresti (1990), p.44 参照）．

本章では J 個の反応カテゴリーを同時に扱うことはせず，むしろ 2 つの反応カテゴリーを比較する．したがって，多項分布ではなく，2 項分布にもとづいたモデル化を考える．

8.3　名義ロジスティック回帰

反応変数が 2 つ以上のカテゴリーを持ち，かつカテゴリー間に自然な順序がない場合にロジスティック回帰モデルを拡張しよう．まず，どれか 1 つのカテゴリーを**基準カテゴリー** (reference category) として選択する．ここでは第 1 カテゴリーとしよう．このとき，他のカテゴリーに対するロジットを，

$$\text{logit}(\pi_j) = \log\left(\frac{\pi_j}{\pi_1}\right) = \mathbf{x}^T \boldsymbol{\beta}_j, \quad j = 2, \ldots, J \tag{8.4}$$

と定義する．この計 $(J-1)$ 個のロジット式より，パラメター $\boldsymbol{\beta}_j$ を推定する．推定値 $\mathbf{b}_j$ が求められれば，線形予測子 $\mathbf{x}^T \mathbf{b}_j$ を計算することができるので，式 (8.4) より確率の推定値を

$$\hat{\pi}_j = \hat{\pi}_1 \exp\left(\mathbf{x}^T \mathbf{b}_j\right), \quad j = 2, \ldots, J$$

と計算することができる．一方，$\hat{\pi}_1 + \hat{\pi}_2 + \ldots + \hat{\pi}_J = 1$ という制約があるので，

$$\hat{\pi}_1 = \frac{1}{1 + \sum_{j=2}^{J} \exp\left(\mathbf{x}^T \mathbf{b}_j\right)}$$

と定まり，したがって，

$$\hat{\pi}_j = \frac{\exp\left(\mathbf{x}^T \mathbf{b}_j\right)}{1 + \sum_{j=2}^{J} \exp\left(\mathbf{x}^T \mathbf{b}_j\right)}, \quad j = 2, \ldots, J$$

と表される．各共変量パターン $\mathbf{x}$ における当てはめ値（すなわち，'期待度数'）を得るには，その共変量パターンの総観測度数に $\hat{\pi}_j$ ($j = 1, \ldots, J$) を掛ければよい．

ピアソンカイ 2 乗残差 (Pearson chi-squared residuals) は，

$$r_i = \frac{o_i - e_i}{\sqrt{e_i}}, \quad i = 1, \ldots, N \tag{8.5}$$

により定義される．ここに o_i は第 i セルの観測度数，e_i は第 i セルの期待度数，N はセルの総数を表し，$N = J \times$（相異なる共変量パターンの数）である．この残差はモデルの妥当性をチェックするために使われる．

多項分布における以下の適合度統計量は，2 項ロジスティック回帰モデルのものと同じである．

(i) **ピアソンカイ 2 乗統計量** (Pearson chi-squared statistic)

$$X^2 = \sum_{i=1}^{N} r_i^2 \tag{8.6}$$

(ii) **逸脱度** (Deviance)

$l(\mathbf{b})$ を当てはめモデルの最大対数尤度，$l(\mathbf{b}_{\max})$ を最大モデルの最大対数尤度とする．このとき，逸脱度は，

$$D = 2\left[l(\mathbf{b}_{\max}) - l(\mathbf{b})\right] \tag{8.7}$$

と定義される.

(iii) **尤度比カイ 2 乗統計量** (Likelihood ratio chi-squared statistic)

　　$l(\mathbf{b})$ を当てはめモデルの最大対数尤度, $l(\mathbf{b}_{\min})$ を最小モデルの最大対数尤度とする. このとき, 尤度比カイ 2 乗統計量は

$$C = 2\left[l(\mathbf{b}) - l(\mathbf{b}_{\min})\right] \tag{8.8}$$

と定義される.

(iv) **擬似 R^2** (Pseudo R^2)

$$\frac{l(\mathbf{b}_{\min}) - l(\mathbf{b})}{l(\mathbf{b}_{\min})} \tag{8.9}$$

と定義される.

　モデルが正しく当てはまっていれば, X^2 と D は漸近的に $\chi^2(N-p)$ に従う. ただし, p はモデルに含まれるパラメータの総数とする. 一方, C は漸近的に $\chi^2(p-(J-1))$ に従う. なぜなら式 (8.4) の各ロジットは最小モデルでは 1 つずつのパラメータを含むので, 名義ロジスティック回帰モデルの最小モデルのパラメータ数はロジットの総数 (ここでは $J-1$) に等しくなるためである.

　ところで, 説明変数の効果は, パラメータ β を直接見るよりもオッズ比の形にした方が解釈しやすい. 単純化のため, 反応変数は J 個のカテゴリーからなる名義尺度, 説明変数は 2 値変数 x ($x=1$ はある要因に曝露しており, $x=0$ は曝露してないことを示す) のみからなるケースを考えよう. 反応 j ($j=2,\ldots,J$) の反応 1 に対するオッズ (π_j/π_1) を, 要因への曝露の有無で比較したオッズ比は,

$$OR_j = \frac{\pi_{jp}}{\pi_{1p}} \bigg/ \frac{\pi_{ja}}{\pi_{1a}}, \quad j = 2, \ldots, J$$

となる. ただし, π_{jp} は要因への曝露があるとき (present) に反応 j を起こす確率, π_{ja} は要因への曝露がないとき (absent) に反応 j を起こす確率を表す. 反応変数と説明変数 x の関係はロジスティックモデルでは,

$$\log\left(\frac{\pi_j}{\pi_1}\right) = \beta_{0j} + \beta_{1j}x, \quad j = 2, \ldots, J$$

となるが, これから要因への曝露の有無別の対数オッズは

$$\log\left(\frac{\pi_{ja}}{\pi_{1a}}\right) = \beta_{0j}, \quad x = 0 \text{ (曝露なし)}$$

$$\log\left(\frac{\pi_{jp}}{\pi_{1p}}\right) = \beta_{0j} + \beta_{1j}, \quad x = 1 \text{ (曝露あり)}$$

となる.したがって,対数オッズ比は

$$\log OR_j = \log\left(\frac{\pi_{jp}}{\pi_{1p}}\right) - \log\left(\frac{\pi_{ja}}{\pi_{1a}}\right) = \beta_{1j}$$

と書け,ゆえに $OR_j = \exp(\beta_{1j})$ となる.これは $\exp(b_{1j})$ により推定される.もし $\beta_{1j} = 0$ ならば $OR_j = 1$ となるので,要因への曝露の有無は影響しないと結論できる.また,OR_j の95%信頼限界は,$\exp[b_{1j} \pm 1.96 \times \text{s.e.}(b_{1j})]$ により与えられる.ただし,s.e.(b_{1j}) は b_{1j} の標準誤差である.OR_j の信頼区間が1を含まないことと β_{1j} が有意に0と異なることは同値である.

名義ロジスティック回帰では,説明変数はカテゴリー変数でも連続変数でもよい.また,反応変数の J 個のカテゴリーのどれを基準カテゴリーにするかで,パラメータ推定値 $\mathbf{b}$ は変化するが,確率の推定値(当てはめ値)$\hat{\boldsymbol{\pi}}$ は変化しない.名義ロジスティック回帰の主な特徴を次の例で説明しよう.

8.3.1 例:自動車装備に対する嗜好調査

McFaddenらは,自動車のドライバーに対し,安全性や自動車装備への嗜好に関する聞き取り調査を実施した (McFadden et al. (2000)).総数300人に対する調査を行い,車を買うときに重視する特徴を質問した.表8.1はエアコン

表 8.1 エアコンとパワーステアリングの重要性(カッコ内の数字は行%*)

性別	年齢(歳)	反応			計
		重要でない/ あまり重要でない	重要	非常に重要	
女性	18-23	26 (58%)	12 (27%)	7 (16%)	45
	24-40	9 (20%)	21 (47%)	15 (33%)	45
	>40	5 (8%)	14 (23%)	41 (68%)	60
男性	18-23	40 (60%)	17 (26%)	8 (12%)	65
	24-40	17 (39%)	15 (34%)	12 (27%)	44
	>40	8 (20%)	15 (37%)	18 (44%)	41
計		105	94	101	300

*丸め誤差のため,行%の合計は必ずしも100とならない.

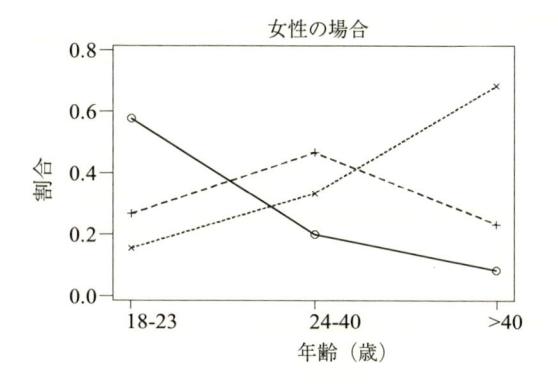

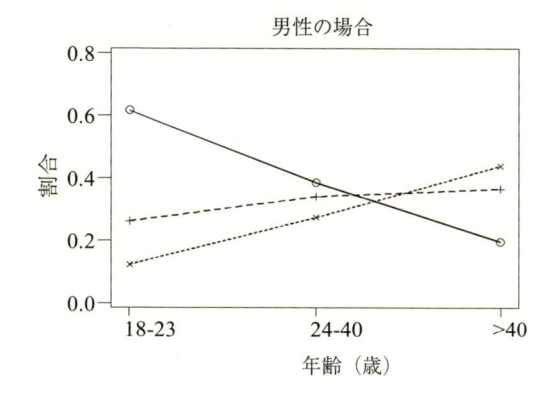

図 8.1 車を買うときにエアコンおよびパワーステアリングを重視する割合．回答者の年齢 (18–23, 24–40, >40) および性別（男性，女性）の組合せで定義される 6 カテゴリーごとの割合を示している．実線は'重要でない/あまり重要でない'，破線は'重要である'，点線は'非常に重要である'を表す

およびパワーステアリングを購買時にどれだけ重視するかについての調査結果をまとめたものである．調査において，重視の度合い（'反応'と呼ぼう）は「重要でない」，「あまり重要でない」，「重要である」，「非常に重要である」の 4 カテゴリーに分類されていたが，ここでは「重要でない」と「あまり重要でない」を併合している．

図 8.1 は，性別と年齢の組合せで定義される計 6 個のカテゴリーごとに'反応'の割合を図示したものである．反応には自然な順序がついているが（つまり順序変数であるが），ここではそれを無視して名義変数として扱うことにする．さ

表 **8.2** 表 8.1 のデータに名義ロジスティックモデル (8.10) を当てはめた結果

パラメータ β	推定値 b（標準誤差）	オッズ比 $OR = e^b$ (95%信頼区間)
$\log(\pi_2/\pi_1)$：「重要」vs.「重要でない/あまり重要でない」		
β_{02}：定数	$-0.591\,(0.284)$	
β_{12}：男性	$-0.388\,(0.301)$	$0.68\,(0.38, 1.22)$
β_{22}：24-40 歳	$1.128\,(0.342)$	$3.09\,(1.58, 6.04)$
β_{32}：>40 歳	$1.588\,(0.403)$	$4.89\,(2.22, 10.78)$
$\log(\pi_3/\pi_1)$：「非常に重要」vs.「重要でない/あまり重要でない」		
β_{03}：定数	$-1.039\,(0.331)$	
β_{13}：男性	$-0.813\,(0.321)$	$0.44\,(0.24, 0.83)$
β_{23}：24-40 歳	$1.478\,(0.401)$	$4.38\,(2.00, 9.62)$
β_{33}：>40 歳	$2.917\,(0.423)$	$18.48\,(8.07, 42.34)$

らに反応の基準カテゴリーは「重要でない / あまり重要でない」とする．年齢も順序変数であるが，同様に無視して名義変数として扱う．

表 8.2 は「女性」,「年齢 18-23 歳」をそれぞれの説明変数の基準 (reference) カテゴリーと定義して，名義ロジスティックモデル

$$\log\left(\frac{\pi_j}{\pi_1}\right) = \beta_{0j} + \beta_{1j}x_1 + \beta_{2j}x_2 + \beta_{3j}x_3, \quad j = 2, 3 \qquad (8.10)$$

を当てはめた結果である．ただし，

$$x_1 = \begin{cases} 1 & 男性 \\ 0 & 女性 \end{cases}, \quad x_2 = \begin{cases} 1 & 24\text{-}40 \\ 0 & それ以外 \end{cases}, \quad x_3 = \begin{cases} 1 & >40 \\ 0 & それ以外 \end{cases}$$

としている．

最小モデル（2 つのパラメータ β_{02}, β_{03} のみからなる）の最大対数尤度は -329.07，モデル (8.10) を当てはめたときの最大対数尤度は -290.35，ゆえに尤度比カイ 2 乗統計量 $C = 2 \times (-290.35 + 329.27) = 77.84$，擬似 $R^2 = (-329.27 + 290.35)/(-329.27) = 0.118$ と計算される．C の自由度は 6（当てはめモデルのパラメータ数 8 − 最小モデルのパラメータ数 2）なので，77.84 という値はモデル (8.10) のデータへの適合が，最小モデルに比べて有意に改善していることを意味している．一方で，擬似 R^2 の値は，モデル (8.10) ではデータの '全変動' のわずか 11.8% しか '説明' できていないことを示している．ワルド統計量 $[b/\text{s.e.}(b)]$，オッズ比およびその 95 %信頼区間から，年齢層が上昇

するにつれ，エアコンおよびパワーステアリングを購買時の重要な要素と考えていることがわかる（5％水準で有意）．また，男性は女性に比べてそれらを重要視しない傾向にあることがわかる．ただし性差については有意な結果ではなく，またいくつかのセルで度数が小さくなっているので，正しい結果を反映しているかどうかはわからない．

次に各カテゴリーの確率（当てはめ値）を計算しよう．「女性 $(x_1 = 0)$, 年齢 18–23 歳 $(x_2 = 0, x_3 = 0)$」に対しては，

$$\log\left(\frac{\hat{\pi}_2}{\hat{\pi}_1}\right) = -0.591 \quad \Rightarrow \quad \frac{\hat{\pi}_2}{\hat{\pi}_1} = e^{-0.591} = 0.5539$$

$$\log\left(\frac{\hat{\pi}_3}{\hat{\pi}_1}\right) = -1.039 \quad \Rightarrow \quad \frac{\hat{\pi}_3}{\hat{\pi}_1} = e^{-1.039} = 0.3538$$

となり，これらと $\hat{\pi}_1 + \hat{\pi}_2 + \hat{\pi}_3 = 1$ から，$\hat{\pi}_1 = 0.524, \hat{\pi}_2 = 0.290, \hat{\pi}_3 = 0.186$ を得る．同様に「男性 $(x_1 = 1)$, 年齢 >40 $(x_2 = 0, x_3 = 1)$」に対しては，$\log(\hat{\pi}_2/\hat{\pi}_1) = -0.591 - 0.388 + 1.588 = 0.609, \log(\hat{\pi}_3/\hat{\pi}_1) = -1.039 - 0.813 + 2.917 = 1.065$ となり，$\hat{\pi}_1 = 0.174, \hat{\pi}_2 = 0.320, \hat{\pi}_3 = 0.505$ を得る．このようにして求められた確率に，性別×年齢の各カテゴリーの総度数を掛ければ，そのカテゴリーにおける期待度数が得られる．これをまとめたものが表 8.3 である．表には各カテゴリーのピアソン残差も一緒に示されている．これよりピアソンカイ 2 乗統計量（ピアソン残差の平方和）は $X^2 = 3.93$ となる．

このデータに最大モデルを当てはめる場合，年齢，性別，年齢×性別の項が必要である．$j = 2, 3$ のおのおのについて，6 個のパラメータ（定数に 1 個，性別に 1 個，年齢に 2 個，年齢×性別に 2 個）が必要なので，最大モデルは計 12 個のパラメータからなる．最大モデルに対する最大対数尤度は -288.38 となるので，当てはめモデル (8.10) の逸脱度は $D = 2 \times (-288.38 + 290.35) = 3.94$ と計算される．D の自由度は 4（=最大モデルのパラメータ数 12 − 当てはめモデルのパラメータ数 8）である．また，予想されるように $D = 3.94$ と $X^2 = 3.93$ の値は非常に近い．$\chi^2(4)$ の分布と比べた場合，これらの値はモデル (8.10) がデータをよく説明していることを示している．

別のモデルとして，年齢を共変量とした場合を考える．ここで，年齢は次のようにスコア化して扱う．

表 8.3 表 8.2 の推定値にもとづく結果

性別	年齢	重要性*	観測度数	推定確率	当てはめ値	Pearson 残差
女性	18–23	1	26	0.524	25.59	0.496
		2	12	0.290	13.07	−0.295
		3	7	0.186	8.35	−0.466
	24–40	1	9	0.234	10.56	−0.479
		2	21	0.402	18.07	0.690
		3	15	0.364	16.37	−0.340
	>40	1	5	0.098	5.85	−0.353
		2	14	0.264	15.87	−0.468
		3	41	0.638	38.27	0.440
男性	18–23	1	40	0.652	42.41	−0.370
		2	17	0.245	15.93	0.267
		3	8	0.102	6.65	0.522
	24–40	1	17	0.351	15.44	0.396
		2	15	0.408	17.93	−0.692
		3	12	0.241	10.63	0.422
	>40	1	8	0.174	7.15	0.320
		2	15	0.320	13.13	0.515
		3	18	0.505	20.72	−0.600
計			300		300	
平方和						3.931

*1：重要でない/あまり重要でない，2：重要，3：非常に重要．

$$x_1 = \begin{cases} 1 & \text{男性} \\ 0 & \text{女性} \end{cases}, \quad x_2 = \begin{cases} 0 & 18\text{–}23 \\ 1 & 24\text{–}40 \\ 2 & >40 \end{cases}$$

とし，モデルを

$$\log\left(\frac{\pi_j}{\pi_1}\right) = \beta_{0j} + \beta_{1j} x_1 + \beta_{2j} x_2, \quad j = 2, 3 \tag{8.11}$$

と定義する．このモデルは6個のパラメータからなるが，最大対数尤度は -291.05 なので，モデル (8.10) の最大対数尤度とあまり変わらない．実際，両モデルの逸脱度の差は，

$$\Delta D = 2 \times (-290.35 + 291.05) = 1.4$$

であり，この値は $\chi^2(2)$ と比べて有意な値ではない．データ適合度の点ではモデル (8.10) とモデル (8.11) は大差ないが，後者の方がパラメータ数が2つ少ないのでより望ましいと言える．

8.4 順序ロジスティック回帰

もし反応変数のカテゴリー間に自然な順序が存在すれば，それをモデルに取り込むことが可能である．例えば，8.3.1 項の自動車装備の嗜好調査の解析において名義反応変数として扱った「エアコンとパワーステアリングの重要性」は，実際には '必要なし' から '非常に重要' の 4 段階に順序付けされていた．このような順序付けされた反応 (ordinal response) は，主観的な指標 (soft measures) をよく用いる領域，例えば市場調査，世論調査，精神医学といった分野でよく見うけられる (Ashby et al. (1989))．

一方，疾患重症度などのように，概念的にはある状態を測る連続的な**潜在変数** (latent variable) z が存在すると考えられるが，それを計測することは困難であるというような場合が往々にしてある．そのような場合，潜在変数の代わりに適当な J 個のカテゴリーを設け，そのいずれかに振り分けることがしばしば行われる．しかし，これは変数 z に区分点 (cut-point) $C_1, \ldots, C_{J-1}$ を設け，それに従って z の値を（大まかに）計測していることに相当する．例えば，疾患重症度では，患者を '罹患なし'，'軽度'，'中程度'，'重度' のカテゴリーに振り分けることは，重症度の潜在変数 z を計測する代わりになっていると考えられる．もし，患者を '罹患なし' に振り分けたときは，その人の z の値は小さいことを意味する．'軽度' または '中程度' に振り分けたときは，z の値はより大きいだろうし，'重度' のときは，z は高値であることを意味する（図 8.2 参

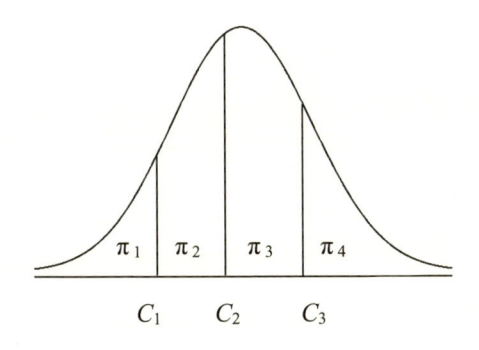

図 **8.2** 連続的な潜在変数の分布．図の 3 つの区分点によって，順序カテゴリー変数が定義される

照).区分点 $C_1, \ldots, C_{J-1}$ により J 個の順序カテゴリーおよび対応する確率 $\pi_1, \ldots, \pi_J$ $(\sum_{j=1}^{J} \pi_j = 1)$ が定義される.

いろいろと他の要素が絡んでくることも多いため,すべての順序変数をこのように扱うことはできないが,それでも上記の考え方を統計モデルの解釈に生かすことは可能であろう.順序カテゴリーについては,いくつかの代表的なモデルが存在するが,これを次節で述べる.

8.4.1 累積ロジットモデル

第 j カテゴリーに対する累積オッズ[†] を,

$$\frac{P(z > C_j)}{P(z \leq C_j)} = \frac{\pi_{j+1} + \ldots + \pi_J}{\pi_1 + \pi_2 + \ldots + \pi_j}, \quad j = 1, \ldots, J-1$$

と定義する(図 8.2).このとき,**累積ロジットモデル** (cumulative logit model) を

$$\log \frac{P(z > C_j)}{P(z \leq C_j)} = \mathbf{x}^T \boldsymbol{\beta}_j, \quad j = 1, \ldots, J-1 \tag{8.12}$$

で定義する.

8.4.2 比例オッズモデル

累積ロジットモデル (8.12) のパラメータベクトル $\boldsymbol{\beta}_j = (\beta_{0j}, \beta_{1j}, \ldots, \beta_{p-1,j})^T$ において,切片項 β_{0j} だけが j に依存し,それ以外は j に依存しないような場合,

$$\log \frac{P(z > C_j)}{P(z \leq C_j)} = \beta_{0j} + \beta_1 x_1 + \ldots + \beta_{p-1} x_{p-1} \tag{8.13}$$

と簡略化される.このモデルは特に**比例オッズモデル** (proportional odds model) と呼ばれている.このモデルでは説明変数 $x_1, \ldots, x_{p-1}$ の効果がすべての分割 $\{z \leq C_j, z > C_j\}$, $j = 1, \ldots, J-1$, について一定であることを仮定している.図 8.3 は,$J=4$ カテゴリーの反応変数および 1 つの連続説明変数 x からなる比例オッズモデルを表している.縦軸は対数オッズ(ロジット)スケールで,x の効果は切片項 β_{0j} の分だけ平行移動されている.

[†] 原著では,累積ロジットモデルや比例オッズモデルの累積オッズは $P(z \leq C)/P(z > C_j)$ として定義されている.しかし,図 8.3 や 8.4.6 項のパラメータ推定における比例オッズモデルは,小さいカテゴリー番号を分母とする $P(z > C)/P(z \leq C_j)$ を累積ロジットと考えており,一貫性がなく混乱を招きかねない.そこで本書では小さいカテゴリー番号を分母とする扱い方に統一した.そのため,原著 8.4 節の関係箇所の修正を一部行なっている.

8.4 順序ロジスティック回帰　175

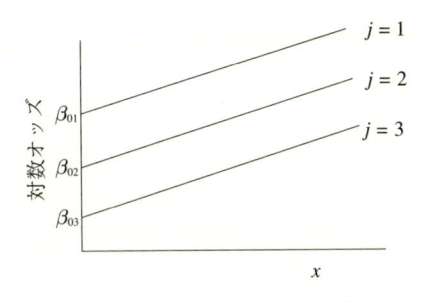

図 8.3　比例オッズモデル（対数オッズスケール）

名義ロジスティック回帰モデル (8.4) と同様に，説明変数 x_k の 1 単位の増加にともなうオッズ比は $\exp(x_k)$ で与えられる ($k = 1, \ldots, p-1$)．

いくつかの隣り合うカテゴリーを合併しても，モデル (8.13) の $\beta_1, \ldots, \beta_{p-1}$ の推定値は変化しない．この性質は**併合可能性** (collapsibility property) と呼ばれ (Ananth and Kleinbaum (1997))，区分点 C_j と説明変数 x_k の独立性を示す望ましい性質である．

また，反応変数のカテゴリーの順序を逆方向に定義してもパラメータの符号が変化するだけであることも比例オッズモデルの望ましい性質と言えよう．

もし説明変数が 1 つだけなら，モデル (8.12) と (8.13) を比較することで，比例オッズモデルの仮定が適切かどうかチェックできる．複数の説明変数があるときは，各変数ごとにチェックすればよいだろう．

統計ソフトウェアで順序ロジスティック回帰を実行する際，通常は比例オッズモデルが第一選択肢となる．

8.4.3　隣接カテゴリーロジットモデル

累積ロジットモデルの他の選択肢としては，反応変数の隣り合うカテゴリーの確率の比，例えば，

$$\frac{\pi_2}{\pi_1}, \frac{\pi_3}{\pi_2}, \ldots, \frac{\pi_J}{\pi_{J-1}}$$

に対して，

$$\log\left(\frac{\pi_{j+1}}{\pi_j}\right) = \mathbf{x}^T \boldsymbol{\beta}_j, \quad j = 1, \ldots, J-1 \tag{8.14}$$

とすることが考えられる．これは**隣接カテゴリーロジットモデル** (adjacent category logit model) と呼ばれる．もし，

$$\log\left(\frac{\pi_{j+1}}{\pi_j}\right) = \beta_{0j} + \beta_1 x_1 + \ldots + \beta_{p-1} x_{p-1}, \quad j = 1, \ldots, J-1$$

と単純化すれば，任意の隣り合うカテゴリーの組合せにおいて，各反応変数の影響は同一という仮定になる．$OR = \exp(\beta_k)$ はオッズ比として解釈される．

8.4.4 連続比ロジットモデル

オッズとして，

$$\frac{\pi_2}{\pi_1}, \frac{\pi_3}{\pi_1+\pi_2}, \ldots, \frac{\pi_J}{\pi_1+\ldots+\pi_{J-1}}$$

または，

$$\frac{\pi_2+\ldots+\pi_J}{\pi_1}, \frac{\pi_3+\ldots+\pi_J}{\pi_2}, \ldots, \frac{\pi_J}{\pi_{J-1}}$$

を考える．後者の場合，

$$\log\left(\frac{\pi_{j+1}+\ldots+\pi_J}{\pi_j}\right) = \mathbf{x}^T \boldsymbol{\beta}_j, \quad j = 1, \ldots, J-1 \tag{8.15}$$

とモデル化すれば，これは $z > C_{j-1}$ という条件の下での，$z > C_j$ の対数オッズを表している．例えば，8.3.1 項の自動車装備の嗜好調査のデータで

$$\log\left(\frac{\pi_2+\pi_3}{\pi_1}\right)$$

とすれば，これは「重要である」対「重要でない」のオッズを表し，

$$\log\left(\frac{\pi_3}{\pi_2}\right)$$

とすれば，これは重要であるまたは非常に重要であるという条件の下での，「非常に重要である」のオッズを表していることになる．

もし個々のカテゴリーの確率 π_j に興味があれば，このモデルは比例オッズモデルよりも解釈しやすいかもしれない（Agresti (1996) の 8.3.4 項参照）．

8.4.5 コメント

順序ロジスティック回帰モデルに対する仮説検定として，入れ子モデルとの比較や，個々のパラメータにもとづいてワルド検定（使用頻度は低いがスコア検定も）を使うことができる．残差や適合度のチェックも名義ロジスティック回帰の場合と同様に行うことができる（8.3 節参照）．

順序データに対して，どのモデルを選択するかは扱っている個々の問題に大きく依存する．本章で述べたモデルとその他のモデルとの比較は，Holtbrugger and Schumacher (1991) や Ananth and Kleimbaum (1997) などを参照してほしい．

8.4.6 例：自動車装備に対する嗜好調査

表 8.1 のデータにおいて，反応変数はもちろん順序変数である．次の比例オッズモデルをデータに当てはめてみよう．

$$\log\left(\frac{\pi_2 + \pi_3}{\pi_1}\right) = \beta_{01} + \beta_1 x_1 + \beta_2 x_2 + \beta_3 x_3$$
$$\log\left(\frac{\pi_3}{\pi_1 + \pi_2}\right) = \beta_{02} + \beta_1 x_1 + \beta_2 x_2 + \beta_3 x_3 \quad (8.16)$$

ただし，x_1, x_2, x_3 はモデル (8.10) の下で定義されているとおりとする．

パラメータの推定結果は表 8.4 にまとめられている．モデル (8.16) の最大対数尤度は，$l(\mathbf{b}) = -290.648$ であり，最小モデル（β_{01} と β_{02} だけからなる）の最大対数尤度は $l(\mathbf{b}_{\min}) = -329.272$ である．したがって，$C = 2 \times (-290.648 + 329.272) = 77.248$（式 (8.8) 参照），擬似 $R^2 = (-329.272 + 290.648)/(-329.272) = 0.117$（式 (8.9) 参照）と計算される．

この例では，比例オッズモデルのパラメータ推定値は，名義ロジスティック回

表 **8.4** 表 8.1 のデータに比例オッズ順序回帰モデル (8.16) を当てはめた結果

パラメータ	推定値 b	標準誤差 s.e.(b)	オッズ比 OR (95%信頼区間)
β_{02}：切片 2	-1.655	0.256	
β_{01}：切片 1	-0.044	0.232	
β_1：男性	-0.576	0.226	0.56 (0.36, 0.88)
β_2：24–40	1.147	0.278	3.15 (1.83, 5.42)
β_3：>40	2.232	0.291	9.32 (5.28, 16.47)

帰モデルのそれに近い値となっている（表8.2）．各カテゴリーの確率の推定値（当てはめ値）についても同様である．例えば，「女性 ($x_1 = 0$)，年齢 18‒23 歳 ($x_2 = 0, x_3 = 0$)」に対しては，式 (8.16) より $\log\left(\dfrac{\hat{\pi}_2 + \hat{\pi}_3}{\hat{\pi}_1}\right) = \hat{\beta}_{01} = -0.0435$，$\log\left(\dfrac{\hat{\pi}_3}{\hat{\pi}_1 + \hat{\pi}_2}\right) = \hat{\beta}_{02} = -1.6550$ と計算される．これらと $\hat{\pi}_1 + \hat{\pi}_2 + \hat{\pi}_3 = 1$ から，「女性かつ年齢 18‒23 歳」に対する確率 $\hat{\pi}_1 = 0.5109$，$\hat{\pi}_2 = 0.3287$，$\hat{\pi}_3 = 0.1604$ を得る．その他の共変量パターンについても同様の計算が可能であり，さらに期待度数，残差，適合度統計量などを求めることができる．

比例オッズモデルを仮定した場合，ピアソンカイ2乗統計量は $X^2 = 4.564$ となる．比例オッズモデルは5個のパラメータを持ち，最大モデルは12個のパラメータを持つので X^2 の自由度は7となるが，X^2 値は $\chi^2(7)$ 分布と矛盾しないので，比例オッズモデルはデータをよく説明している．

この例では，比例オッズモデルは，名義ロジスティック回帰モデルに似た結果を与えている．パラメータ数の節約という観点では，式 (8.16) の方が単純かつ反応変数の順序性を考慮しているので，より望ましいモデルと言えるかもしれない．

8.5　一般的なコメント

本章で取り上げたモデルは，2値データに対するロジスティック回帰モデルを発展させたものであるが，別の連結関数，例えばプロビット関数や complementary log-log 関数を使うこともできる．もし，順序反応変数のカテゴリーが，ある潜在変数 z の大雑把な測定値として実現されている場合は（図 8.2 のように），最適な連結関数は z の分布の形状に依存するかもしれない (McCullagh (1980))．例えば，z の分布が対称であればロジットやプロビットの仮定が妥当であろうし，分布が歪んでいれば complementary log-log 関数の方が望ましいかもしれない．

もし反応変数のカテゴリー間の順序付けが難しいようであれば，順序性を仮定した如何なるモデルよりも，名義ロジスティック回帰モデルの方が一般に望ましい．名義モデルの方がパラメータ数が多いので，D や X^2 といった適合度

統計量の自由度は順序モデルより小さくなり，検出力は小さくなる．しかしながら，（自動車装備に対する調査例のように）順序モデルと同じような結果が得られることが多いであろう．

統計的推測に利用される推定法や統計量の標本分布には，漸近的な結果が利用される．

小標本からなる研究であるとか，たくさんの共変量パターンがあって，各パターンの観測数が少ないような場合には，漸近的な結果が近似として利用できないかもしれない．

3つ以上の反応カテゴリーを持つロジスティックモデルが統計ソフトウェアで利用可能となったのは，せいぜい90年代以降のことである．ある研究における変数群のうち，いずれか1つの変数を反応変数，その他を説明変数として考えることができれば，モデルの意味するところは比較的解釈しやすいため，利用が増加した．もし，例えば，横断データの分割表のように，反応・説明変数の区別が難しいようであれば，対数線形モデルを利用するほうが適切かもしれない．これらについては第9章で議論する．

8.6 演習問題

8.1 反応カテゴリーが $J = 2$ 個だけからなる場合，モデル (8.4), (8.12), (8.14), (8.15) はすべて2値データに対するロジスティック回帰モデルに帰着することを示せ．

8.2 表8.5のデータは，コペンハーゲンの住宅事情に対する満足度調査からとられたものである（出典：Cox and Snell (1981) のExample Wのデータ．原データはMadsen (1971))．調査は1960-68年に建設された借家住宅に現在住んでいるある地域の住民に対して実施され，住宅に対する満足度および他の住民との交流の程度を質問した．得られたデータは，住宅の種類別に分類されている．

　(a) データを%表記により適切に要約し，満足度と交流の程度，満足度と住宅の種類，交流の程度と住宅の種類，の間に何か関連性がないか調べよ．

　(b) 名義ロジスティック回帰モデルを用いて，満足度と他の2変数間の関連性をモデル化せよ．データのパターンを要約できるもっとも簡単なモデルを調べよ．

　(c) 満足度と他の2変数との関連性をモデル化するとき，順序モデルを使うことは可能だろうか？考えを述べよ．もし適切だと考えるならば，適当な順序モデルを当てはめ，得られた結果を (b) の結果と比較せよ．

表 8.5 住宅に対する満足度

他の住民との交流の程度	満足度					
	低い		どちらとも言えない		高い	
	低い	高い	低い	高い	低い	高い
高層ビル	65	34	54	47	100	100
アパート	130	141	76	116	111	191
一戸建て	67	130	48	105	62	104

表 8.6 2種類の化学療法の腫瘍縮小効果

治療法	性別	増悪	不変	部分奏効	完全奏効
同一レジメンの繰返し	男	28	45	29	26
	女	4	12	5	2
2種類のレジメンの交替療法	男	41	44	20	20
	女	12	7	3	1

(d) 名義および順序モデルを比較して，より適切だと判断した方に対し，標準化残差を計算せよ．観測度数とモデルから推定される期待度数が最も乖離するのはどのセルか調べよ．

8.3 表 8.6 のデータは小細胞肺癌に対する2種類の化学療法の比較研究において，その腫瘍縮小効果を男女別にまとめたものである．片方の治療群では同一の併用化学療法レジメンが繰り返され，もう片方の治療群では2種類の併用化学療法レジメンがサイクルごとに交互に繰り返された（出典：Holtbrugger and Schumacher (1991)）．

(a) 比例オッズモデルを当てはめ，4つの反応カテゴリーの期待確率を，治療と性別の組合せごとに推定せよ（表 8.6 の 16 個の各セルにおける期待確率を推定せよ）．

(b) 残差および適合度統計量を用いて，(a) のモデルの妥当性をチェックせよ．

(c) ワルド統計量を用いて，2つの治療群の間に差がないという仮説を検定せよ．

(d) 2種類の比例オッズモデルを当てはめ，2つの治療群の間に差がないという仮説を検定せよ（尤度比検定）．結果を (c) と比較せよ．

(e) ロジット，プロビット，complementary log-log の 3 種類の連結関数を用いて，隣接カテゴリーモデルおよび連続比モデルを当てはめよ．モデルの違いは結果の解釈にどのように影響を与えるだろうか？

8.4 図 8.2 に示されているような連続的な潜在変数で解釈ができる反応カテゴリーを考えよう．この潜在変数は正規分布に従うと仮定する．この状況では，プロビットが自然な連結関数であることを示せ．（ヒント：7.3 節を参照せよ）．

第9章
計数データ，ポアソン回帰および対数線形モデル

9.1　はじめに

あるイベント（事象）が起こった数を記録したデータは日常的に目にする．例えば北クイーンズランド海岸を通過するサイクロンの数（1.6.5 項），あるいは調査結果を分割表としてまとめたときの各セルの人数（例えば演習問題 8.2 の住宅事情に関する満足度調査）はそういったデータであり，**計数** (count) あるいは**度数** (frequency) データと呼ばれている．

計数データをモデル化するために，**ポアソン分布** (Poisson distribution) がしばしば使われる．Y はイベントの発生数を表し，かつポアソン分布に従う確率変数とする．Y の確率分布は，平均発生数 μ をパラメータとして

$$f(y) = \frac{\mu^y e^{-\mu}}{y!}, \quad y = 0, 1, 2, \ldots$$

と表される．計算により $E(Y) = \mu$, $\text{var}(Y) = \mu$ となる（演習問題 3.4）．

パラメータ μ を定義するとき，注意が必要である．μ にはなんらかの割合または率といった値を利用することが一般的である．例えばある商品の売り上げ数 Y の分布において，店内を訪れる客の平均的に何割がその商品を購入するか（例えば 100 人当たりの購入人数）がわかれば，それに実際の来客数を乗じることで平均売上げ数 μ を求めることができる．他にも自動車事故件数 Y の分布において，人口 1000 人当たり（あるいは免許を持つドライバー 1000 人当たり，乗用車 1000 台当たり，10 万走行キロ当たり）の事故件数がわかれば，平均

事故件数 μ を求めることができる．また，時間尺度を含む率 (rate) の情報を使うことも多い．例えばある職業性疾患の発生数 Y を考えた場合，原因物質への曝露 1 人年当たりの発生率がわかれば，対象とする労働者集団が曝露した (at risk) 総人年 (person-years) を乗じることでその集団の平均発生数 μ を求めることができる．

本章ではイベントの発生数 Y といくつかの説明変数との関係を，パラメータ μ を通してモデル化する．以下，2 通りの設定を考えよう．

第 1 の設定では**ポアソン回帰** (Poisson regression) モデルを適用して，'曝露'総量の変化とイベントの発生数を直接的に結び付ける．イベントの発生数に関係する説明変数として，'曝露'以外の変数（連続またはカテゴリー変数）を考えることができる．

第 2 の設定では'曝露'総量は定数であり，したがってモデルには関係せず，さらに説明変数はカテゴリー変数からなる場合を考える．つまり説明変数が少ないときに，それらを行や列とするクロス表としてまとめられ，各セルの度数が反応変数を表すような場合である．ここでの研究デザインは，セル度数に関する何らかの制約（例えば，クロス表の各行の行和が等しいなど）があるので，それを考慮したうえでモデル化したり，尤度関数を考えたりすることが必要である．こういった状況には**対数線形モデル** (log-linear model) が適切である．対数線形モデルという名称は連結関数に由来している．

次節でまずポアソン回帰について説明する．考え方や，モデルのチェックおよび推測などの手法が数値例を用いて説明される．それ以降の節では，（さまざまな形で）制約がなされている計数データの確率分布とそのようなデータの解析に使われる対数線形モデルとの関係を説明する．

9.2 ポアソン回帰

第 i 共変量パターン $\mathbf{x}_i$ に曝露したものの数を n_i，そのうちイベントの発生が観察された数を Y_i とする．$Y_1, Y_2, \ldots, Y_N$ は互いに独立な確率変数とし，Y_i の期待値は，
$$E(Y_i) = \mu_i = n_i \theta_i$$

で表されるものとする．

例えば，Y_i はある車種の乗用車に対して発生する保険金の請求回数を表すものとしよう．この回数は市場に出回っている保険対象の乗用車の総数 n_i と，その他の説明要因（発売年や販売された地域）に影響される θ_i に依存して決まると考えられる．ここでインデックス i は乗用車の具体的な型，発売年数，販売地域などの各組合せを意味している．

θ_i と説明要因の関係をモデル化する場合，

$$\theta_i = e^{\mathbf{x}_i^T \boldsymbol{\beta}} \tag{9.1}$$

とすることが多い[†]．したがって，

$$E(Y_i) = \mu_i = n_i e^{\mathbf{x}_i^T \boldsymbol{\beta}}; \quad Y_i \sim Poisson(\mu_i) \tag{9.2}$$

という一般化線形モデルを考える．自然な連結関数として対数関数

$$\log \mu_i = \log n_i + \mathbf{x}_i^T \boldsymbol{\beta} \tag{9.3}$$

が考えられる．式 (9.3) は $\log n_i$ という項を含むので，通常の（線形成分のみからなる）記載とは異なっている．この項は**オフセット** (offset) と呼ばれており，モデルに含まれる既知の定数であるが，パラメータ推定に容易に組み入れることができる．これまでと同様に $\mathbf{x}_i$ と $\boldsymbol{\beta}$ は共変量パターンおよびパラメータをそれぞれ表している．

2値の説明変数 x_j を，ある要因が存在するか否かを表す**指示変数** (indicator variable) としよう．すなわち要因が存在しないときは $x_j = 0$，要因が存在するときは $x_j = 1$ という値をとるものとする．要因のあり対なしの**率比** (rate ratio) RR は，式 (9.2) より，

$$RR = \frac{E(Y_i \mid 要因あり)}{E(Y_i \mid 要因なし)} = e^{\beta_j}$$

となる（ただし，他の説明変数の値は同じとする）．同様に連続説明変数 x_k の1単位の増加にともなう率比は e^{β_k} と表され，式 (9.1) より率 θ に対して乗法的

[†] $\theta_i > 0$ なので，この条件を満足する自然なパラメータ化はこのように指数型にすることである．

に作用する．一般に，パラメータ推定値 β は率比 e^β で表した方が意味を解釈しやすい．

パラメータ β_j はワルド，スコア，尤度比のいずれの統計量を使っても検定できるし，信頼区間も同様に推定できる．例えば，パラメータ β_j について近似的に

$$\frac{b_j - \beta_j}{\text{s.e.}(b_j)} \sim N(0, 1) \tag{9.4}$$

となることを用いれば，ワルド検定や信頼区間の推定を実施できる．別の方法によって適切に定義された入れ子モデルの適合度を比較する仮説検定も行える（第4章参照）．

当てはめ値は，

$$\hat{Y}_i = \hat{\mu}_i = n_i e^{\mathbf{x}_i^T \mathbf{b}}, \quad i = 1, \ldots, N$$

で与えられる．これは，期待値 $E(Y_i) = \mu_i$ の推定値なので，しばしば e_i と表記される．ポアソン分布では $\text{var}(Y_i) = E(Y_i)$ が成り立つので，Y_i の標準偏差は $\sqrt{e_i}$ により推定され，**ピアソン残差** (Pearson residuals) が，

$$r_i = \frac{o_i - e_i}{\sqrt{e_i}} \tag{9.5}$$

と定義される．ここに o_i は Y_i の観測値である．6.2.6項で概説したように，ハット行列の第 i 対角成分であるてこ比 h_{ii} を用いて，これらの残差から標準化ピアソン残差

$$r_{p_i} = \frac{o_i - e_i}{\sqrt{e_i}\sqrt{1 - h_{ii}}}$$

が定義される．

ポアソン分布では，式 (9.5) のピアソン残差とカイ2乗適合度統計量 X^2 は

$$X^2 = \sum r_i^2 = \sum \frac{(o_i - e_i)^2}{e_i}$$

のように関係する．これは分割表に対する通常のカイ2乗統計量の定義に他ならない．

一方，ポアソンモデルの逸脱度は 5.6.3 項で示したとおり，

$$D = 2 \sum \left[o_i \log(o_i/e_i) - (o_i - e_i) \right] \tag{9.6}$$

の形で書けるが，通常，$\sum o_i = \sum e_i$ となるので（演習問題 9.1），

$$D = 2 \sum [o_i \log(o_i/e_i)] \tag{9.7}$$

と単純化される．

逸脱度残差 (deviance residual) は，式 (9.6) の D の成分をもとに，

$$d_i = \text{sign}(o_i - e_i)\sqrt{2[o_i \log(o_i/e_i) - (o_i - e_i)]}, \quad i = 1, \ldots, N \tag{9.8}$$

と定義される．したがって，$D = \sum d_i^2$ となる．

2 つの適合度統計量 X^2 と D は密接に関連している．実際，7.5 節のようにテイラー展開すれば，

$$o \log\left(\frac{o}{e}\right) = (o - e) + \frac{1}{2}\frac{(o-e)^2}{e} + \cdots$$

となるが，これと式 (9.6) より近似的に

$$D = 2 \sum \left[(o_i - e_i) + \frac{1}{2}\frac{(o_i - e_i)^2}{e_i} - (o_i - e_i)\right]$$
$$= \sum \frac{(o_i - e_i)^2}{e_i} = X^2$$

という関係が得られる．

統計量 X^2 と D はデータと当てはめモデルから直接計算できる適合度の指標として有用である．この点，正規分布モデルは σ^2 という局外パラメータを含むため，直接計算ができないのと対照的である．X^2 や D は（当てはめモデルが正しいという仮定のもとで）漸近的に自由度 $N-p$ のカイ 2 乗分布に従うので（p は推定されたパラメータ数），この事実を使ってモデルの検定を行える．カイ 2 乗分布による近似の精度は，一般に D よりも X^2 の方が高い（7.5 節参照）．

いくつかの統計ソフトウェアで出力されるその他の要約統計量として，尤度比カイ 2 乗統計量や擬似 R^2 がある．これらは共変量を含まない最小モデル（$\log \mu_i = \log n_i + \beta_1$）の対数尤度関数の最大値と，$p$ 個のパラメータを含むモデル (9.3) の対数尤度関数の最大値を比較する．尤度比カイ 2 乗統計量 $C = 2[l(\mathbf{b}) - l(\mathbf{b}_{\min})]$ は，自由度 $p-1$ の中心カイ 2 乗分布との比較により，

包括帰無仮説 (global null hypothesis) $\beta_2 = \ldots = \beta_p = 0$ の検定を行う（演習問題 7.4）．また厳密さには欠けるが，擬似 $R^2 = [l(\mathbf{b}_{\min}) - l(\mathbf{b})]/l(\mathbf{b}_{\min})$ は直感的な適合度の指標を与える．

その他の診断統計量，例えば delta-beta とその関連統計量も同様にポアソンモデルに対して利用できる．

9.2.1　ポアソン回帰の例：英国医師の喫煙習慣と冠動脈心疾患による死亡

表 9.1 は，Richard Doll 卿をはじめとするグループにより実施された有名な研究のデータを示している．1951 年，グループは英国の男性医師を対象に喫煙の有無に関する調査を実施し，予後を追跡した．表 9.1 は調査から 10 年の間に対象集団に発生した冠動脈心疾患による死亡数を示したものである．調査対象の人年法による総追跡期間もあわせて示されている (Breslow and Day (1987), Appendix 1A および p.112)．

表 **9.1**　英国の男性医師における冠動脈心疾患による死亡と，年齢および喫煙習慣の関係（1951 年の調査開始から 10 年後の結果）

年齢層	喫煙者		非喫煙者	
	死亡	人年	死亡	人年
35–44	32	52407	2	18790
45–44	104	43248	12	10673
55–54	206	28612	28	5710
65–74	186	12663	28	2585
75–84	102	5317	31	1462

ここでの関心事は，
1. 喫煙者の方が非喫煙者より死亡率が高いか？
2. もしそうなら，どれくらい高いか？
3. 喫煙者と非喫煙者の死亡率の差は年齢に関係しているか？

であった．

図 9.1 は 10 万人年当たりの冠動脈心疾患死亡率を喫煙者と非喫煙者に分けてプロットしたものである．両群とも年齢が上昇するにつれて死亡率が増加しており，さらに直線よりも急な増加傾向にあることがわかる．全般に喫煙者の死亡率は非喫煙者に比べ高いが，年齢による差ほど大きくない．このデータをう

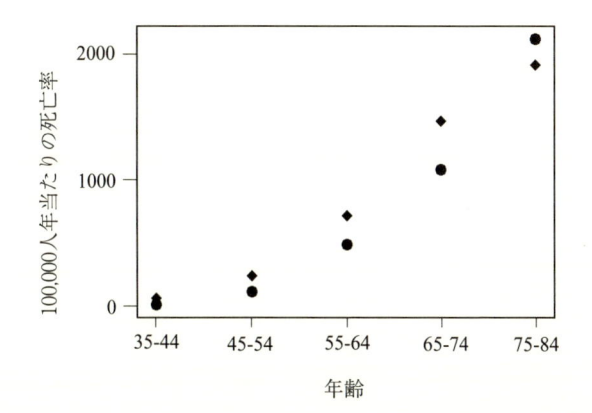

図 **9.1** 100,000 人年当たりの冠動脈心疾患死亡率：◆は喫煙者，●は非喫煙者を表す

まく説明するために，さまざまなモデルが考えられるが（演習問題 9.2 参照），ここでは対数連結関数を用いたポアソン回帰モデル (9.3) を適用しよう．

$$\log(deaths_i) = \log(population_i) + \beta_1 + \beta_2 smoke_i + \beta_3 agecat_i + \beta_4 agesq_i$$
$$+ \beta_5 smkage_i \tag{9.9}$$

ここで i は，年齢層と喫煙有無で定義されたサブグループ（喫煙者の年齢層 35–44, 45–54, ..., 75–84 歳に対して $i = 1, 2, ..., 5$; 非喫煙者の年齢層 35–44, 45–54, ..., 75–84 歳に対して $i = 6, 7, ..., 10$）を表している．また，項 $deaths_i$ はサブグループ i における期待死亡数，項 $population_i$ は医師数[†]をそれぞれ表している．その他，項 $smoke_i$ は喫煙の有無（1 = 喫煙, 0 = 非喫煙）を，項 $agecat_i$ は年齢層（1 = 35–44, 2 = 45–54, ..., 5 = 75–84 歳）を表す変数で，項 $agesq_i = (agecat_i)^2$ は死亡率が年齢に関して非線形に増加していくことを説明するために含められている．項 $smkage_i$ は喫煙と年齢層の交互作用項である．

表 9.2 はこのポアソン回帰モデルのパラメータ推定値および率比 e^{β_j} を表している．各パラメータに対して $\beta_j = 0$ を検定するワルド統計量 (9.4) はすべて

[†]ただし，表 9.1 にみるように，ここでの総数とは追跡期間を考慮したものであり，人年法で測られた数字である．

表 9.2 表 9.1 のデータにモデル (9.9) を当てはめて得られたパラメータ推定値

項	$agecat$	$agesq$	$smoke$	$smkage$
$\hat{\beta}$	2.376	−0.198	1.441	−0.308
s.e.$(\hat{\beta})$	0.208	0.027	0.372	0.097
ワルド統計量	11.43	−7.22	3.87	−3.17
p 値	<0.001	<0.001	<0.001	0.002
率比	10.77	0.82	4.22	0.74
95%信頼区間	7.2, 16.2	0.78, 0.87	2.04, 8.76	0.61, 0.89

表 9.3 観測死亡数と表 9.2 のモデルに対する期待死亡数および残差

年齢区分	喫煙区分	観測死亡数	期待死亡数	ピアソン残差	逸脱度残差
1	1	32	29.58	0.444	0.438
2	1	104	106.81	−0.272	−0.273
3	1	206	208.20	−0.152	−0.153
4	1	186	182.83	−0.235	0.234
5	1	102	102.58	−0.057	−0.057
1	0	2	3.41	0.766	−0.830
2	0	12	11.54	0.135	0.134
3	0	28	27.74	0.655	0.641
4	0	28	30.23	−0.405	−0.411
5	0	31	31.07	−0.013	−0.013
平方和*				1.550	1.635

*この表で示された残差の値よりも大きな有効数字で計算されている.

小さな p 値を示しており，e^{β_j} の 95% 信頼区間は 1 を含まない．したがって，すべての項がモデルに必要ということになる．項 $smoke$ の率比にもとづいて解釈すると，年齢効果を調整した後の喫煙者の心血管死のリスクは，平均して非喫煙者の約 4 倍に達していることがわかる．しかし，$smkage$ の係数がマイナスなので，その差は年齢が上昇するにつれて薄まっていくことが示されている．表 9.3 から，モデルは非常によくデータに当てはまっている．すなわち，ポアソン回帰モデル (9.9) から推定される期待死亡数は実際の観測死亡数にかなり近く，したがってピアソン残差 (9.5) や逸脱度残差 (9.8) は小さい．

β_1 のみからなる最小モデルの対数尤度関数の最大値は $l(b_{\min}) = -495.067$ であり，モデル (9.9) の対数尤度関数の最大値は $l(\mathbf{b}) = -28.352$ である．したがって，包括帰無仮説 $\beta_2 = \ldots = \beta_5 = 0$ の検定統計量は $C = 2[l(\mathbf{b}) - l(b_{\min})] = 933.43$ と計算され，これは自由度 4 のカイ 2 乗分布と比較して高度に有意となっている．また，擬似 R^2 の値は 0.94 (94%) であり，これはモデルの当ては

まりが良いことを示している．より厳密な適合度検定の統計量であるピアソンカイ2乗および逸脱度はそれぞれ，$X^2 = 1.550$, $D = 1.635$ となり，自由度 5 $(= N - p = 10 - 5)$ のカイ2乗分布に比べてはるかに小さな値である．

9.3 分割表の例

分割表の度数データに対する対数線形モデルを説明する前に，研究デザインがデータにどのような制約を与えるのかを検討しておく必要がある．また，研究デザインは当てはめる確率モデルの選択に影響を与える．これらの点を以下の3つの例を通して説明する．

9.3.1 例：悪性黒色腫に関する横断研究

表 9.4 のデータは，悪性黒色腫と呼ばれる皮膚癌を対象とした横断研究 (cross-sectional study) の結果である．$n = 400$ の症例について腫瘍の部位および病型が記録され，それらの組合せごとの患者数がまとめられている．ここでの主たる関心事は，腫瘍部位と病型の間に何らかの関連があるかどうかを調べることである．表 9.5 では行和および列和に対する％が示されている．ハッチンソン黒色斑が頭頸部に多く見られる以外は，部位と病型の間に関連性はほとんど無いようである．

$Y_{jk}, j = 1, \ldots, J, k = 1, \ldots, K$ によって (j, k) セルの度数を表そう．この例では $J = 4$ 行，$K = 3$ 列であり，$\sum_{j=1}^{J} \sum_{k=1}^{K} Y_{jk} = n$ なる制約がある．$n = 400$ は研究デザイン上，固定されている．一方，各 Y_{jk} を互いに独立にパラメータ $E(Y_{jk}) = \mu_{jk}$ のポアソン分布に従う確率変数と仮定すれば，その和

表 **9.4** 悪性黒色腫：病型と腫瘍部位 (Roberts et al.(1981))

病型	部位			
	頭頸部	体幹部	四肢	計
ハッチンソン黒色斑	22	2	10	34
表在拡大型黒色腫	16	54	115	185
結節型黒色腫	19	33	73	125
不明	11	17	28	56
計	68	106	226	400

表 9.5 悪性黒色腫：病型と腫瘍部位の行%および列%

病型	部位			
	頭頸部	体幹部	四肢	計
行%				
ハッチンソン黒色斑	64.7	5.9	29.4	100
表在拡大型黒色腫	8.6	29.2	62.2	100
結節型黒色腫	15.2	26.4	58.4	100
不明	19.6	30.4	50.0	100
計	17.0	26.5	56.5	100
列%				
ハッチンソン黒色斑	32.4	1.9	4.4	8.50
表在拡大型黒色腫	23.5	50.9	50.9	46.24
結節型黒色腫	27.9	31.1	32.3	31.25
不明	16.2	16.0	12.4	14.00
計	100.0	99.0	100.0	100.0

$n = \sum\sum Y_{jk}$ はパラメータ $E(n) = \mu = \sum\sum \mu_{jk}$ のポアソン分布に従う．和 n で条件付けた Y_{jk} の同時分布は，多項分布

$$f(\mathbf{y} \mid n) = n! \prod_{j=1}^{J} \prod_{k=1}^{K} \theta_{jk}^{y_{jk}} \Big/ y_{jk}!$$

となる．ただし，$\theta_{jk} = \mu_{jk}/\mu$ である．この結果は 8.2 節で導かれている．

$\sum\sum \mu_{jk} = \mu$ から，$0 < \theta_{jk} < 1$ かつ $\sum\sum \theta_{jk} = 1$ である．θ_{jk} は表の (j, k) セルの生起確率を表していると解釈できる．また Y_{jk} の期待値は，

$$E(Y_{jk}) = \mu_{jk} = n\theta_{jk}$$

となる．これより $\log \mu_{jk} = \log n + \log \theta_{jk}$ であるが，これはすべての Y_{jk} に対し，$\log n$ の項が同じとなることを除けば，ポアソンモデル (9.3) に等しい．

9.3.2　例：インフルエンザワクチンのランダム化比較試験

インフルエンザに対する新しい弱毒生遺伝子組換えワクチンのランダム化比較試験 (randomized controlled trial) が行われ，患者は，この新ワクチンまたは生理食塩水からなるプラセボのいずれかの群に割り付けられた．エンドポイント（反応）は，ワクチン接種から 6 週後の赤血球凝集抑制抗体の抗体価と定められ，抗体価はそのレベルにより，'小'，'中'，'大' と分類された．表 9.6 の

表 9.6　インフルエンザワクチン試験

	反応			
	小	中	大	計
プラセボ	25	8	5	38
ワクチン	6	18	11	35

(R.S.Gillet のデータ．私信による)

分割表は試験結果を示しているが，ここでは「行のセル度数の合計が各群の被験者数（ワクチン群 = 35，プラセボ群 = 38）に等しい」という制約がある．このランダム化比較試験の結果から，反応パターンが2つの群で同じかどうかを知りたい．

この例では行和が固定されているので，各行の同時確率分布は，多項分布

$$f(y_{j1}, y_{j2}, \ldots, y_{jK} \mid y_{j\cdot}) = y_{j\cdot}! \prod_{k=1}^{K} \theta_{jk}^{y_{jk}} / y_{jk}!$$

に等しい．ただし，$y_{j\cdot} = \sum_{k=1}^{K} y_{jk}$ は行和を表し，$\sum_{k=1}^{K} \theta_{jk} = 1$ である．したがって，表のすべてのセルに対する同時確率分布は，単純にこれらを掛け合わせた**積多項分布** (product multinominal distribution)：

$$f(\mathbf{y} \mid y_{1\cdot}, y_{2\cdot}, \ldots, y_{J\cdot}) = \prod_{j=1}^{J} \left(y_{j\cdot}! \prod_{k=1}^{K} \theta_{jk}^{y_{jk}} / y_{jk}! \right)$$

となる．ただし，$\sum_{k=1}^{K} \theta_{jk} = 1$ $(j = 1, \ldots, J)$ である．この場合，$E(Y_{jk}) = y_{j\cdot}\theta_{jk}$ となるので，

$$\log E(Y_{jk}) = \log \mu_{jk} = \log y_{j\cdot} + \log \theta_{jk}$$

という関係になる．もし反応パターンが両群で同じならば，各 k について $\theta_{jk} = \theta_{\cdot k}$ が成り立つ $(j = 1, \ldots, J)$．

9.3.3　例：胃潰瘍および十二指腸潰瘍とアスピリン使用に関する症例対照研究

この後ろ向きの**症例対照研究** (case-control study) では，消化管潰瘍を有する患者群と，性別・年齢・社会経済的地位に関してマッチングした潰瘍を有しない患者群が比較されている．潰瘍患者は潰瘍が発生した部位により胃潰瘍群

表 9.7　胃潰瘍および十二指腸潰瘍と，アスピリン使用の関係 (Druggan et al.(1986))

	アスピリン使用の有無		
	使用なし	使用あり	計
胃潰瘍			
潰瘍なし（対照）	62	6	68
潰瘍あり	39	25	64
十二指腸潰瘍			
潰瘍なし（対照）	53	8	61
潰瘍あり	49	8	57

表 9.8　胃潰瘍および十二指腸潰瘍と，アスピリン使用：表 9.7 のデータに対する行%

	アスピリン使用の有無		
	使用なし	使用あり	計
胃潰瘍			
潰瘍なし（対照）	91	9	100
潰瘍あり	61	39	100
十二指腸潰瘍			
潰瘍なし（対照）	87	13	100
潰瘍あり	86	14	100

と十二指腸潰瘍群のいずれかに分類されており，それらにマッチングされた非潰瘍患者もあわせて同じ群に分類されている．さらにアスピリン使用の有無がすべての患者で記録されている．これらを 2 × 2 × 2 の分割表としてまとめたものが表 9.7 である．ここでの主たる関心事は，

1. 胃潰瘍はアスピリン使用と関係があるか？
2. 十二指腸潰瘍はアスピリン使用と関係があるか？
3. 潰瘍とアスピリン使用に関連が見られる場合，その関連の度合いは胃潰瘍と十二指腸潰瘍の間で同一か？ それとも異なるか？

である．データを行和に対する%で示した表 9.8 をみると，胃潰瘍患者にはアスピリン使用者が多いが，十二指腸潰瘍患者には特にアスピリン使用との関連は観察されないことがわかる．

この研究では，潰瘍群の患者数および対照群の患者数はともに固定されている．言い換えれば，表 9.7 において 4 個の行和はすべて固定されている．この例では j ($j=1$ は対照群, $j=2$ は潰瘍群), k ($k=1$ は胃潰瘍, $k=2$ は十二指腸潰瘍), l ($l=1$ はアスピリン使用なし, $l=2$ は使用あり) によって分

割表の各セルを表せるが,より一般的に Y_{jkl} はカテゴリー (j, k, l) の観測度数を表すとしよう $(j = 1, \ldots, J, k = 1, \ldots, K, l = 1, \ldots, L)$. 周辺和 $y_{jk\cdot}$ が固定されているときの Y_{jkl} の同時確率分布は,

$$f(\mathbf{y} | y_{11\cdot}, \ldots, y_{JK\cdot}) = \prod_{j=1}^{J} \prod_{k=1}^{K} \left(y_{jk\cdot}! \prod_{l=1}^{L} \theta_{jkl}^{y_{jkl}} \Big/ y_{jkl}! \right)$$

で与えられる.ただし, $\mathbf{y} = (y_{111}, \ldots, y_{JKL})^T$ であり, $j = 1, \ldots, J, k = 1, \ldots, K$ に対して, $\sum_l \theta_{jkl} = 1$ が成り立つとしている.これは**積多項分布** (product multinomial distribution) の別の形式である.この場合, $E(Y_{jkl}) = \mu_{jkl} = y_{jk\cdot}\theta_{jkl}$ となるので,

$$\log \mu_{jkl} = \log y_{jk\cdot} + \log \theta_{jkl}$$

という関係になる.

9.4 分割表に対する確率モデル

9.3 節の例は,分割表データに対する主な確率モデルを示している.より一般に $\mathbf{y} = (Y_1, \ldots, Y_N)^T$ としよう(すなわち N 個のセルからなるクロス分類の各セル度数を Y_i で表し, $\mathbf{y}$ はそれらのベクトルを表す).

9.4.1 ポアソンモデル

もし Y_i に何らの制約もないときは, Y_i は $E(Y_i) = \mu_i$ なるポアソン分布に従う互いに独立な確率変数としてモデル化でき,その同時分布は,

$$f(\mathbf{y}; \boldsymbol{\mu}) = \prod_{i=1}^{N} \mu_i^{y_i} e^{-\mu_i} \Big/ y_i!$$

で与えられる.ただし, $\boldsymbol{\mu} = (\mu_1, \ldots, \mu_N)^T$.

9.4.2 多項モデル

もし Y_i の合計が n になるという唯一の制約だけがあるときは,同時分布は多項モデル

により与えられる．ただし，$\sum_{i=1}^{N} y_i = n$, $\sum_{i=1}^{N} \theta_i = 1$．この場合，$E(Y_i) = n\theta_i$ である．

悪性黒色腫に関する表 9.4 のような 2 次元の分割表において，j が行，k が列を表すものとすれば，もっとも頻繁に検討される仮説は「行と列が独立である」，すなわち

$$\theta_{jk} = \theta_{j\cdot}\theta_{\cdot k}$$

という仮説である（ここに $\theta_{j\cdot}$, $\theta_{\cdot k}$ は周辺和であり，それぞれ $\sum_j \theta_{j\cdot} = 1$, $\sum_k \theta_{\cdot k} = 1$ を満たす）．この仮説は $\log \mu_{jk} = \log E(Y_{jk})$ に対する 2 つの対数線形モデル

$$\log \mu_{jk} = n + \log \theta_{jk}$$
$$\log \mu_{jk} = \log n + \log \theta_{j\cdot} + \log \theta_{\cdot k}$$

を比較することで検定できる．

9.4.3 積多項モデル

もし総合計 n 以外に固定されている周辺和があるときは，適当な多項分布の積を用いることによりデータをモデル化できる．例えば，J 行，K 列，L 層からなる 3 次元表において，各層における行和が固定されているならば，Y_{jkl} の同時分布は

$$f(\mathbf{y}\,|\,y_{j\cdot l},\, j=1,\ldots,J,\, l=1,\ldots,L) = \prod_{j=1}^{J}\prod_{l=1}^{L}\left(y_{j\cdot l}!\prod_{k=1}^{K}\theta_{jkl}^{y_{jkl}}\big/y_{jkl}!\right)$$

と表される．ただし，$j = 1, \ldots, J$, $l = 1, \ldots, L$ に対して $\sum_k \theta_{jkl} = 1$ である．この場合は $E(Y_{jkl}) = \mu_{jkl} = y_{j\cdot l}\theta_{jkl}$ となる．

同様にして，もし各層における合計が固定されているならば，同時分布は

$$f(\mathbf{y}\,|\,y_{\cdot\cdot l},\, l=1,\ldots,L) = \prod_{l=1}^{L}\left(y_{\cdot\cdot l}!\prod_{j=1}^{J}\prod_{k=1}^{K}\theta_{jkl}^{y_{jkl}}\big/y_{jkl}!\right)$$

と表される．ただし，$l = 1, \ldots, L$ に対して $\sum_j \sum_k \theta_{jkl} = 1$ である．この場合は $E(Y_{jkl}) = \mu_{jkl} = y_{\cdot\cdot l}\theta_{jkl}$ となる．

9.5 対数線形モデル

9.4 節で与えられたモデルでは，ポアソン分布が仮定され，$E(Y)$ は率 θ と他の定数項の積として表された．したがって（ポアソン分布の自然な連結関数である）対数関数を用いれば，

$$\log E(Y_i) = 定数 + \mathbf{x}_i^T \boldsymbol{\beta}$$

として線形成分を生み出すことができる．このかたちの一般化線形モデルは，**対数線形モデル** (log-linear model) と呼ばれている．

9.3.1 項の悪性黒色腫の例では，腫瘍部位と病型の間に関連がない，すなわち両者が独立であるとすれば，同時確率 θ_{jk} は次のように周辺確率の積によって表される．

$$\theta_{jk} = \theta_{j\cdot}\theta_{\cdot k}, \quad j = 1, \ldots, J, \quad k = 1, \ldots, K$$

したがって独立性仮説を検定するには，（対数スケール上の）加法モデル

$$\log E(Y_{jk}) = \log n + \log \theta_{j\cdot} + \log \theta_{\cdot k} \tag{9.10}$$

とモデル

$$\log E(Y_{jk}) = \log n + \log \theta_{jk} \tag{9.11}$$

を比較すればよい．

この議論は繰返しのない二元配置分散分析の議論と同一である（6.4.2 項参照）．すなわち，式 (9.11) は飽和モデル

$$\log E(Y_{jk}) = \mu + \alpha_j + \beta_k + (\alpha\beta)_{jk}$$

と表すことができ，式 (9.10) は加法モデル

$$\log E(Y_{jk}) = \mu + \alpha_j + \beta_k$$

と表すことができる．また，項 $\log n$ はすべてのモデルに含まれなければならないので，ここでの最小モデルは

$$\log E(Y_{jk}) = \mu$$

で与えられる．

9.3.2 項のインフルエンザワクチン試験の例においては，反応の分布パラメータ $(\theta_{j1}, \ldots, \theta_{jk}, \ldots, \theta_{jK})$ が J 個の群で同一でないならば，$E(Y_{jk}) = y_{j.}\theta_{jk}$ と表される．逆に J 個の群すべてで分布が同一ならば，$E(Y_{jk}) = y_{j.}\theta_{.k}$ と表される．反応の分布パラメータが同一であるという**一様性** (homogeneity) の仮説の検定は，$E(Y_{jk}) = y_{j.}\theta_{jk}$ に対応するモデル

$$\log E(Y_{jk}) = \mu + \alpha_j + \beta_k + (\alpha\beta)_{jk}$$

と，$E(Y_{jk}) = y_{j.}\theta_{.k}$ に対応するモデル

$$\log E(Y_{jk}) = \mu + \alpha_j + \beta_k$$

の比較を行うことに対応する．ちなみにここでの最小モデルは，各 j に対応する行和が固定されていることから

$$\log E(Y_{jk}) = \mu + \alpha_j$$

となる．

より一般的に言えば，対数線形モデルの線形成分の記述は分散分析モデルと多くの共通点を持つ．分散分析モデルと同様，高次の交互作用項がモデルに含まれれば，関連する低次の項もすべて含まれなければならないという意味で**階層的** (hierarchical) である．したがって，一次 (first-order) の交互作用 $(\alpha\beta)_{jk}$ がモデルに含まれていれば，主効果の α_j や β_k もモデルに含まれる．同様に，二次 (second-order) の交互作用 $(\alpha\beta\gamma)_{jkl}$ がモデルに含まれていれば，一次の交互作用 $(\alpha\beta)_{jk}, (\alpha\gamma)_{jl}, (\beta\gamma)_{kl}$ もモデルに含まれる．

対数線形モデルを分散分析のように記述するとパラメータ数が増えてしまうので，第 6 章で述べた零和制約や端点制約を課すことが必要となる．端点制約では，基準カテゴリーとの効果の差としてパラメータ推定値が得られるので，こちらの方がパラメータの意味を解釈しやすいかもしれない．

ほとんどすべての場合において，分割表での主な問題は変数間の関連性にあるといってよい．したがって，それを対数線形モデルで表した場合の主たる関心は，変数間の交互作用項にある．

9.6 対数線形モデルにおける統計的推測

分割表データを記述するのに，デザインに応じて3種類の確率分布が用いられるが (9.4 節参照)，Birch (1963) は，分割表データに対数線形モデルを仮定するとき，固定された周辺和に対応するパラメータがモデルに含まれていれば，3種類のどの確率分布を適用したとしても同じ最尤推定量が得られることを示した．これはつまり，推定の立場からはどのデザインにおいてもポアソン分布が仮定できることを意味している．ポアソン分布は指数型分布族に属し，パラメータは線形成分に組み込まれるので，これまでに述べた一般化線形モデルの標準的な方法が適用できる．

対数線形モデルの仮定が妥当かどうかは，9.2 節で要約した X^2 や D のような適合度統計量（ときには C や擬似 R^2）を使って評価することができる．また，ピアソン残差 (9.5) や逸脱度残差 (9.8) をチェックすることによって，モデルの適切性を検討することができる．仮説検定は，対立仮説に対応するモデルと帰無仮説に対応するより単純な（入れ子）モデルとの間で，適合度統計量の値がどれくらい異なるのかをみればよい．

次節における数値例でこれらの方法を説明しよう．

9.7 数値例

9.7.1 悪性黒色腫に関する横断研究

表 9.4 のデータにおける主たる関心事は，腫瘍部位と病型の間に関連があるかどうかを調べることである．そのためには，この2変数が独立であるという帰無仮説の検定を行えばよい．

慣習的に使われている二次元分割表の独立性のカイ2乗検定は，周辺和にもとづいた各セルの期待度数 $e_{jk} = y_{j\cdot} y_{\cdot k}/n$ に対して，カイ2乗統計量 $X^2 = \sum_j \sum_k (y_{jk} - e_{jk})^2 / e_{jk}$ を計算し，これを自由度 $(J-1)(K-1)$ の中心カイ2乗分布と比較することで行われる．表 9.4 のデータの値および（独立性のもとでの）期待値は表 9.9 に示されている．これより，

$$X^2 = \frac{(22 - 5.78)^2}{5.78} + \cdots + \frac{(28 - 31.64)^2}{31.64} = 65.8$$

表 9.9　表 9.4 の黒色腫データに対する独立性のカイ 2 乗検定（括弧内は期待度数）

病型	部位			
	頭頸部	体幹部	四肢	計
ハッチンソン黒色斑	22 (5.78)	2 (9.01)	10 (19.21)	34
表在拡大型黒色腫	16 (31.45)	54 (49.03)	115 (104.52)	185
結節型黒色腫	19 (21.25)	33 (33.13)	73 (70.62)	125
不明	11 (9.52)	17 (14.84)	28 (31.64)	56
計	68	106	226	400

と計算されるが，これは $\chi^2(6)$ 分布と比べ，非常に大きい値である．観測値 y_{jk} と期待値 e_{jk} を比べてみると，独立性の仮定の下で予想されるよりもハッチンソン黒色斑が頭頸部で頻発していることが読みとれる．

次にこの表に対数線形モデルを当てはめてみる．表 9.10 は独立性の仮定に対応する加法モデル (9.10) を当てはめた結果を示しているが，説明のために飽和モデル (9.11) と平均項だけの最小モデルを当てはめた結果も同時に示されている．いずれも「ハッチンソン黒色斑 (HMF) が頭頸部 (HNK) に発生している患

表 9.10　表 9.4 の黒色腫データに対数線形モデルを当てはめて得られたパラメータ推定値（括弧内は標準誤差）

項	飽和モデル (9.11)	加法モデル (9.10)	最小モデル
定数	3.091 (0.213)	1.754 (0.204)	3.507 (0.05)
SSM	−0.318 (0.329)	1.694 (0.187)	
NOD	−0.147 (0.313)	1.302 (0.193)	
IND	−0.693 (0.369)	0.499 (0.217)	
TNK	−2.398 (0.739)	0.444 (0.155)	
EXT	−0.788 (0.381)	1.201 (0.138)	
SSM*TNK	3.614 (0.791)		
SSM*EXT	2.761 (0.465)		
NOD*TNK	2.950 (0.793)		
NOD*EXT	2.134 (0.460)		
IND*TNK	2.833 (0.834)		
IND*EXT	1.723 (0.522)		
対数尤度	−29.556	−55.453	−177.16
X^2	0.0	65.813	
D	0.0	51.795	

病型：ハッチンソン黒色斑 (HMF)，表在拡大型 (SSM)，結節型 (NOD)，不明 (IND)．
部位：頭頸部 (HNK)，体幹部 (TNK)，四肢 (EXT)．
*基準カテゴリーは HMF および HNK としている．

者群」を基準カテゴリーとして推定を行った．この基準カテゴリーの期待度数は表 9.10 のパラメータ推定値より，

最小モデル：$e^{3.507} = 33.35$（全セルの平均）
加法モデル：$e^{1.754} = 5.78$（表 9.9 中の期待度数に一致）
飽和モデル：$e^{3.091} = 22$（観測度数に一致）

と推定される．同様にして，「中間型腫瘍 (IND) が四肢 (EXT) に発生している患者群」の期待度数は，

最小モデル：$e^{3.507} = 33.35$（全セルの平均）
加法モデル：$e^{1.754+0.499+1.201} = 31.64$（表 9.9 中の期待度数に一致）
飽和モデル：$e^{3.091-0.693-0.788+1.723} = 28$（観測度数に一致）

と推定される．飽和モデルは 12 個のパラメータからなり，12 個の観測度数に対して完全フィット（残差ゼロ）を実現する．一方，加法モデルは独立性のカイ 2 乗検定に対応する．加法モデルに対する逸脱度は，式 (9.8) により得られる逸脱度残差の平方和として計算できるが，またはより直接的に，飽和モデルと加法モデルの対数尤度関数の最大値の差を 2 倍することにより得られる．

$$\Delta D = 2\,[-29.556 - (-55.453)] = 51.79$$

この例では，通常の独立性のカイ 2 乗検定と対数線形モデルは同じ結果を与える．対数線形モデルの利点は，次の例のようなより複雑なクロス集計データでも解析可能となることである．

9.7.2 胃潰瘍および十二指腸潰瘍とアスピリン使用に関する症例対照研究

胃潰瘍および十二指腸潰瘍に対する 2×2 表の予備解析では，アスピリン使用が胃潰瘍の危険因子として示唆されたが，十二指腸潰瘍に対してはそのような傾向は見られなかった．表 9.7 のデータに対する解析では，研究デザイン上，**症例対照** (case-control) の区分を表す主効果 (CC)，胃潰瘍または十二指腸潰瘍のどちらのデータとして収集されているのかを表す主効果 (GD)，さらにそれらの交互作用 ($CC \times GD$) は考察するすべてのモデルに含まれなければならな

表 9.11　表 9.7 のデータに対数線形モデルを当てはめた結果

モデルに含まれる項	自由度*	対数尤度**
GD+CC+GD×CC	4	−83.16
GD+CC+GD×CC+AP	3	−30.70
GD+CC+GD×CC+AP+AP×CC	2	−25.08
GD+CC+GD×CC+AP+AP×CC+AP×GD	1	−22.95

*自由度＝観測数−パラメータ数
**対数尤度の最大値

表 9.12　観測度数および 1 次交互作用項をすべて含む対数線形モデルにもとづく期待度数（括弧内が期待度数）

| | アスピリン使用の有無 | | |
	使用なし	使用あり	計
胃潰瘍			
潰瘍なし（対照）	62 (58.53)	6 (9.47)	68
潰瘍あり	39 (42.47)	25 (21.53)	64
十二指腸潰瘍			
潰瘍なし（対照）	53 (56.47)	8 (4.53)	61
潰瘍あり	49 (45.53)	8 (11.47)	57

い（これらの項は固定された周辺和に対応しているため）．表 9.11 ではこのモデルの他，アスピリン使用の有無 (AP) を含むより複雑なモデルを当てはめた結果が示されている．

潰瘍の有無，なしでアスピリン使用の程度が異なるかどうかを検討するためには，表 9.11 の 2 行目と 3 行目のモデルの逸脱度の差

$$\Delta D = 2\,[-25.08 - (-30.70)] = 11.24$$

を計算すればよい．これは $\chi^2(1)$ 分布と比べて有意に大きな値であり，アスピリン使用が潰瘍に対する危険因子であることを示唆する．同様に表の 3 行目と 4 行目のモデルの逸脱度の差を計算すると，$\Delta D = 2\,[-22.95 - (-25.08)] = 4.26$ ($p = 0.04$) となるので，アスピリンの使用の有無は部位間で差がみられることが弱いながらも示される．あまり p 値が小さくないのは，症例数が少ないことにより検出力が不足しているためかもしれない．

表 9.12 の括弧内の数字は，3 つの 1 次交互作用項をすべて含むモデル（表 9.11 の 4 行目）から計算された期待度数を表している．$N = 8$ 個のデータを説明するのに $p = 7$ 個もパラメータを含めたにもかかわらず，適合度指標は

$X^2 = 6.49$, $D = 6.28$ と（$\chi^2(1)$ 分布に比べて）大きな値なので，このモデルの当てはまりはあまり良くないようである．†

9.8 注釈

計数データの解析に関連する2つの重要な問題を本章では議論してこなかったので，最後に触れる．

第1にポアソン分布では，$\text{var}(Y_i) = E(Y_i)$ となるはずであるにもかかわらず，$\text{var}(Y_i) > E(Y_i)$ の **超過分散** (overdispersion) の問題が生じる．**負の2項分布** (negative binomial distribution) は，推定可能なパラメータ $\phi > 1$ に対して $\text{var}(Y_i) = \phi E(Y_i)$ となるような別のモデルを与える．超過分散は観測値の独立性がないために生じるが，そのような場合に第11章で説明する方法を適用することができる．

第2に分割表には，（例えば男性の子宮摘出など）観測値の生じ得ないセルが含まれる場合がある．**構造的ゼロ** (structural zeros) と呼ばれるこの現象は，この状況に適合するようなパラメータがない限り，ポアソン回帰で扱うのは容易ではない．その他の方法は Agresti (1990) で議論されている．

9.9 演習問題

9.1 $Y_1, ..., Y_N$ を，$Y_i \sim Poisson(\mu_i)$, $\log \mu_i = \beta_1 + \sum_{j=2}^{J} x_{ij} \beta_j$ $(i = 1, ..., N)$ となる独立な確率変数とする．
  (a) パラメータ β_1 のスコア統計量（スコア関数）は $U_1 = \sum_{i=1}^{N}(Y_i - \mu_i)$ となることを示せ．
  (b) したがって最尤推定値 $\hat{\mu}_i$ に対し，$\sum \hat{\mu}_i = \sum y_i$ となることを示せ．
  (c) この場合，逸脱度 (9.6) は単純化され，(9.7) に帰着することを示せ．

9.2 表9.13のデータは自動車保険に関するデータである．保険の契約数 n および請求回数 y が，乗用車の保険区分 (CAR)，契約者の年齢 (AGE)，契約者の住居区分 (DIST; 1 はロンドンや他の主要都市，0 は他の地域）ごとにまとめられている（出典：Aitkin et al.

---

†このことは潰瘍の有無とアスピリン使用との関連が潰瘍部位の影響を受けること，すなわち3因子交互作用の存在を示唆する．

表 9.13 自動車保険における保険請求回数：Aitkin (1989) により報告された CLAIMS データ

CAR	AGE	DIST=0		DIST=1	
		y	n	y	n
1	1	65	317	2	20
1	2	65	476	5	33
1	3	52	486	4	40
1	4	310	3259	36	316
2	1	98	486	7	31
2	2	159	1004	10	81
2	3	175	1355	22	122
2	4	877	7660	102	724
3	1	41	223	5	18
3	2	117	539	7	39
3	3	137	697	16	68
3	4	477	3442	63	344
4	1	11	40	0	3
4	2	35	148	6	16
4	3	39	214	8	25
4	4	167	1019	33	114

(1989) の CLAIMS データ．原データは Baxter, Coutts and Ross (1980)）．

(a) 各カテゴリーにおける請求率 y/n を計算して，AGE，CAR および DIST との関係をプロットせよ．これから 3 変数の（請求率への）主効果がそれぞれどのようなものになるかヒントを得よ．

(b) ポアソン回帰を適用して，3 変数の主効果（いずれも名義カテゴリー変数として扱う．指示変数を用いてモデル化すること）および交互作用を計算せよ．

(c) (b) でのモデル化の結果にもとづいて，Aitkin et al. (1989) はいずれの交互作用も重要ではない，さらに AGE と CAR は連続変数として扱えると結論した．これらの性質を持つモデルを当てはめよ．このモデルと (b) で得られた最良モデルを比較したとき，どのような結論が得られるだろうか．

9.3 (a) 表 9.6 のインフルエンザワクチン試験において，プラセボ群とワクチン群の反応分布が同じであるという仮説を，通常のカイ 2 乗検定および適当な対数線形モデルを用いて検定せよ．

(b) 両群間で反応分布が同じであるという仮説に対応するモデルを当てはめて，当てはめ値，ピアソン残差，逸脱度残差，適合度統計量 X^2 および D を計算せよ．表のどのセルが X^2（あるいは D）にもっとも寄与しているだろうか．得られた結果を解釈せよ．

(c) 順序ロジスティック回帰を用いてデータを再解析し，2 群間の差を推定せよ．さら

に潜在的に存在する連続反応変数の区分点がどこになるか推定せよ．順序ロジスティック回帰の解析の基本的な考え方を説明するために，大まかな図でモデルの説明をすること（演習問題 8.4 参照）．

9.4 2×2 分割表データにおける最大対数線形モデルは，

$$\eta_{11} = \mu + \alpha + \beta + (\alpha\beta), \quad \eta_{12} = \mu + \alpha - \beta - (\alpha\beta)$$
$$\eta_{21} = \mu - \alpha + \beta - (\alpha\beta), \quad \eta_{22} = \mu - \alpha - \beta + (\alpha\beta)$$

と表される．ここに $\eta_{jk} = \log E(Y_{jk}) = \log(n\theta_{jk})$, $n = \sum\sum Y_{jk}$ である．

このとき交互作用項 $(\alpha\beta)$ は，

$$(\alpha\beta) = \frac{1}{4}\log\phi$$

により与えられることを示せ．ϕ はオッズ比 (odds ratio) $(\theta_{11}\theta_{22})/(\theta_{12}\theta_{21})$ であり，それゆえ $\phi = 1$ は交互作用がないことに対応する．

9.5 表 8.5 の満足度調査のデータに対数線形モデルを適用せよ．調査対象となった住民数は，住宅の種類ごとに固定された人数であると考える．
(a) 住宅に対する満足度（名義カテゴリー変数とする）と他の住民との交流の関連性を，住宅の種類ごとに別々に解析せよ．
(b) 次に住宅の種類をモデルに組み込んで (a) の解析を行え．
(c) 名義あるいは順序ロジスティック回帰を適用した結果（演習問題 8.2）と対数線形モデルの結果を比較せよ．

9.6 $2 \times K$ 分割表において，列和 $y_{\cdot k}$ $(k = 1, ..., K)$ が固定されているものとする（表 9.14）．

表 **9.14** 2 行 $\times K$ 列の分割表

	1	$\cdots$	k	$\cdots$	K
成功数	y_{11}		y_{1k}		y_{1K}
失敗数	y_{21}		y_{2k}		y_{2K}
計	$y_{\cdot 1}$		$y_{\cdot k}$		$y_{\cdot K}$

(a) この表に対する積多項分布は，

$$f(z_1, ..., z_K \mid n_1, ..., n_K) = \prod_{k=1}^{K} \binom{n_k}{z_k} \pi_k^{z_k}(1-\pi_k)^{n_k - z_k}$$

となることを示せ．ここに $n_k = y_{\cdot k}$, $z_k = y_{1k}$, $n_k - z_k = y_{2k}$, $\pi_k = \theta_{1k}$, $1 - \pi_k = \theta_{2k}(k = 1, ..., K)$ である．これは**積 2 項分布** (product binomial distribution) の例であり，表 7.1 の同時分布を表している．

(b) 対数線形モデル
$$\eta_{1k} = \log E(Z_k) = \mathbf{x}_{1k}^T \boldsymbol{\beta}$$
および
$$\eta_{2k} = \log E(n_k - Z_k) = \mathbf{x}_{2k}^T \boldsymbol{\beta}$$
はロジスティック回帰モデル
$$\log\left(\frac{\pi_k}{1-\pi_k}\right) = \mathbf{x}_k^T \boldsymbol{\beta}$$
に同値であることを示せ．ここに $\mathbf{x}_k = \mathbf{x}_{1k} - \mathbf{x}_{2k}$ $(k=1, ..., K)$ である．

(c) (b) にもとづき，ロジスティック回帰モデルにより，アスピリン使用と潰瘍の関係に関する症例対照研究のデータを解析せよ．結果を対数線形モデルのものと比較せよ．

第10章
生存時間解析

10.1 はじめに

重要なデータのタイプとして，開始時点からイベント発生までの時間の測定値があげられる．例えば，工学における「部品が最初に使われてから正常に動作しなくなるまでの時間」や，医学における「ある疾患と診断されてから死亡するまでの時間」はこの範疇に属する．こういったデータの解析としては，(故障までの時間の中央値など) パーセント点などによる分布の要約を行ったり，説明変数との関係を検討することが多い．故障までの時間，またはより慣用的には**生存時間** (survival time) と呼ばれるこの種のデータは2つの重要な特徴を持っている．

(a) 時間は非負値であり，一般的に値が大きい方向に長く裾を引く歪んだ分布となる．

(b) 観測対象となる患者が研究期間を超えて生存するなど，実際の正確な生存時間がわからないことも多い．このような場合，データは**打切られている** (censored) という．

図10.1には，データが打ち切られているケースが示されている．図の横軸は生存時間で，T_O は研究期間の開始を，T_C は研究期間の終了をそれぞれ意味している．記号Dはその時点で '死亡' が発生したことを，Aは '研究終了時点で生存' していたことを表す．Lはその時点まで生存していたことがわかっている

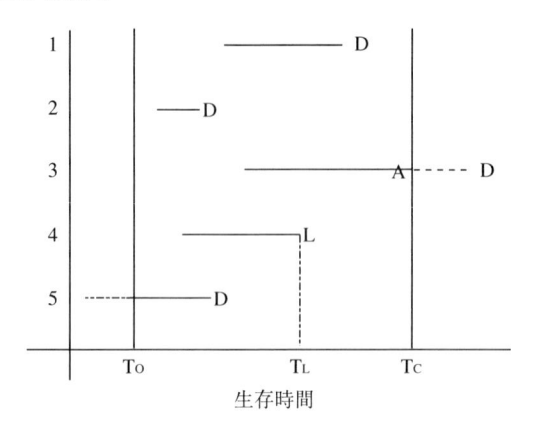

```
    1                    ———————— D
    2           ——— D
    3                 ——————— A - - - D
    4           ————————— L
    5      - - ——— D
         T_O        T_L      T_C
              生存時間
```

図 10.1 生存時間における打切りの種類

が,その後の追跡ができなくなり,正確な生存時間が不明であることを表している.

図において,被験者[†]1 と 2 は研究期間内で全生存時間(診断から死亡まで,あるいは機械の使用開始から故障まで)が記録されている.被験者 3 は '死亡' が研究終了後に起こっているため,実際には実線の部分のみが観測されており,データは時刻 T_C で**右側打切り** (right censored) されているという.被験者 4 は,時刻 T_L で追跡不能となり,右側打切りとなっている.被験者 5 は,研究開始の前に生存時間が開始されているため,T_O の前(破線の部分)は観測されていない.この場合,データは時刻 T_O で**左側打切り** (left censored) されているという.

生存時間データの解析は,多くの書籍や論文で扱われており,また多くの統計ソフトウェアで計算が可能となっている.本書では生存時間の確率分布があらかじめ規定されており,時間が(離散尺度でなく)連続尺度で測られるようなパラメトリックモデルのみを考察する.したがって,(もっとも有名な生存時間の解析手法である) **Cox 比例ハザードモデル** (Cox proportional hazards model) のような**セミパラメトリックモデル** (semi-parametric model),すなわち生存時間が説明変数に依存することは規定するが生存時間の確率分布については仮定をおかないモデルは,ここでは検討しない.パラメトリックモデルに

[†] 原著では 'subject' であるが,医学研究へ参加をしている患者を想定して,被験者と訳している.

は，1.（モデルが正しければ）推定がより正確になる，2. **加速故障時間モデル** (accelerated failure time models)(Wei (1992)) などの広い範囲のモデルが含まれる，といった利点が存在する．時間依存性の説明変数や離散生存時間モデルなどその他の重要なトピックはここでは扱わないが，これらを含むより詳細な生存時間解析の方法論に関しては Collett (1994)，Lee (1992)，Cox and Oaks (1984)，Crowder (1991) などを参照してほしい．

次節において，生存時間の確率分布から派生するさまざまな関数を解説する．その後，生存時間解析でもっともよく使われる2つの分布，指数分布とワイブル分布について述べる．

一般に，生存時間データの推定や推測は，打切りデータの存在のために複雑となる．尤度関数は2つの要素からなり，1つは非打切りデータを扱う部分，もう1つは打切りデータを扱う部分である．よく使われる生存時間の確率分布のいくつかについては一般化線形モデルの仮定を完全には満たさないことが多いが，第4章におけるニュートン・ラプソン法を使った尤度関数を最大化する推定法や第5章で説明した推測方法は，少なくとも大標本のもとでは問題なく適用可能である．本章で説明した方法の具体的な適用例として，計算が容易な小標本データを用いるが，方法の漸近的性質はごく近似的にしか成立していないことに注意してほしい．

10.2 生存関数とハザード関数

確率変数 Y は生存時間を，$f(y)$ はその確率密度関数を表すものとする．このとき，ある時間 y までに死亡する確率は，累積確率分布関数

$$F(y) = \Pr(Y < y) = \int_0^y f(t)\,dt$$

で与えられる．

生存関数 (survivor function) は時間 y を超えて生存する確率を表し，

$$S(y) = \Pr(Y \geq y) = 1 - F(y) \tag{10.1}$$

で与えられる．

ハザード関数 (hazard function) は時間 y までは生存しているという条件のもとで, y と $y+\delta y$ の間に死亡する確率（の極限値）を表す．すなわち,

$$h(y) = \lim_{\delta y \to 0} \frac{\Pr(y \leq Y < y + \delta y \mid Y > y)}{\delta y}$$
$$= \lim_{\delta y \to 0} \frac{F(y + \delta y) - F(y)}{\delta y} \times \frac{1}{S(y)}$$

として定義される．ここで微分により,

$$\lim_{\delta y \to 0} \frac{F(y + \delta y) - F(y)}{\delta y} = F'(y) = f(y)$$

となるので,

$$h(y) = \frac{f(y)}{S(y)} \tag{10.2}$$

が成立する．したがって,

$$h(y) = -\frac{d}{dy}\{\log[S(y)]\} \tag{10.3}$$

が成立するので, $H(y) = \int_0^y h(t)\,dt$ とするとき,

$$S(y) = \exp[-H(y)]$$

または,

$$H(y) = -\log[S(y)] \tag{10.4}$$

と表せる．$H(y)$ は**累積ハザード関数** (cumulative hazard function) とか**積分ハザード関数** (integrated hazard function) と呼ばれている．

ところで, '平均的な' 生存時間は通常, 生存時間分布の中央値によって推定される．生存時間分布は裾野が長く歪んでいることが多いので, 期待値よりも中央値の方が望ましいと考えられるからである．**中央生存時間** (median survival time) $y(50)$ は, 方程式 $F(y) = \frac{1}{2}$ の解として与えられる．その他のパーセント点についても同様で, 例えば $p\%$ 点 $y(p)$ は, $F[y(p)] = p/100$ または $S[y(p)] = 1 - p/100$ の解である．分布によってはパーセント点が代数計算で得られる場合もあるが, 推定された生存関数を通して計算する必要があるかもしれない (10.6 節参照).

10.2.1 指数分布

生存時間 Y を表す最も簡単なモデルは**指数分布** (exponential distribution) であり，その確率密度関数は，

$$f(y; \theta) = \theta e^{-\theta y}, \quad y \geq 0, \quad \theta > 0 \tag{10.5}$$

で与えられる．この分布は指数型分布族に属し（演習問題 3.3 (b) 参照），$E(Y) = 1/\theta$, $\mathrm{var}(Y) = 1/\theta^2$ を持つ（演習問題 4.2 参照）．累積分布は，

$$F(y; \theta) = \int_0^y \theta e^{-\theta t} dt = 1 - e^{-\theta y}$$

となるので，生存関数は，

$$S(y; \theta) = e^{-\theta y} \tag{10.6}$$

ハザード関数は，

$$h(y; \theta) = \theta$$

累積ハザード関数は，

$$H(y; \theta) = \theta y$$

とそれぞれ表される．

ところで，指数分布のハザード関数は時間 y に依存しない．すなわち，区間 $[y, y+\delta y]$ での死亡確率は，すでにどれだけの時間を生存していたかには依存しない．しかし，一般には死亡確率は時間とともに上昇していくことが多いので，この '**記憶の欠如** (lack of memory)' と呼ばれる性質には少し無理があるかもしれない．そのような場合は，ワイブル分布による加速故障モデルの方がより適切であろう．データがハザード一定の性質を満たすかどうかをチェックするには，累積ハザード関数 $H(y; \theta)$ を推定し（10.3 節参照），それを時間 y に対してプロットしてみればよい．もしプロットが線形に近ければ，指数分布がそのデータのモデルとして適しているかもしれない．

指数分布の中央生存時間は，方程式 $F(y; \theta) = \dfrac{1}{2}$ を解いて，

$$y(50) = \frac{1}{\theta} \log 2$$

で与えられる．一方，指数分布の期待値は $E(Y) = 1/\theta$ と計算されるが，指数分布は歪んでいるので，($\log 2 \simeq 0.69$ を掛けて下方修正した) $y(50)$ の方が '平均的な' 生存時間としてより適している．

10.2.2　比例ハザードモデル

指数分布では，Y と説明変数 $\mathbf{x}$ の関係を $E(Y) = \mathbf{x}^T\boldsymbol{\beta}$ とモデル化できるかもしれない．この場合，恒等関数が連結関数となる．しかし，より一般には $\theta > 0$ であることを保証するために，

$$\theta = e^{\mathbf{x}^T\boldsymbol{\beta}}$$

とモデル化することが多い．この場合，ハザード関数は

$$h(y; \boldsymbol{\beta}) = \theta = e^{\mathbf{x}^T\boldsymbol{\beta}} = \exp\Bigl(\sum_{i=1}^{p} x_i\beta_i\Bigr)$$

のような乗法形式となる．

x_k は曝露の有無を表す2値変数とし，$x_k = 0$ なら曝露なしを，$x_k = 1$ なら曝露ありを表すものとしよう．このとき，'曝露あり' の '曝露なし' に対する**ハザード比** (hazard ratio) または**相対ハザード** (relative hazard) は

$$\frac{h_1(y; \boldsymbol{\beta})}{h_0(y; \boldsymbol{\beta})} = e^{\beta_k} \tag{10.7}$$

となる．ただし，x_k 以外の変数は式 (10.7) の分子と分母で同じ値をとり，したがって $\sum_{i \neq k} x_i\beta_i$ は分子と分母で等しいとしている．連続説明変数の1単位の増加に対するハザード比も式 (10.7) の形式で与えられる．

以上を一般化して

$$h_1(y) = h_0(y) e^{\mathbf{x}^T\boldsymbol{\beta}} \tag{10.8}$$

という形のモデルを考えよう．$h_0(y)$ は，$\mathbf{x} = \mathbf{0}$, すなわちすべての説明変数値が参照水準となる基準被験者のハザード関数に相当し，**ベースラインハザード** (baseline hazard) と呼ばれている．モデル (10.8) は説明変数の影響が，基準被験者のハザード関数に比例定数のかたちで影響するため，**比例ハザードモデル** (proportional hazards model) と呼ばれる．

比例ハザードモデルの累積ハザード関数は,

$$H_1(y) = \int_0^y h_1(t)\,dt = \int_0^y h_0(t)\,e^{\mathbf{x}^T\boldsymbol{\beta}}dt = H_0(y)\,e^{\mathbf{x}^T\boldsymbol{\beta}}$$

となるので,

$$\log H_1(y) = \log H_0(y) + \sum_{i=1}^p x_i\beta_i$$

という関係を得る.したがって,ある曝露に対する有無(有を P,無を A と表す)の状態だけが異なる 2 群間については,

$$\log H_P(y) = \log H_A(y) + \beta_k \tag{10.9}$$

となり,**対数累積ハザード関数** (log cumulative hazard function) は定数の違いだけになる.

10.2.3 ワイブル分布

生存時間でよく用いられる別の分布として**ワイブル分布** (Weibull distribution) がある.ワイブル分布の確率密度関数は

$$f(y;\lambda,\theta) = \frac{\lambda y^{\lambda-1}}{\theta^\lambda}\exp\left[-\left(\frac{y}{\theta}\right)^\lambda\right],\quad y\geq 0,\quad \lambda>0,\quad \theta>0$$

で与えられる(演習問題 4.2 参照).パラメータ λ は分布の**形状** (shape) を,パラメータ θ は分布の**尺度** (scale) をそれぞれ決定する.記号を単純化するために,$\theta^{-\lambda} = \phi$ とおくと,上の分布は

$$f(y;\lambda,\phi) = \lambda\phi y^{\lambda-1}\exp\left[-\phi y^\lambda\right] \tag{10.10}$$

と表される.$\lambda=1$ の場合,ワイブル分布は指数分布に一致する.[†]

ワイブル分布の生存関数は

$$\begin{aligned}S(y;\lambda,\phi) &= \int_y^\infty \lambda\phi u^{\lambda-1}\exp\left[-\phi u^\lambda\right]du \\ &= \exp\left(-\phi y^\lambda\right)\end{aligned} \tag{10.11}$$

[†]この場合 $\phi = \theta^{-1}$ となる.ここの定式化では θ でなく ϕ がハザードを表すことに注意する.

ハザード関数は
$$h(y; \lambda; \phi) = \lambda \phi y^{\lambda-1} \tag{10.12}$$
累積ハザード関数は
$$H(y; \lambda, \phi) = \phi y^{\lambda}$$
で与えられる．

式 (10.12) よりハザード関数は生存時間 y に依存し，（適当な λ に対し）y とともに増加あるいは減少していくことがわかる．ワイブル分布は**加速故障時間** (accelerated failure time) モデル[†]の基準関数として，しばしば利用される．特定のデータがワイブル分布に従うかどうかは，
$$\begin{aligned}\log[-\log S(y)] &= \log H(y) \\ &= \log \phi + \lambda \log y\end{aligned} \tag{10.13}$$
を使って評価できる．すなわち，$\log[-\log \hat{S}(y)]$ を $\log y$ に対してプロットしたとき，ワイブル分布（または指数分布）に従っていれば，プロットはほぼ直線になるはずである．ここで $\hat{S}(y)$ は経験生存関数を表す．この方法は 10.3 節で具体的に説明することにしよう．

生存時間 Y の期待値は，
$$\begin{aligned}E(Y) &= \int_0^\infty \lambda \phi y^\lambda \exp\left(-\phi y^\lambda\right) dy \\ &= \phi^{-1/\lambda} \Gamma(1+1/\lambda)\end{aligned}$$
となり ($\Gamma(u) = \int_0^\infty s^{u-1} e^{-s} ds$ はガンマ関数)，中央値は $S(y; \lambda, \phi) = \dfrac{1}{2}$ を解いて，
$$y(50) = \phi^{-1/\lambda} (\log 2)^{1/\lambda}$$
となる．これらの統計量は，Y と説明変数の間の関係を ϕ に関してモデル化すべきであることを示唆している．特に
$$\phi = \alpha e^{\mathbf{x}^T \boldsymbol{\beta}}, \quad \alpha > 0$$

[†]加速故障時間モデルでは，説明変数 $\mathbf{x}$ を持つ被験者の生存時間 Y は，$Y = e^{\mathbf{x}^T \boldsymbol{\beta}} \cdot Y_0$ と表される．すなわち，Y は基準被験者（$\mathbf{x} = \mathbf{0}$ に相当）の生存時間 Y_0 の $e^{\mathbf{x}^T \boldsymbol{\beta}}$ 倍になると仮定される．Y_0 の分布として，しばしばワイブル分布が仮定される．演習問題 10.3 参照．

とすれば，ハザード関数 (10.12) は

$$h(y; \lambda, \phi) = \lambda \alpha y^{\lambda-1} e^{\mathbf{x}^T \boldsymbol{\beta}} \tag{10.14}$$

と表され，これは比例ハザードモデル

$$h(y) = h_0(y) e^{\mathbf{x}^T \boldsymbol{\beta}}, \quad h_0(y) = \lambda \alpha y^{\lambda-1}$$

になっている．

実際，加速故障モデルでも，比例ハザードモデルでも表現できる分布はワイブル分布に限られることが知られている（演習問題 10.3 と 10.4 および Cox and Oaks (1984) 参照）．

10.3 経験生存関数

生存時間にある特定の分布を仮定したとき，その仮定が正しいかどうかをチェックするために，累積ハザード関数 $H(y)$ が有用となる．例えば，指数分布では，$H(y) = \theta y$ という線形関係が成立する必要があるが（10.2.1 項参照），これはデータから確認できる．

経験生存関数（時刻 y 以上生存する確率の推定値）は，

$$\tilde{S}(y) = \frac{\text{生存時間が } y \text{ 以上となる被験者数}}{\text{総被験者数}}$$

により与えられる．この関数を計算する通常の方法は**カプラン・マイヤー推定値** (Kaplan-Meier estimate) を用いることであり，この推定値は**積極限推定値** (product limit estimate) とも呼ばれている．この方法では，死亡が観測された時刻を小さい順に $y_{(1)} \le y_{(2)} \le \ldots \le y_{(k)}$ と並べる．時刻 $y_{(j)}$ での死亡数を d_j，そして n_j を時刻 $y_{(j)}$ の直前で生存している（厳密には小区間 $(y_{(j)} - \delta, y_{(j)})$ で生存している）被験者数とする．このとき，被験者が $y_{(j)}$ の直前まで生存し，かつ $y_{(j)}$ 以降も生存する条件付確率は $(n_j - d_j)/n_j$ である．各 $y_{(j)}$ は独立に生起していると仮定すれば，$(n_j - d_j)/n_j$ を次々に掛けあわせることで推定値が得られる．すなわち，$y(y_{(k)} \le y < y_{(k+1)})$ における生存関数のカプラン・マイヤー推定値は，

$$\hat{S}(y) = \prod_{j=1}^{k} \left(\frac{n_j - d_j}{n_j} \right)$$

で与えられる．

10.3.1 例：寛解持続期間

$\hat{S}(y)$ の計算例を急性白血病患者のデータ (Gehan (1965)) を使って示そう．このデータでは，薬物療法により寛解に達した患者に，維持療法として 6-mecracpto-purine（実治療群）あるいはプラセボ（対照群）を割り付け，寛解から再発までの期間を記録している．両群ともに $n = 21$ 例からなる．対照群では打切り例は存在しないが，実治療群では半数以上（12 例）が打切り例である．データは表 10.1 で与えられている．表 10.2 には，実治療群の $\hat{S}(y)$ の計算の詳細がまとめられている．

表 10.1 白血病患者の寛解持続期間．Gehan (1965) のデータ

対照群									
1	1	2	2	3	4	4	5	5	8	8
8	8	11	11	12	12	15	17	22	23	

実治療群									
6	6	6	6*	7	9*	10	10*	11*	13	16
17*	19*	20*	22	23	25*	32*	32*	34*	35*	

*は打切りを表す

表 10.2 実治療群の生存関数のカプラン・マイヤー推定値の計算（表 10.1 のデータ）

時刻 y_j	時刻 y_j の直前で生存している数 n_j	時刻 y_j での死亡数 d_j	$\hat{S}(y) = \prod \left(\frac{n_j - d_j}{n_j} \right)$
0 – <6	21	0	1
6 – <7	21	3	0.857
7 – <10	17	1	0.807
10 – <13	15	1	0.753
13 – <16	12	1	0.690
16 – <22	11	1	0.627
22 – <23	7	1	0.538
≥ 23	6	1	0.448

図 10.2 は，表 10.1 のデータをプロットしたものである．ただし，●は非打切り例を，■は打切り例を表している．実治療群で打切り例が多いため，図での比較をそのまま受け入れることはできないが，分布が歪んでおり，また，実治療群の方が再発までの寛解持続期間を延長する傾向にあることは読み取れる．

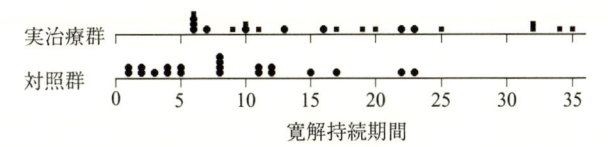

図 10.2 表 10.1 の寛解持続期間のデータ：●は非打切り例，■は打切り例を表す

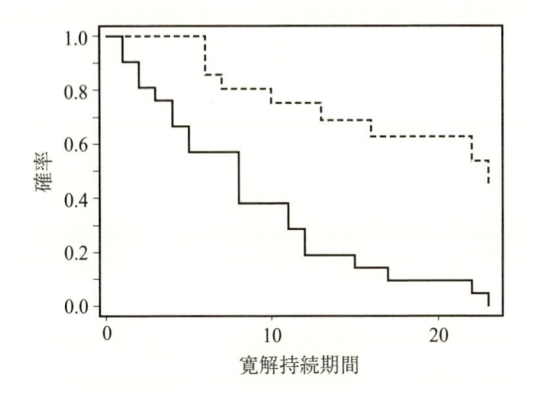

図 10.3 表 10.1 のデータの経験的生存関数（カプラン・マイヤー法による推定）：実線は対照群，点線は実治療群を表す

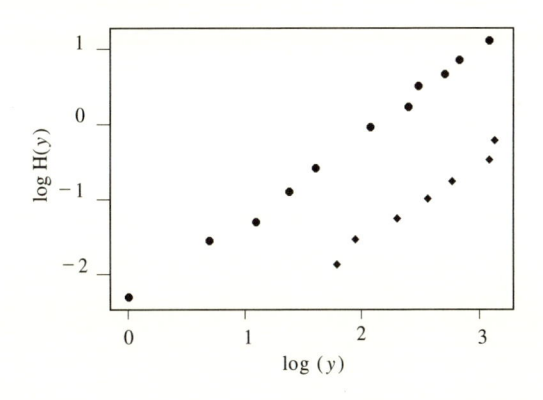

図 10.4 表 10.1 のデータの対数累積ハザード関数．横軸は log（寛解持続期間）．●は対照群，◆は実治療群を表す

図 10.3 はカプラン・マイヤー推定によって得られた 2 群の生存曲線である．実線は対照群を，点線は実治療群を表している．寛解持続期間は明らかに，実治療群の方が長い．

図 10.4 は，対数累積ハザード関数を $\log y$ に対してプロットしたものである．2 群ともほぼ直線となるので，式 (10.13) より両群の生存時間分布はワイブル分布と仮定してよい．さらに，2 つの線は平行になっているので，式 (10.9) より比例ハザードモデルの仮定も満たしている．両者の距離は約 1.4 であるので，対照群の実治療群に対するハザード比は $\exp(1.4) \simeq 4$ と計算されよう．また，2 つの線の傾きは共にほぼ 1 に近いが，このことはワイブル分布のなかでも特に指数分布が仮定できることを表している．

10.4 推 定

第 j 被験者に対して記録されるデータは，生存時間 y_j，打切り指標 δ_j（非打切りの場合は $\delta_j = 1$，打切りの場合は $\delta_j = 0$）および説明変数ベクトル $\mathbf{x}_j$ である．$y_1, \ldots, y_r$ を非打切り観測値，$y_{r+1}, \ldots, y_n$ を打切り観測値としよう．非打切り変数の尤度関数への寄与は

$$\prod_{j=1}^{r} f(y_j)$$

で与えられる．一方，打切り変数では，生存時間 Y は少なくとも y_j ($r+1 \leq j \leq n$) であることが分かっており，この確率は $\Pr(Y \geq y_j) = S(y_j)$ に他ならない．したがって，打切り変数の尤度関数への寄与は，

$$\prod_{j=r+1}^{n} S(y_j)$$

として表すことができる．以上から，全尤度は

$$L = \prod_{j=1}^{n} f(y_j)^{\delta_j} S(y_j)^{1-\delta_j} \tag{10.15}$$

となり，対数尤度関数は，式 (10.2) より

$$\begin{aligned} l &= \sum_{j=1}^{n} [\delta_j \log f(y_j) + (1-\delta_j) \log S(y_j)] \\ &= \sum_{j=1}^{n} [\delta_j \log h(y_j) + \log S(y_j)] \end{aligned} \tag{10.16}$$

となる．これらの尤度関数は，生存時間確率分布のパラメータおよび線形成分 $\mathbf{x}^T\boldsymbol{\beta}$ のパラメータに依存する．

これらのパラメータは，第4章で述べた方法で推定される．通常は，対数尤度関数の最大化にはニュートン・ラプソン法が用いられるであろう．情報行列の逆行列は，ニュートン・ラプソン法の逐次近似の過程で利用され，またパラメータ最尤推定量の分散共分散行列の漸近推定値として使われる．

生存時間データのパラメトリックモデルとCox比例ハザードモデルの主な違いは，式(10.15)の関数にある．Coxモデルでは，関数 f や S は完全には規定されない．より詳しくはCollett (1994)などを見てほしい．

10.4.1 例：単純な指数モデル

打切りはあるが，説明変数のない生存時間データで，指数分布が適切であると考えられるとしよう．このときの尤度関数は，式(10.5)，(10.6)，(10.15)から，$L(\theta; \mathbf{y}) = \prod_{j=1}^{n} \left(\theta e^{-\theta y_j}\right)^{\delta_j} \left(e^{-\theta y_j}\right)^{1-\delta_j}$ となるので，対数尤度関数は，

$$l(\theta; \mathbf{y}) = \sum_{j=1}^{n} \delta_j \log\theta + \sum_{j=1}^{n} \left[\delta_j \left(-\theta y_j\right) + (1 - \delta_j)\left(-\theta y_j\right)\right] \tag{10.17}$$

で与えられる．いま，r 個の非打切り例 ($\delta_j = 1$) と $(n-r)$ 個の打切り例 ($\delta_j = 0$) が存在するとすれば，式(10.17)は

$$l(\theta; \mathbf{y}) = r\log\theta - \theta\sum_{j=1}^{n} y_j$$

と単純化される．これより，方程式

$$U = \frac{dl(\theta; \mathbf{y})}{d\theta} = \frac{r}{\theta} - \sum_{j=1}^{n} y_j = 0$$

の解として，最尤推定量

$$\hat{\theta} = \frac{r}{\sum_{j=1}^{n} Y_j}$$

が得られる．もし打切り例が存在しなければ $r = n$ であり，標本平均と $1/\hat{\theta}$ は一致する．これは $E(Y) = 1/\theta$ という関係からも予想できよう．

$\hat{\theta}$ の分散は，漸近的に

$$\mathrm{var}(\hat{\theta}) = \frac{1}{\Im} = -\frac{1}{E(U')}$$

となる（$\Im$ は情報量）．ここで，

$$U' = \frac{d^2 l}{d\theta^2} = \frac{-r}{\theta^2}$$

であるので，$\mathrm{var}(\hat{\theta}) = \theta^2/r$ となり，$\hat{\theta}^2/r$ で推定できることがわかる．ゆえに θ の95%信頼区間は，$\hat{\theta} \pm 1.96 \times \hat{\theta}/\sqrt{r}$ で近似的に求められる．

10.4.2 例：ワイブル比例ハザードモデル

ワイブル分布を仮定した比例ハザードモデルが（例えば，事前の探索的解析により）適切なモデルであると考えられたとしよう．被験者 j に対するデータを $\{y_j, \delta_j, \mathbf{x}_j\}$ とすると，対数尤度関数は，式 (10.14) と (10.16) より

$$l = \sum_{j=1}^{n} \left[\delta_j \log \left(\lambda \alpha y_j^{\lambda-1} e^{\mathbf{x}_j^T \boldsymbol{\beta}} \right) - \left(\alpha y_j^{\lambda} e^{\mathbf{x}_j^T \boldsymbol{\beta}} \right) \right]$$

となる．この関数を最大化することにより，最尤推定値 $\hat{\lambda}, \hat{\alpha}, \hat{\boldsymbol{\beta}}$ が得られる．

10.5　推　測

パラメータの最尤推定値を求めるために利用されるニュートン・ラプソン法の手順のなかで，情報行列 $\Im$ の計算が必要となる．$\Im$ の逆行列 $\Im^{-1}$ は最尤推定量の分散共分散行列の近似値を与えるので，$\Im^{-1}$ の対角成分の平方根は任意のパラメータ θ の最尤推定値 $\hat{\theta}$ の標準誤差 $\mathrm{s.e.}(\hat{\theta})$ の近似値を与える．パラメータ θ に関する統計的推測は $\hat{\theta}$ と $\mathrm{s.e.}(\hat{\theta})$ で行える．例えば θ に関する仮説検定や信頼区間の算出は，ワルド統計量 $(\hat{\theta} - \theta)/\mathrm{s.e.}(\hat{\theta})$ が近似的に標準正規分布 $N(0, 1)$ に従うことを用いればよい（5.4節参照）．

ワイブル分布や指数分布において計算されたパラメータの最尤推定値のベクトル $\hat{\boldsymbol{\theta}}$ を式 (10.16) に代入すれば，対数尤度関数の最大値 $l(\hat{\boldsymbol{\theta}}; \mathbf{y})$ を求められる．ただし，打切りデータを含んでいるときは，$2[l(\hat{\boldsymbol{\theta}}_{\max}; \mathbf{y}) - l(\hat{\boldsymbol{\theta}}; \mathbf{y})]$ の分布は近似的にもカイ2乗分布に従わない可能性がある．

M_1 は p 個のパラメータを持つモデルであり，M_0 はその入れ子モデルとして q 個のパラメータを持つとする（したがって，$q < p$）．両モデルともデータによく当てはまると仮定すれば，モデル M_1, M_0 の対数尤度の最大値をそれぞれ $\hat{l}_1$, $\hat{l}_0$ とするとき，

$$D = 2(\hat{l}_1 - \hat{l}_0)$$

は近似的に自由度 $p - q$ のカイ2乗分布に従う．統計量 D は**逸脱度** (deviance) に類似した統計量で，別の仮説検定の枠組みを与える（5.7節参照）．

10.6　モデルのチェック

当てはめたモデルを評価するためには，残差パターンの点検（2.3.4項参照）や重回帰と同様の統計量を用いた影響観測値の診断（6.2.7項参照）に加え，比例ハザード性や加速故障といった仮定のチェックが必要である．

10.3節で説明した経験生存関数 $\hat{S}(y)$ を利用すれば，仮定した確率モデルの妥当性を調べることができる．例えば，指数分布の仮定には $-\log[\hat{S}(y)]$ の y に対するプロットが線形であることを必要とし（式 (10.6) 参照），より一般にワイブル分布の仮定には $\log[-\log \hat{S}(y)]$ の $\log(y)$ に対するプロットが線形であることを必要とする（式 (10.13) 参照）．もしプロットが曲線になるようであれば，**対数ロジスティック分布** (log logistic distribution) などの別のモデルを仮定した方がよいかもしれない（演習問題 10.2 参照）．

式 (10.8) の比例ハザードモデルは，h_0 をベースラインハザードとするとき，

$$h(y) = h_0(y) e^{\mathbf{x}^T \boldsymbol{\beta}}$$

と仮定する．式 (10.9) で示されたように，ある特性 x_k に対する有無（特性があれば $x_k = 1$, なければ $x_k = 0$）だけが異なる2群の間には，

$$\log H_P(y) - \log H_A(y) = \beta_k$$

が成り立つ．したがって，この特性の有無別に $\hat{S}(y)$ を計算して2つの $\log[-\log \hat{S}(y)]$ をプロットしたとき，両者は互いに平行で距離 β_k だけ移動した関係になっている必要がある．

対数累積ハザード関数のプロットが平行であれば,比例ハザード性の仮定は支持されると考えてよい.少ないカテゴリーからなる説明変数に対しては,比例ハザード性をこのようにしてチェックすることが可能である.もし2つの線が直線だが平行でないような場合は,説明変数間に交互作用が存在することを示唆している.逆に2つの線が直線ではないが平行であるような場合は,(比例ハザード性は成り立つが)ワイブル分布の仮定が不適切であることを示唆している.

より複雑な状況に対しては,残差にもとづいた一般的な診断を行う必要がある.生存時間に対するもっとも単純な残差として,**コックス・スネル残差** (Cox-Snell residuals) があげられる.被験者 j の生存時間 y_j が非打切りの場合,被験者 j のコックス・スネル残差は

$$r_{C_j} = \hat{H}(y_j \mid \mathbf{x}_j) = -\log[\hat{S}(y_j \mid \mathbf{x}_j)] \tag{10.18}$$

で定義される.ただし $\hat{H}$ および $\hat{S}$ は,被験者 j の説明変数ベクトル $\mathbf{x}_j$ に対応する推定累積ハザード関数および推定生存関数である.比例ハザードモデルであれば,ベースライン累積ハザード関数 $\hat{H}_0$ を使って,

$$r_{C_j} = \exp(\mathbf{x}_j^T \hat{\boldsymbol{\beta}}) \hat{H}_0(y_j)$$

とすることに等しい.

モデルがデータによく適合していれば,コックス・スネル残差はパラメータ1を持つ指数分布に従うことが示される.したがって,その平均と分散は1に近い値となる.

打切り観測値については,r_{C_j} が小さくなりすぎないように,次のような修正が行われる.

$$r'_{C_j} = \begin{cases} r_{C_j} & \text{非打切り観測値} \\ r_{C_j} + \Delta & \text{打切り観測値} \end{cases}$$

ここに $\Delta = 1$ または $\Delta = \log 2$ とする (Crowley and Hu (1977)).指数確率プロット(正規確率プロットに類似したもの.多くの統計ソフトウェアで利用可能)を使えば,r'_{C_j} の分布が平均1の指数分布に近いかどうかを確認できる.さらに指数確率プロットにより,外れ値や仮定した分布からの系統的なズレを発見することができる.

別のアプローチとして，**マルチンゲール残差** (Martingale residuals) がある．被験者 j のマルチンゲール残差は，

$$r_{M_j} = \delta_j - r_{C_j}$$

で定義される．ただし，生存時間が非打切りなら $\delta_j = 1$, 打切りなら $\delta_j = 0$ とする．r_{M_j} の分布の期待値は 0 であるが，負の方向に歪んだ分布となる．

逸脱度残差 (deviance residuals) は，

$$r_{D_j} = \mathrm{sign}\left(r_{M_j}\right) \left\{-2\left[r_{M_j} + \delta_j \log\left(r_{C_j}\right)\right]\right\}^{\frac{1}{2}}$$

として定義される（ただし，これの平方和が逸脱度に等しくなるというわけではないので，この名前は紛らわしいことに注意してほしい）．r_{D_j} は近似的にゼロを中心とした対称な分布となり，大きな値は外れ値の可能性がある．

$r'_{C_j}, r_{M_j}, r_{D_j}$ のいずれにせよ，生存時間の測定順に（あるいは他の適切な順序に従って）残差プロットの列を描いてみれば，被験者の生存時間分布が互いに独立かどうかをチェックできる．さらに，説明変数を横軸とする残差プロットを描いてみることで，何らかの系統的なパターンが発見され，当てはめたモデルが正しくないことが分かるかもしれない．ただし，r'_{C_j} や r_{M_j} の分布は歪んでいるので，実用上は r_{D_j} の方が使いやすい．

生存時間データに対する影響観測値を見つけるための診断統計量も（重回帰や他の一般化線形モデルのときと同様にして）定義が可能である．例えば，任意のパラメータ β_k に対し，delta-beta 統計量 $\Delta_j \beta_k$ は，観測値 j を除いた場合に β_k がどれだけ変化するかを測るものである．生存時間 y_j を横軸として $\Delta_j \beta_k$ の散布図を描いてみれば，影響観測値を同定することができる．

10.7　例：寛解持続期間

図 10.4 より，寛解持続期間のデータ（表 10.1）に対しては，ワイブル分布を仮定した比例ハザードモデルが適用できる．より強く指数分布を仮定してもよいかもしれない．式で表せば，

$$h(y) = \exp(\beta_0 + \beta_1 x), \quad Y \sim \text{指数分布} \tag{10.19}$$

$$h(y) = \lambda y^{\lambda-1} \exp(\beta_0 + \beta_1 x), \quad Y \sim \text{ワイブル分布}$$

表 10.3 表 10.1 のデータに，指数分布またはワイブル分布を仮定した比例ハザードモデルを当てはめた結果

	指数モデル	ワイブルモデル
群 β_1	1.53 (0.40)	1.27 (0.31)
切片 β_0	0.63 (0.55)	0.98 (0.43)
形状 λ	1.00*	1.37 (0.20)

*指数分布の形状パラメータは 1 としている.

となる．ただし，$x = 0$ は対照群，$x = 1$ は実治療群，λ は形状パラメータを表す．表 10.3 は，この 2 つのモデルを当てはめた結果である．ワイブルモデルで仮説 $\lambda = 1$ を検定するワルド統計量は $z = (1.37 - 1.00)/0.20 = 1.85$ と計算されるが，これは標準正規分布と比較して小さな値なので $\lambda = 1$ を棄却できない．さらにワイブルモデルと指数モデルの最大対数尤度をそれぞれ $\hat{l}_W$ と $\hat{l}_E$ とするとき，逸脱度は $D = 2 \times (\hat{l}_W - \hat{l}_E) = 3.89$ と計算されるが（詳細は省略），これは自由度 1 のカイ 2 乗分布と比較して極端に大きな値ではない．以上より，2 つのモデルの間で，データへの適合に大きな違いはないと言える．また，表 10.3 から，β_1 は両モデルにおいてゼロではないことが示唆されている（表 10.3 よりワルド統計量を計算すればよい）．指数モデルでは $\exp(1.53) = 4.62$ がハザード比の推定値を与える．

図 10.5 は指数モデルにおけるコックス・スネル残差と逸脱度残差の箱ヒゲ図である．コックス・スネル残差の分布は歪んでおり，それに比べれば逸脱度残

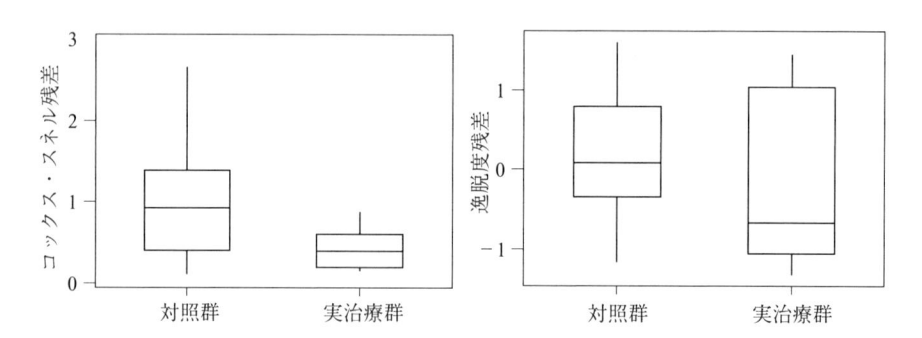

図 10.5 表 10.1 のデータに指数モデル (10.19) を当てはめたときのコックス・スネル残差と逸脱度残差の箱ヒゲ図

差は対称であることがわかる．また，実治療群と対照群の間で分布位置がずれていることから，仮定したモデルでは寛解持続期間の変動を十分に説明できていないことが示唆される．

10.8 演習問題

10.1 表 10.4 のデータは，白血病患者の診断から死亡までの生存期間（週）を表している．ただし，打切りはない．2 個の共変量として，$\log_{10}$ スケールの白血球数 (white blood cell count; 以下 WBC) とある抗原 (antigen; 以下 AG) の検査結果 (AG 陽性または AG 陰性) が記録されている（出典：Feigl and Zelen (1965)）．AG 陽性の 17 例のデータは演習問題 4.2 のものと同一である．

(a) AG 陽性，AG 陰性の各群における経験生存関数 $\hat{S}(y)$ を求めよ．WBC は無視してよい．

(b) 推定値 $\hat{S}(y)$ をプロットし，データのモデル化に適切な確率分布を選択せよ．

(c) パラメトリックモデルを用いて，共変量 WBC の影響を調整したうえで 2 群間の生存期間を比較せよ．WBC は表中の $\log_{10}(\text{WBC})$ の値をそのまま使うのがよい．

表 10.4 白血病患者の生存期間

AG+		AG−	
生存期間（週）	WBC($\log_{10}$)	生存期間（週）	WBC($\log_{10}$)
65	2.30	56	4.40
156	0.75	65	3.00
100	4.30	17	4.00
134	2.60	7	1.50
16	6.00	16	9.00
108	10.50	22	5.30
121	10.00	3	10.00
4	17.00	4	19.00
39	5.40	2	27.00
143	7.00	3	28.00
56	9.40	8	31.00
26	32.00	4	26.00
22	35.00	3	21.00
1	100.00	30	79.00
1	100.00	4	100.00
5	52.00	43	100.00
65	100.00		

(d) 残差およびその他の診断統計量を用いて，(c) のモデルの妥当性をチェックせよ．
(e) この解析の結果は，AG が有用な予後因子であることを示唆しているか？

10.2 **対数ロジスティック分布** (log-logistic distribution) は

$$f(y) = \frac{e^\theta \lambda y^{\lambda-1}}{(1+e^\theta y^\lambda)^2}$$

という確率密度関数で表され，生存時間のモデル化に用いられることがある．
(a) 生存関数 $S(y)$，ハザード関数 $h(y)$，累積ハザード関数 $H(y)$ を計算せよ．
(b) 中央生存時間は $\exp(-\theta/\lambda)$ となることを示せ．
(c) $\lambda=1, \lambda=5$ および $\theta=-5, \theta=-2, \theta=\frac{1}{2}$ に対するハザード関数をプロットせよ．

10.3 **加速故障時間モデル** (accelerated failure time models) では，説明変数 η が時間変数に対して乗法的に作用する．説明変数 η を持つ個体のハザード関数は

$$h(y) = \eta h_0(\eta y)$$

と表される．ここに $h_0(y)$ はベースラインハザード関数である．ワイブル分布および対数ロジスティック分布はこの性質を持つが，指数分布はこの性質を持たないことを示せ．（ヒント：確率変数 $T=\eta_i Y$ に対するハザード関数を求めよ）．

10.4 **比例ハザードモデル** (proportional hazards models) では，説明変数 η がハザード関数に対し乗法的に作用する．もし $\eta=e^{\mathbf{x}^T\boldsymbol{\beta}}$ ならば，説明変数 η を持つ個体のハザード関数は

$$h(y) = e^{\mathbf{x}^T\boldsymbol{\beta}} h_0(y) \qquad (10.20)$$

と表される．ここに $h_0(y)$ はベースラインハザード関数である．
(a) 生存時間の分布が指数分布であれば，$h_0=\theta$ となる．一般に共変量 $\mathbf{x}_i$ を持つ個体について $\theta_i = e^{\mathbf{x}_i^T\boldsymbol{\beta}}\theta$ ならば，式 (10.20) が成立することを示せ．
(b) 生存時間の分布がワイブル分布であれば，$h_0=\lambda\phi y^{\lambda-1}$ となる．一般に共変量 $\mathbf{x}_i$ を持つ個体について $\phi_i = e^{\mathbf{x}_i^T\boldsymbol{\beta}}\phi$ ならば，式 (10.20) が成立することを示せ．
(c) 生存時間の分布が対数ロジスティック分布であれば，$h_0 = \dfrac{e^\theta \lambda y^{\lambda-1}}{(1+e^\theta y^\lambda)}$ となる．一般に共変量 $\mathbf{x}_i$ を持つ個体について $e^{\theta_i}=e^{\theta+\mathbf{x}_i^T\boldsymbol{\beta}}$ ならば，式 (10.20) は成立しないことを示せ．したがって，対数ロジスティック分布は比例ハザード性を持たない．

10.5 生存関数 $S(y)$ は時間 y を越えて生存する確率なので，y を越える生存のオッズは，

$$O(y) = \frac{S(y)}{1-S(y)}$$

となる．比例オッズモデル (proportional odds model) では，説明変数 η が生存オッズに対し乗法的に作用する．説明変数 η を持つ個体のオッズは

$$O = \eta_i O_0$$

と表される．ここに O_0 はベースラインオッズである．

(a) 指数，ワイブル，対数ロジスティック分布に対し，時間 y を越える生存オッズを具体的に計算せよ．
(b) 対数ロジスティック分布だけが比例オッズ性を持つことを示せ．
(c) 対数ロジスティック分布について，時間 y を越える生存の対数オッズは

$$\log O(y) = \log\left[\frac{S(y)}{1-S(y)}\right] = -\theta - \lambda \log y$$

であることを確認せよ．もし，(経験生存関数から推定された) $\log \hat{O}_i$ を縦軸に，$\log y$ を横軸にとってプロットしたものが近似的に線形性を示すなら，対数ロジスティック分布が適切なモデルとなるかもしれない．

(d) (b) と (c) より対数ロジスティック分布では以下が成立することを示せ．説明変数 η_1 と η_2 を持つ 2 群に対し，$\log O_1$ と $\log O_2$ を縦軸に，$\log y$ を横軸にとってプロットすれば，平行な 2 直線となる．

10.6 表 10.5 のデータは，慢性活動性肝炎に対してプレドニゾロン投与と無治療を比較するランダム化比較試験の結果である．試験に参加した患者 44 例の生存期間（月）が示されている．各群 22 例であるが，1 例の患者が追跡不能となり，また各群数例の患者が試験終了時に生存していた（出典：Altman and Bland (1998)）．

(a) 各群の経験生存関数を計算せよ．
(b) 演習問題 10.3, 10.4, 10.5 の結果と適当なプロットを利用して，加速故障時間，比例ハザード，比例オッズの仮定が満たされるかどうかをチェックせよ．

表 10.5 慢性活動性肝炎にプレゾニドロンと無治療を比較したランダム化比較試験の結果（生存期間．単位は月）．Altman and Bland(1998) のデータ

プレゾニドロン群							
2	6	12	54	56**	68	89	96
96	125*	128*	131*	140*	141*	143	145*
146	148*	162*	168	173*	181*		
無治療群							
2	3	4	7	10	22	28	29
32	37	40	41	54	61	63	71
127*	140*	146*	158*	167*	182*		

*：打切り，**：追跡不能．

(c) (b) の結果にもとづき，適当なモデルを当てはめて，プレドニゾロンの（無治療に対する）相対的な治療効果を推定せよ．

第11章
クラスターデータおよび経時データ

11.1 はじめに

これまで考えてきたモデルはすべて，結果変数 Y_i, $i = 1, \ldots, n$ を独立と仮定していた．この仮定が当てはまらない典型的な状況が2つある．第1に，観測が同じ個体について経時的に行われているときで，例えばある人の体重を30, 40, 50, 60歳の各時点で測った場合である．同一個体に対する計測を時間の経過とともに繰返し行って得たデータを，**経時データ** (longtitudinal data) と呼んでいるが，異なる個体の計測とは異なり，データ間の独立性は普通仮定できない．それは経時データが，観測時点ごとに大きく変動するような要因のほか，観測時点を通して持続される性質の影響を受けるためである．体重の例で言えば，体重値は，各人の食習慣や身体活動の程度，さらには遺伝構造や身長といった観測時点を通して変化しない性質に左右されるので，異なる時点での値が独立とは考えられないのである．このように経時データでは連続する測定値の間に相関があることを念頭におかなくてはならない．

データが相関しやすい第2の状況は，関連がある対象から測定値を集めるときである．例えば，さまざまな国の特定の地域から選ばれた40歳の女性の体重はそういった例である．この場合，国が**一次抽出単位** (primary sampling units) あるいは**クラスター** (clusters) であり，40歳女性は一次抽出単位からの二次抽出単位となる．同じ地域の女性は，他の地域の女性よりも社会経済的条件もし

くは環境条件が似ているので，お互いに類似しやすい．したがって，こういった地域内相関を考慮せずに地域間の体重を比較することは，誤った結果を導きかねない．例えば，相関している観測値を独立だと仮定すれば，2 地域間の体重の平均的な差の標準誤差を過大評価することになる．

繰返し測定 (repeated measures) という用語は，経時データおよび**クラスターデータ** (clustered data) に対して用いられる．いずれの場合でも適切な統計解析を行うためには，相関を考慮したモデル化が必要である．そのようなモデル化には 2 つのアプローチがある．

1 つ目のアプローチは，結果変数 Y_i の間に独立性を仮定することをやめ，モデルに相関構造を明示的に取り入れることである．このアプローチは，'繰返し測定'（例えば，**繰返し測定分散分析** (repeated measures analysis of variance)）とか，**一般化推定方程式** (generalized estimating equation) といったさまざまな名前のもとで実施されている．実用上は，これらの方法がどのソフトウェアでもすぐに実行可能というわけではないが，モデルの原理自体は独立な結果変数における一般化線形モデルの原理に類似している．

繰返し測定をモデル化するもう 1 つのアプローチは，**多段階モデル** (multilevel modeling) と呼ばれるもので，研究デザインの階層的構造をモデル化の基礎においている．階層的構造とは，例えば，レベル 1 は繰返しの経時測定値，レベル 2 は（測定値が繰り返し記録される）各個体，レベル 3 は（各個体がランダムに割り付けられる）各実験群，といった入れ子構造を指す[†]．図 11.1 の階層的構造では，3 つの実験群が存在し，各群は 4 例の個体からなり，各個体上で 2 回ずつ（例えば，ある介入の前と後）の繰返し測定がなされている．図の各枝分かれにおいて同じレベルにある測定値は独立であると仮定され，多段階構造の結果として相関が生じる（11.5 節）．

次節では，経時的な繰返し測定値が生じる脳卒中の研究例を紹介する．研究仮説を探索するため，また仮説検定の際にどのようなことをモデルに仮定できるかを探索するため，**記述的データ解析** (descriptive data analysis) が実施される．

[†] 多段階モデルのレベルの数え方は，本書のように階層の最下段から順にレベル 1, 2, ..., と数える方法と，逆に上から順にレベル 1, 2, ..., と数える方法の 2 通りがあるので注意が必要である．

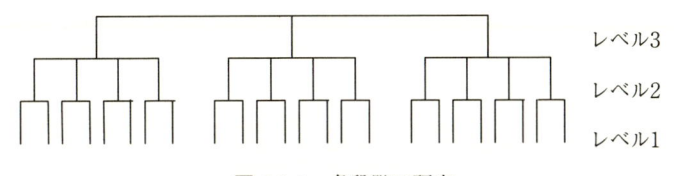

図 11.1 多段階の研究

　続く 11.3 節では，正規データに対する繰返し測定モデルを説明する．11.4 節では，計数や割合といった非正規データに対する繰返し測定モデルを説明する．これらのデータは，ポアソン分布や 2 項分布，その他の（通常，指数型分布族に属する）分布を仮定して解析されるので，非正規データへの拡張は重要である．これら 2 つの節において，モデルパラメータの推定方法や推測手順が説明される．繰返し測定モデルでは観測値間の関係を反映するような相関構造を選択する必要がある．通常，相関パラメータ自体に関心はないが（つまり局外パラメータであるが），関心のあるパラメータの一致推定量を求めたり，推定量の標準誤差を計算するために，相関パラメータをモデルに含める必要がある．

　11.5 節で説明される多段階モデルでは，各レベルの効果は，固定パラメータ（例えば，群効果を表す）あるいは確率変数（例えば，群にランダム割付けされる被験者ごとの効果を表す）によって説明される．**混合モデル** (mixed model) とは，モデルの線形成分が固定効果とランダム効果の両方を含んでいる場合を指す．観測値間の相関はランダム効果から生じるが，相関の解釈は経時データの場合よりも容易である．また，経時データの場合と異なり，相関パラメータに直接関心が持たれる．正規データに対する多段階モデルの方法論は十分に整備されており，推定やモデルチェックなどの方法が多くの統計ソフトウェアで実行可能である．一方，データが計数や割合の場合でも多段階モデルは明確に定義されるが，使用可能なソフトウェアはあまり多くない．

　11.6 節では，11.2 節の脳卒中データに対して，繰返し測定モデルおよび多段階モデルが適用される．当てはめ結果にもとづいてさまざまなモデルが比較される．

　最後に，11.7 節では，クラスターデータあるいは経時データのモデル化で生じる諸問題について，簡単に言及する．例えば，探索的な解析法における問題，

不適切なモデルを用いたときに生じる問題，欠測データから生じる問題などである．

11.2　例：脳卒中発作からの回復過程

表 11.1 は，脳卒中患者の回復を促進するリハビリ計画を比較した研究のデータである．以下のような 3 つの群 A, B, C からなる．

群 A：ある単一施設で実施し，新しい作業療法によるリハビリ計画を用いる．
群 B：群 A と同じ施設で実施するが，現行のリハビリ計画を用いる．
群 C：それ以外の病院群で，通常のケアを実施する（リハビリは行わない）．

表 11.1　脳卒中からの回復の程度を測る身体機能スコア（バーセル指数）

患者	群	週 1	2	3	4	5	6	7	8
1	A	45	45	45	45	80	80	80	90
2	A	20	25	25	25	30	35	30	50
3	A	50	50	55	70	70	75	90	90
4	A	25	25	35	40	60	60	70	80
5	A	100	100	100	100	100	100	100	100
6	A	20	20	30	50	50	60	85	95
7	A	30	35	35	40	50	60	75	85
8	A	30	35	45	50	55	65	65	70
9	B	40	55	60	70	80	85	90	90
10	B	65	65	70	70	80	80	80	80
11	B	30	30	40	45	65	85	85	85
12	B	25	35	35	35	40	45	45	45
13	B	45	45	80	80	80	80	80	80
14	B	15	15	10	10	10	20	20	20
15	B	35	35	35	45	45	45	50	50
16	B	40	40	40	55	55	55	60	65
17	C	20	20	30	30	30	30	30	30
18	C	35	35	35	40	40	40	40	40
19	C	35	35	35	40	40	40	45	45
20	C	45	65	65	65	80	85	95	100
21	C	45	65	70	90	90	95	95	100
22	C	25	30	30	35	40	40	40	40
23	C	25	25	30	30	30	30	35	40
24	C	15	35	35	35	40	50	65	65

各群は計 8 名の患者からなる．反応変数，すなわち研究の評価項目，は**バーセル指数** (Barthel index) であり，これは最大スコアを 100 として高得点ほど日常生活動作が支障なく行えることを表している．各患者に対し，毎週，バーセル指数を評価し，それを計 8 週にわたって実施した．本研究はクイーンズランド大学の C. Cropper により実施されたものであり，データは Gordon Smyth によるデータベース Australasian Data and Story Library (OzDasl) からダウンロード可能である (http://www.statsci.org/data/oz/stroke.html)．

本研究の仮説は，「群 A でのバーセル指数は，群 B・C のそれよりも高い」というものである．図 11.2 は全患者（24 名）のバーセル指数の経時的推移を示しており，図 11.3 はそれを群ごとに平均したものである．ほとんどの患者は身

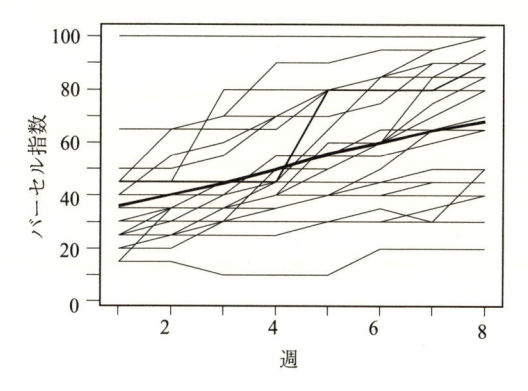

図 **11.2** 各患者のバーセル指数の経時的推移

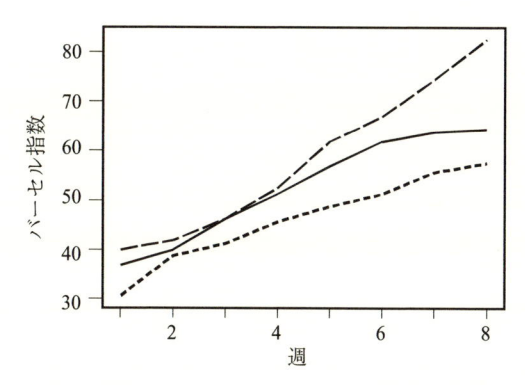

図 **11.3** 3 群の平均的な推移：長い点線は群 A，実線は群 B，短い点線は群 C を表す

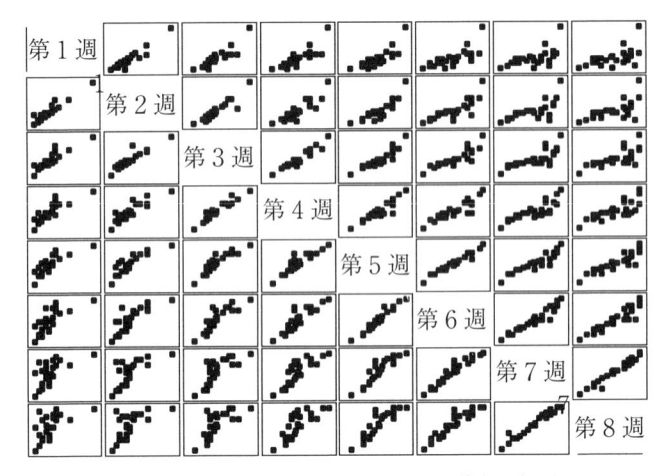

図 11.4 表 11.2 のバーセル指数の散布図行列

表 11.2 表 11.1 のデータの相関係数

	1週	2週	3週	4週	5週	6週	7週
2週	0.93						
3週	0.86	0.92					
4週	0.83	0.88	0.95				
5週	0.79	0.85	0.91	0.92			
6週	0.71	0.79	0.85	0.88	0.97		
7週	0.62	0.70	0.77	0.83	0.92	0.96	
8週	0.55	0.64	0.70	0.77	0.88	0.93	0.98

体機能が回復しているが，群 A ではそれがもっとも顕著，逆に群 C では回復のペースがもっとも遅いようにみえる（しかし，群 C はベースラインでのバーセル指数が低い傾向にある）．

図 11.4 の散布図行列は，各患者のバーセル指数を異なる 2 時点（1, . . . , 8 週のいずれか 2 時点）の間で比較したものである．各散布図に対してピアソン相関係数を計算した結果が，表 11.2 にまとめられている．ある週と翌週のデータは高い相関を示しており，翌々週以降は，順次，相関は減少していくことがわかる．

まず，**相関を無視した単純な解析** (naive analysis) として，データがすべて独立，すなわち計 192 個（3 群 × 8 症例 × 8 時点）の独立な観測値からなるデー

タとして解析を行った（しばしば，**プールした解析** (pooled analysis) とも呼ばれる）．具体的には，群 i の第 j 症例の時点 t_k でのバーセル指数を Y_{ijk}（$i=1$ は群 A, $i=2$ は群 B, $i=3$ は群 C; $j=1,\ldots,8$; $k=1,\ldots,8$）として，共分散分析によるモデル化

$$E(Y_{ijk}) = \alpha_i + \beta t_k + e_{ijk} \tag{11.1}$$

を行う．ここで α_i は群 i の平均スコア，β は各群共通の傾き，$t_k = k$（第 k 週）を意味する．また，ここでの仮定から確率誤差の項 e_{ijk} は互いに独立とする．これらの設定のもとで，帰無仮説 $H_0 : \alpha_1 = \alpha_2 = \alpha_3$ を適当な対立仮説に対して検定できる．例えば，3 群の平均スコア α_i に関して $H_1 : \alpha_1 > \alpha_2 > \alpha_3$ という対立仮説が考えられる．一方，図 11.3 は群ごとに傾きが異なることを示唆しているので，各群の傾きが異なるというモデル

$$E(Y_{ijk}) = \alpha_i + \beta_i t_k + e_{ijk} \tag{11.2}$$

を対立仮説とし，これをモデル (11.1) の帰無仮説 $H_0 : \beta_1 = \beta_2 = \beta_3$ と比較することも意味があるだろう（傾き β_i は群 i の回復率を意味する）．しかし，いずれの検定でも，同じ患者の異なる時点での測定値は似た傾向を持つという事実は考慮されていない．上の解析は，ちょうど対応のある (paired) データに対して，対応のない (unpaired) t 検定を行うようなものである（演習問題 2.2 参照）．

表 11.3 は（経時データの相関性を無視した）モデルの当てはめ結果をまとめている（あとでこの結果を，より適切なモデルの当てはめ結果と比較する）．モデル (11.2) において，$\alpha_2 - \alpha_1$ のワルド統計量の値は $0.41 = 3.348/8.166$，$\alpha_3 - \alpha_1$ のワルド統計量の値は $-0.003 = -0.022/8.166$ であるので，標準正規分布に比べて非常に小さい．したがって，群間で α の値は異ならない，つまり，各群における平均的なベースラインの身体機能に差はないということが示唆される．

データの縮小・要約 (data reduction, data summary) という点で望ましい**探索的解析** (exploratory analysis) として，データ間の相関を無視した上で個体ごとに反応変数のプロファイルを要約する方法が考えられる．そのために少数の記述統計量を用いるが，脳卒中の例では，各患者に対して，時点 $k = 1,\ldots,8$

表 11.3 表 11.1 のデータがすべて独立であると仮定して，モデル (11.1), (11.2) を当てはめた結果

パラメータ	推定値	標準誤差
モデル (11.1)		
α_1	36.842	3.971
$\alpha_2 - \alpha_1$	-5.625	3.715
$\alpha_3 - \alpha_1$	-12.109	3.715
β	4.764	0.662
モデル (11.2)		
α_1	29.821	5.774
$\alpha_2 - \alpha_1$	3.348	8.166
$\alpha_3 - \alpha_1$	-0.022	8.166
β_1	6.324	1.143
$\beta_2 - \beta_1$	-1.994	1.617
$\beta_3 - \beta_1$	-2.686	1.617

とバーセル指数 Y の関係に線形回帰モデルを当てはめ，その切片と傾きによって反応プロファイルを要約するとよい．その他の特定の状況では，**ピーク値** (peak value)，**曲線下面積** (area under curves)，**非線形成長曲線**の2次項や指数項の係数などが適切な場合もあるかもしれない．問題ごとに適切な統計量によりデータを要約できれば，その結果はその後の解析に役立てることができる．

表 11.4 には，24 名の脳卒中患者の切片と傾きの推定値（および標準誤差）がまとめられている．この結果から，患者間で相当のばらつきがあり，以降の解析ではその点を考慮すべきであることがわかる．表 11.5 および表 11.6 は，切片および傾きの群間差を，分散分析で検定した結果である．この解析では，患者間のデータが独立であることを仮定しているが，推定値間の精度（つまり標準誤差）の違いは無視している．分散分析によるパラメータの推定値は表 11.3 におけるモデル (11.2) のものと同じになるが，その標準誤差についてはずっと大きく，切片および傾きのいずれについても群間差があるという証拠を与えない．

患者ごとに推定される要約統計量を使った上の解析には，同一患者の観測値の間に独立性を仮定しなくてすむというメリットがある．しかし一方で，推定値のランダムな誤差が無視されているので，群間差の過小評価および全体のばらつきの過大評価につながる (Fuller (1987))．こういったバイアスを防ぐためには，研究デザインから生じるデータ構造をうまく説明できるモデルが必要で

表 11.4 表 11.1 の各患者に対する切片と傾きの推定値（および標準誤差）

患者	切片（標準誤差）	傾き（標準誤差）
1	30.000 (7.289)	7.500 (1.443)
2	15.536 (4.099)	3.214 (0.812)
3	39.821 (3.209)	6.429 (0.636)
4	11.607 (3.387)	8.393 (0.671)
5	100.000 (0.000)	0.000 (0.000)
6	0.893 (5.304)	11.190 (1.050)
7	15.357 (4.669)	7.976 (0.925)
8	25.357 (1.971)	5.893 (0.390)
9	38.571 (3.522)	7.262 (0.698)
10	61.964 (2.236)	2.619 (0.443)
11	14.464 (5.893)	9.702 (1.167)
12	26.071 (2.147)	2.679 (0.425)
13	48.750 (8.927)	5.000 (1.768)
14	10.179 (3.209)	1.071 (0.636)
15	31.250 (1.948)	2.500 (0.386)
16	34.107 (2.809)	3.810 (0.556)
17	21.071 (2.551)	1.429 (0.505)
18	34.107 (1.164)	0.893 (0.231)
19	32.143 (1.164)	1.607 (0.231)
20	42.321 (3.698)	7.262 (0.732)
21	48.521 (6.140)	7.262 (1.216)
22	24.812 (1.885)	2.262 (0.373)
23	22.321 (1.709)	1.845 (0.339)
24	13.036 (4.492)	6.548 (0.890)

表 11.5 表 11.4 の切片に関する分散分析表

変動要因	d.f.	平均平方	F	p 値
群	2	30	0.07	0.94
誤差	21	459		

パラメータ	推定値	標準誤差
α_1	29.821	7.572
$\alpha_2 - \alpha_1$	3.348	10.709
$\alpha_3 - \alpha_1$	−0.018	10.709

表 11.6 表 11.4 の傾きに関する分散分析表

要因	d.f.	平均平方	F	p 値
群	2	15.56	1.67	0.21
誤差	21	9.34		

パラメータ	推定値	標準誤差
β_1	6.324	1.080
$\beta_2 - \beta_1$	−1.994	1.528
$\beta_3 - \beta_1$	−2.686	1.528

ある．以下の3節で，そのようなモデルを説明しよう．

11.3　正規データに対する繰返し測定モデル

合計 N 個の個体を対象とした研究を想定しよう．各個体 $i(i=1,\ldots,N)$ に対し，n_i 個の測定値（例えば，患者 i に対する n_i 個の経時的な観測値，あるいはクラスター i に対する n_i 個の観測値）が得られていると仮定する．$\mathbf{y}_i$ は個体 i に対する測定値ベクトル（長さ n_i）を表すものとし，$\mathbf{y}$ は全個体の測定値ベクトル，

$$\mathbf{y} = \begin{bmatrix} \mathbf{y}_1 \\ \mathbf{y}_2 \\ \vdots \\ \mathbf{y}_N \end{bmatrix}$$

とする．$\mathbf{y}$ の長さは $\sum_{i=1}^{N} n_i$ に等しい．$\mathbf{y}$ に対する正規線形モデルは，

$$E(\mathbf{y}) = \mathbf{X}\boldsymbol{\beta} = \boldsymbol{\mu}, \quad \mathbf{y} \sim N(\boldsymbol{\mu}, \mathbf{V}) \tag{11.3}$$

である．ここに，

$$\mathbf{X} = \begin{bmatrix} \mathbf{X}_1 \\ \mathbf{X}_2 \\ \vdots \\ \mathbf{X}_N \end{bmatrix}, \quad \boldsymbol{\beta} = \begin{bmatrix} \beta_1 \\ \beta_2 \\ \vdots \\ \beta_p \end{bmatrix}$$

としている．$\mathbf{X}_i$ は個体 i に対する $n_i \times p$ デザイン行列であり，$\boldsymbol{\beta}$ は長さ p のパラメータベクトルである．個体 i に対する分散共分散行列は，

$$\mathbf{V}_i = \begin{bmatrix} \sigma_{i11} & \sigma_{i12} & \cdots & \sigma_{i1n_i} \\ \sigma_{i21} & \ddots & & \vdots \\ \vdots & & \ddots & \\ \sigma_{in_i1} & & & \sigma_{in_i n_i} \end{bmatrix}$$

であるが，異なる個体の反応は独立と仮定すれば，全体の分散共分散行列はブロック対角形

$$\mathbf{V} = \mathrm{diag}\,(\mathbf{V}_i) = \begin{bmatrix} \mathbf{V}_1 & \mathbf{O} & & \mathbf{O} \\ \mathbf{O} & \mathbf{V}_2 & & \mathbf{O} \\ & & \ddots & \\ \mathbf{O} & \mathbf{O} & & \mathbf{V}_N \end{bmatrix}$$

となる．通常 $\mathbf{V}_i$ はすべての個体について同じ行列であると仮定することが多い．

もし $\mathbf{V}$ の成分が既知の定数であれば，β はモデル (11.3) に対する尤度関数あるいは最小 2 乗法により推定できる．最尤推定量は，対数尤度関数 l のスコア方程式

$$\mathbf{U}(\beta) = \partial l/\partial \beta = \mathbf{X}^T \mathbf{V}^{-1} (\mathbf{y} - \mathbf{X}\beta) = \sum_{i=1}^{N} \mathbf{X}_i^T \mathbf{V}_i^{-1} (\mathbf{y}_i - \mathbf{X}_i \beta) = \mathbf{0} \quad (11.4)$$

を解くことにより得られる．解は

$$\hat{\beta} = (\mathbf{X}^T \mathbf{V}^{-1} \mathbf{X})^{-1} \mathbf{X}^T \mathbf{V}^{-1} \mathbf{y} = (\sum_{i=1}^{N} \mathbf{X}_i^T \mathbf{V}_i^{-1} \mathbf{X}_i)^{-1} (\sum_{i=1}^{N} \mathbf{X}_i^T \mathbf{V}_i^{-1} \mathbf{y}_i) \quad (11.5)$$

と表され，その標準誤差は

$$\mathrm{var}(\hat{\beta}) = (\mathbf{X}^T \mathbf{V}^{-1} \mathbf{X})^{-1} = (\sum_{i=1}^{N} \mathbf{X}_i^T \mathbf{V}_i^{-1} \mathbf{X}_i)^{-1} \quad (11.6)$$

となる．$\hat{\beta}$ は漸近的に正規分布に従う（第 6 章参照）．

実用上は，$\mathbf{V}$ は未知であるので，データから反復プロセスによって推定する必要がある．反復プロセスは以下のように実施される．適当な初期値 $\mathbf{V}$（例えば，恒等行列）を式 (11.5) に代入して $\hat{\beta}$ を推定し，さらに線形予測子 $\hat{\mu} = \mathbf{X}\hat{\beta}$ および残差 $\mathbf{r} = \mathbf{y} - \hat{\mu}$ を推定する．残差の分散共分散から $\hat{\mathbf{V}}$ が計算できるので，この $\hat{\mathbf{V}}$ のもとで次の $\hat{\beta}$ を推定する．そこから次の $\hat{\mathbf{V}}$ を計算でき，あとはこの手順を繰り返せばよい．このようにして，$\hat{\beta}$ の推定と $\hat{\mathbf{V}}$ の更新を収束するまで交互に繰り返す．

ところで，推定値 $\hat{\mathbf{V}}$ をそのまま式 (11.6) に代入すると $\hat{\beta}$ の分散は過小評価される傾向にある．したがって，$\hat{\beta}$ の分散の推定値を，

$$\mathbf{V}_S(\hat{\beta}) = \mathfrak{I}^{-1} \mathbf{C} \mathfrak{I}^{-1}$$

と修正する．ここに，

$$\Im = \mathbf{X}^T \hat{\mathbf{V}}^{-1} \mathbf{X} = \sum_{i=1}^{N} \mathbf{X}_i^T \hat{\mathbf{V}}_i^{-1} \mathbf{X}_i$$

および

$$\mathbf{C} = \sum_{i=1}^{N} \mathbf{X}_i^T \hat{\mathbf{V}}_i^{-1} (\mathbf{y} - \mathbf{X}_i \hat{\boldsymbol{\beta}}) (\mathbf{y} - \mathbf{X}_i \hat{\boldsymbol{\beta}})^T \hat{\mathbf{V}}_i^{-1} \mathbf{X}_i$$

であり，$\hat{\mathbf{V}}_i$ は $\hat{\mathbf{V}}$ の第 i 部分行列を表している．$\Im$ は情報行列（第5章参照）なので，$\mathbf{V}_S(\hat{\boldsymbol{\beta}})$ は**情報サンドイッチ推定量** (information sandwich estimator) と呼ばれる．また，**フーバー推定量** (Huber estimator) とも呼ばれる．サンドイッチ推定量は，$\mathrm{var}(\hat{\boldsymbol{\beta}})$ の一致推定量であり，この性質については，$\mathbf{V}$ の構造を正しく特定していなかったとしても，**頑健**（ロバスト；robust）である．

分散 $\mathbf{V}_i$ には，よく使われるいくつかの形がある．

1. もっとも単純には，すべての非対角成分が等しい，すなわち

$$\mathbf{V}_i = \sigma^2 \begin{bmatrix} 1 & \rho & \cdots & \rho \\ \rho & 1 & & \rho \\ \vdots & & \ddots & \vdots \\ \rho & \rho & \cdots & 1 \end{bmatrix} \tag{11.7}$$

という形である．すべての測定値が等しく相関しているようなクラスターデータの場合には妥当なものとなる．例えば，同じ地域に住んでいる住民といった，同じ1次抽出単位からの成分に対する測定値には妥当かもしれない．ρ は**級内相関係数** (intra-class correlation coefficient) と呼ばれる．また，**等相関** (equicorrelation) 行列 (11.7) は，**交換可能** (exchangeable) とか**球形** (spherical) であると呼ばれる．非対角項 ρ が $\sigma_a^2/(\sigma_a^2 + \sigma_b^2)$ の形で表される場合には，**複合対称** (compound symmetry) ともいう．

2. 観測値間の'距離'が大きくなるにつれ非対角項が減少していく，すなわち

$$\mathbf{V}_i = \sigma^2 \begin{bmatrix} 1 & \rho_{12} & \cdots & \rho_{1n} \\ \rho_{21} & 1 & & \rho_{2n} \\ \vdots & & \ddots & \\ \rho_{n1} & \rho_{n2} & \cdots & 1 \end{bmatrix} \tag{11.8}$$

という形がある．ここに ρ_{jk} は，j と k の間の '距離' が大きくなれば，減少していくような相関である．具体例としては，時点 t_j と時点 t_k との間で，$\rho_{jk} = \exp(-|t_j - t_k|)$ あるいは $\rho_{jk} = \exp(-|j-k|)$ といったものが考えられる．よく使われる形の1つとして，$\rho_{jk} = \rho^{|j-k|} (|\rho| < 1)$ とする一次自己回帰モデル (autoregressive model)

$$\mathbf{V}_i = \sigma^2 \begin{bmatrix} 1 & \rho & \rho^2 & \cdots & & \rho^{n-1} \\ \rho & 1 & \rho & & & \rho^{n-2} \\ \rho^2 & \rho & 1 & & & \\ \vdots & & \rho & \ddots & & \vdots \\ & & & & 1 & \rho \\ \rho^{n-1} & \rho^{n-2} & \cdots & & \rho & 1 \end{bmatrix} \tag{11.9}$$

がある．
3. すべての相関が異なるとする場合もあるだろう．

$$\mathbf{V}_i = (\sigma_{ijk}) = \sigma^2 \begin{bmatrix} 1 & \rho_{12} & \cdots & \rho_{1n} \\ \rho_{21} & 1 & & \rho_{2n} \\ \vdots & & \ddots & \\ \rho_{n1} & \rho_{n2} & \cdots & 1 \end{bmatrix}$$

この構造は**無構造相関行列** (unstructured correlation matrix) と呼ばれ，測定値間の相関にはなんらの仮定もおかないが，すべてのベクトル $\mathbf{y}_i$ は同じ長さ n を持っていなければならない．局外パラメータ ρ_{jk} の数は合計 $n(n-1)/2$ と多くなりがちなので，推定の反復プロセスが収束しない恐れがある．したがって，行列 $\mathbf{V}_i$ のサイズが総個体数に比べて大きくないときに限り，実用的となる．

繰返し測定分散分析 (repeated measures analysis of variance) という用語を用いるときは，データが正規分布に従うと仮定している場合が多い．たいていの統計ソフトウェアで計算を実施できるが，ソフトウェアによっては相関構造を一律に球形あるいは無構造と仮定しているので，（自己回帰モデルのような）測定値間の相関が時間の関数になるような場合を扱えないかもしれない．プログラムによっては，繰返し測定値を，単に多変量データの特殊な場合とし

て処理してしまうこともある．例えば，同じクラスに所属する児童たちの身長データ（クラスターデータ），児童たちの成長に伴って異なる年齢時点で計測した身長データ（経時データ），児童たちのある一時点における身長・体重・胴回りのデータ（多変量データ），に対し，これらを区別せずに同じ種類のデータとして扱ってしまうかもしれない．これは観測値が得られた時間の順序が重要である経時データにおいては，特に不適切な扱いである．正規分布に従う繰返し測定値を解析する**多変量アプローチ** (multivariate approach) は，Hand and Crowder(1996) で詳しく説明されている．これらの方法が不適切となる場合については Senn et al. (2000) を参照してほしい．

11.4 非正規データに対する繰返し測定モデル

正規モデルに対するスコア方程式 (11.3) は，第 4 章での内容をもとにその他の分布にも拡張される．一般化線形モデルでは，指数型分布族に属する分布に従う独立な確率変数 $Y_1, Y_2, ..., Y_N$ に対して，

$$E(Y_i) = \mu_i, \quad g(\mu_i) = \mathbf{x}_i^T \boldsymbol{\beta} = \eta_i$$

が成り立つ．このとき，式 (4.18) のスコア関数は，各パラメータ β_j ($j = 1, ..., p$) について，

$$U_j = \sum_{i=1}^{N} \frac{(y_i - \mu_i)}{\text{var}(Y_i)} x_{ij} \left(\frac{\partial \mu_i}{\partial \eta_i}\right)$$

と表された．最後の 2 つの項は，合成関数の微分

$$\frac{\partial \mu_i}{\partial \beta_j} = \frac{\partial \mu_i}{\partial \eta_i} \frac{\partial \eta_i}{\partial \beta_j} = \frac{\partial \mu_i}{\partial \eta_i} x_{ij}$$

から来ているので，一般化線形モデルのスコア方程式は，

$$U_j = \sum_{i=1}^{N} \frac{(y_i - \mu_i)}{\text{var}(Y_i)} \frac{\partial \mu_i}{\partial \beta_j} = 0, \quad j = 1, ..., p \tag{11.10}$$

と表されることになる．

繰返し測定値データに戻ろう．一般化線形モデルの枠組みでは，個体 i に対して観測された反応ベクトル $\mathbf{y}_i$ は，$E(\mathbf{y}_i) = \boldsymbol{\mu}_i$, $g(\boldsymbol{\mu}_i) = \mathbf{X}_i^T \boldsymbol{\beta}$ を満たすと仮

定される．記号を簡略化するため，以下では，すべての個体に対して同じ数 n の測定値が得られていると仮定する．

式 (11.10) の拡張として，**一般化推定方程式** (generalized estimating equation; GEE)

$$\mathbf{U} = \sum_{i=1}^{N} \mathbf{D}_i^T \mathbf{V}_i^{-1}(\mathbf{y}_i - \boldsymbol{\mu}_i) = \mathbf{0} \qquad (11.11)$$

を考える．ただし，$\mathbf{D}_i$ は微分行列 $\partial \boldsymbol{\mu}_i / \partial \boldsymbol{\beta}$ とする．GEE は，**擬似スコア方程式** (quasi-score equations) とも呼ばれている．行列 $\mathbf{V}_i$ は，

$$\mathbf{V}_i = \mathbf{A}_i^{\frac{1}{2}} \mathbf{R}_i \mathbf{A}_i^{\frac{1}{2}} \phi$$

と表される．$\mathbf{A}_i$ は $\text{var}(y_{ik})$ を対角成分に持つ対角行列，$\mathbf{R}_i$ は $\mathbf{y}_i$ の相関行列，ϕ は超過分散を扱うためのパラメータである．

Liang and Zeger (1986) は，相関行列 $\mathbf{R}_i$ が真の構造ならば，推定量 $\hat{\boldsymbol{\beta}}$ は一致性を持ち，漸近的に正規分布に従うことを示した．一方，$\mathbf{R}_i$ が必ずしも真の構造に近くなくても，この結果はかなり頑健性を持つ．Liang and Zeger は，研究デザインに関する知識および探索的解析の結果といった事前情報から $\mathbf{R}_i$（彼らの用語に従えば，**作業相関行列** (working correlation matrix)）を用意することを提案している．可能であれば等相関や自己回帰などを仮定することにより，$\mathbf{R}_i$ は少数のパラメータからなるようにすべきである（11.3 節参照）．

GEE の解は，反復プロセスを通して逐次的に求められる．まず，初期値として，$\mathbf{R}_i = \mathbf{I}$（恒等行列），$\phi = 1$ とし，この設定のもとで式 (11.11) を解き，パラメータ $\boldsymbol{\beta}$ を推定する．推定値から当てはめ値 $\hat{\boldsymbol{\mu}}_i = g^{-1}(\mathbf{X}_i^T \hat{\boldsymbol{\beta}})$ および残差 $\mathbf{y}_i - \hat{\boldsymbol{\mu}}_i$ を求める．これらから $\mathbf{A}_i, \mathbf{R}_i, \phi$ が推定されるので，再び式 (11.11) を解き，推定値 $\hat{\boldsymbol{\beta}}$ を更新する．このプロセスが収束するまで続けられる．

現在，いくつかの商用ソフトウェアあるいは無料のプログラムにより，GEE を解くことができる．GEE の背後にあるアイデアは比較的単純だが，実用上は多くの問題が生じる．例えば，2 値データの場合には，相関係数は関連性の自然な尺度ではないため，オッズ比を利用した別の尺度が提案されている (Lipsitz, Laird and Harrington (1991))．

GEE において $\text{var}(\hat{\boldsymbol{\beta}})$ にサンドイッチ推定量を使う重要性は，データが正規

のときよりも高いと言える（11.3 節）．サンドイッチ推定量は，

$$\mathbf{V}_S(\hat{\boldsymbol{\beta}}) = \mathfrak{S}^{-1}\mathbf{C}\mathfrak{S}^{-1}$$

により与えられる．ここに，

$$\mathfrak{S} = \sum_{i=1}^{N} \mathbf{D}_i^T \hat{\mathbf{V}}_i^{-1} \mathbf{D}_i$$

は情報行列であり，かつ

$$\mathbf{C} = \sum_{i=1}^{N} \mathbf{D}_i^T \hat{\mathbf{V}}_i^{-1} (\mathbf{y}_i - \hat{\boldsymbol{\mu}}_i)(\mathbf{y}_i - \hat{\boldsymbol{\mu}}_i)^T \hat{\mathbf{V}}_i^{-1} \mathbf{D}_i$$

である．$\hat{\boldsymbol{\beta}}$ は漸近的に $N(\boldsymbol{\beta}, \mathbf{V}_S(\hat{\boldsymbol{\beta}}))$ に従い，統計的推測はワルド統計量により行える．

11.5　多段階モデル

繰返し測定値データを解析する他のアプローチとして，研究デザインにもとづいた階層的モデルを用いる方法がある．**クラスターランダムサンプリング**(cluster random sampling)[†]を用いた調査研究を考えよう．Y_{jk} が，第 j クラスターの第 k 対象の反応を示すものとする．例えば，Y_{jk} は行政区 j からランダムに選ばれた k 番目の世帯の所得を表す．ここで一次抽出単位である行政区は，国あるいは州内のすべての行政区からランダムに選ばれる．もし調査目的が，世帯の平均的な所得 μ を推定することにあれば，

$$Y_{jk} = \mu + a_j + e_{jk} \tag{11.12}$$

が妥当なモデルの 1 つである．ここに a_j は地域（行政区）j の効果，e_{jk} はランダムな誤差項を表す．地域はランダムに選ばれており，かつ地域ごとの効果

[†]原著では cluster randomized sampling（クラスターランダム化サンプリング）となっているが，クラスターランダム化は比較したい処理をクラスター単位でランダム化する場合に用いる．ここではそうではなく一次抽出単位であるクラスターがまずランダムに抽出され，そのクラスターから二次単位がランダムに抽出されるようなサンプリング，すなわちクラスター（ランダム）サンプリングのことを言っている．

a_j に主たる興味はないので，$a_j \sim N(0, \sigma_a^2)$ かつ互いに独立な確率変数であると仮定してよい．同様に項 e_{jk} は，$e_{jk} \sim N(0, \sigma_e^2)$ かつ互いに独立な確率変数であると仮定する．a_j と e_{jk} も独立であると仮定する．このとき，Y_{jk} の期待値と分散は，

$$E(Y_{jk}) = \mu,$$
$$\text{var}(Y_{jk}) = E\left[(Y_{jk} - \mu)^2\right] = E\left[(a_j + e_{jk})^2\right] = \sigma_a^2 + \sigma_e^2$$

となる．共分散は，同じ地域の世帯間で

$$\text{cov}(Y_{jk}, Y_{jm}) = E\left[(a_j + e_{jk})(a_j + e_{jm})\right] = \sigma_a^2$$

異なる地域の世帯間で

$$\text{cov}(Y_{jk}, Y_{lm}) = E\left[(a_j + e_{jk})(a_l + e_{lm})\right] = 0$$

となる．$\mathbf{y}_j$ を地域 j で選ばれたすべての世帯の所得ベクトルとすれば，$\mathbf{y}_j$ に対する分散共分散行列は，

$$\mathbf{V}_j = \begin{bmatrix} \sigma_a^2 + \sigma_e^2 & \sigma_a^2 & \sigma_a^2 & \cdots & \sigma_a^2 \\ \sigma_a^2 & \sigma_a^2 + \sigma_e^2 & \sigma_a^2 & & \sigma_a^2 \\ \sigma_a^2 & \sigma_a^2 & \sigma_a^2 + \sigma_e^2 & & \vdots \\ \vdots & & & \ddots & \\ \sigma_a^2 & & & & \sigma_a^2 + \sigma_e^2 \end{bmatrix}$$

$$= (\sigma_a^2 + \sigma_e^2) \begin{bmatrix} 1 & \rho & \rho & \cdots & \rho \\ \rho & 1 & & & \rho \\ \rho & \rho & 1 & & \vdots \\ \vdots & & & \ddots & \\ \rho & & & \rho & 1 \end{bmatrix}$$

となる．ここに $\rho = \sigma_a^2/(\sigma_a^2 + \sigma_e^2)$ は級内相関係数であるが，今の場合，級にあたるものがクラスターなので，**クラスター内相関係数** (intra-cluster correlation coefficient) となる．ρ は総分散に対する**クラスター間分散** (between-cluster variance)[†]の割合を意味する．同じクラスター内の反応（所得）はよく似た傾向

[†] 原著では within-cluster variance とあるが間違い．

にあるが，別のクラスターの反応とはそうでもない場合は，σ_e^2 に比べて σ_a^2 の方がずっと大きな値となる．このとき ρ は 1 に近い値をとる．したがって，ρ はクラスター内の類似性を測る相対的な尺度と考えることができる．行列 $\mathbf{V}_j$ は，式 (11.7) と同じ形であり，等相関行列を持つ．

モデル (11.12) において，パラメータ μ は**固定効果** (fixed effect)，項 a_j は**ランダム効果** (random effect) であり，このモデルは固定効果とランダム効果の両方を含む**混合モデル** (mixed model) の例となっている．ここでの関心あるパラメータは μ と，σ_a^2 および σ_e^2（したがって ρ）である．

その他の例として，Y_{jk} が関心ある母集団からランダムに選ばれた対象 j の時点 t_k における測定値（すなわち経時データ）である場合を考えよう．このデータを説明する線形モデルは，

$$Y_{jk} = (\beta_0 + a_j) + (\beta_1 + b_j) t_k + e_{jk} \tag{11.13}$$

である．ここに β_0 および β_1 は母集団に対する切片と傾きのパラメータであり，a_j および b_j は対象 j に固有なこれらのパラメータからの差を表している．t_k は第 k 回目の測定時点，e_{jk} はランダムな誤差項である．項 a_j, b_j, e_{jk} はそれぞれ $a_j \sim N(0, \sigma_a^2) \quad b_j \sim N(0, \sigma_b^2) \quad e_{jk} \sim N(0, \sigma_e^2)$ なる独立な確率変数であると仮定する．Y_{jk} の期待値および分散は，

$$E(Y_{jk}) = \beta_0 + \beta_1 t_k$$

$$\mathrm{var}(Y_{jk}) = \mathrm{var}(a_j) + t_k^2 \mathrm{var}(b_j) + \mathrm{var}(e_{jk}) = \sigma_a^2 + t_k^2 \sigma_b^2 + \sigma_e^2$$

であり，共分散は，同じ対象の測定値間で

$$\mathrm{cov}(Y_{jk}, Y_{jm}) = \sigma_a^2 + t_k t_m \sigma_b^2$$

異なる対象の測定値間で

$$\mathrm{cov}(Y_{jk}, Y_{lm}) = 0$$

と計算される．

したがって，対象 j に対する分散共分散行列は式 (11.8) の形で，t_k と t_m に依存する相関行列を持つことになる．モデル (11.13) において β_0 と β_1 は固定

効果，a_j と b_j はランダム効果であり，関心あるパラメータは β_0, β_1, σ_a^2, σ_b^2, σ_e^2 である．

一般に，反応変数が正規データである場合の混合モデルは，

$$\mathbf{y} = \mathbf{X}\beta + \mathbf{Z}\mathbf{u} + \mathbf{e} \tag{11.14}$$

の形式で表すことができる．β は固定効果，$\mathbf{u}$ および $\mathbf{e}$ は正規分布に従うランダム効果，$\mathbf{X}$ および $\mathbf{Z}$ はデザイン行列である．モデルのランダムでない成分は，$E(\mathbf{y}) = \mathbf{X}\beta$ として要約できる．$\mathbf{Z}\mathbf{u}$ は個体間のランダム効果を，$\mathbf{e}$ は個体内のランダム効果を説明している．もし $\mathbf{u}$ と $\mathbf{e}$ の分散共分散行列をそれぞれ $\mathbf{G}$ と $\mathbf{R}$ で表せば，$\mathbf{y}$ の分散共分散行列は，

$$\mathbf{V}(\mathbf{y}) = \mathbf{Z}\mathbf{G}\mathbf{Z}^T + \mathbf{R} \tag{11.15}$$

となり，関心あるパラメータは β の要素と $\mathbf{G}$ および $\mathbf{R}$ の成分である．

正規モデルに対して，これらのパラメータは最尤法あるいは**残差最尤法** (REML[†]) により推定される．計算は多くの統計プログラム，あるいは **MLn** (Rabash et al. (1998), Bryk and Raudenbush (1992)) のような特殊なソフトにより実施できる．線形混合モデルの（特に **SAS** を利用した）わかりやすい解説が Verbeke and Molenberghs (1997) や Littell at al. (2000) で与えられている．Longfor (1993) および Goldstein (1995) では，正規データを中心に，**多段階モデル，混合モデル，ランダム係数モデル** (random coefficient model) の詳しい説明を展開している．

非正規データに対する混合モデルは Zeger, Liang and Albert (1988) により開発され，以後多くの研究が行われてきたが，正規データの場合と比べると，実施するのはあまり簡単ではない．例えば Lee and Nelder (1996) などを参照してほしい．この場合のモデルは，

$$E(\mathbf{y}|\mathbf{u}) = \boldsymbol{\mu}, \quad \text{var}(\mathbf{y}|\mathbf{u}) = \phi\mathbf{V}(\boldsymbol{\mu}), \quad g(\boldsymbol{\mu}) = \mathbf{X}\beta + \mathbf{Z}\mathbf{u}$$

のように表される．ただし，ランダム係数 $\mathbf{u}$ はある確率分布 $f(\mathbf{u})$ に従い，$\mathbf{u}$ を与えたときの $\mathbf{y}$ の条件付き変数 $\mathbf{y}|\mathbf{u}$ は連結関数 g を持つ一般化線形モデル

[†] 一般には restricted maximum likelihood の略で，「制限付き最尤法」と訳されることが多い．しかし，書物によっては本書のように residual maximum likelihood の略であるとしているものもある．

の通常の性質を持つものとする．条件付きでない **y** の平均と分散共分散行列は，原理的には **u** の分布上で積分することで得られる．通常は計算を容易にするために，y|u が正規分布の場合は **u** は正規分布，y|u がポアソン分布の場合は **u** はガンマ分布，y|u が2項分布の場合は **u** はベータ分布，といった**共役分布** (conjugate distribution) を利用する．MLn や Stata などいくつかのソフトウェアで，混合一般化線形モデルや多段階一般化線形モデルを適用することができる．

11.6　例：脳卒中発作からの回復過程（続き）

脳卒中からの回復に関する研究データに対して，探索的解析および GEE，混合モデルを当てはめた結果が表 11.7 にまとめられている．手法ごとに異なる切片と傾きが推定されている．計算は Stata によるもので，すべての GEE モデルで標準誤差の推定にサンドイッチ推定量が使われている．

同じ患者から得られた観測値に対して独立性を仮定した GEE は，表 11.3 のプールした解析と同じ結果を与えている．σ_e の推定値は 20.96 である（これは

表 11.7　表 11.1 に種々のモデルを当てはめた結果の比較

	切片の推定値		
	$\hat{\alpha}_1$ (s.e.)	$\hat{\alpha}_2 - \hat{\alpha}_1$ (s.e.)	$\hat{\alpha}_3 - \hat{\alpha}_1$ (s.e.)
プールした解析	29.821(5.774)	3.348(8.166)	-0.022(8.166)
データ縮小	29.821(5.772)	3.348(10.709)	-0.018(10.709)
GEE, 独立	29.821(5.774)	3.348(8.166)	-0.022(8.166)
GEE, 等相関	29.821(5.131)	3.348(10.085)	-0.022(10.085)
GEE, AR(1)	33.538(7.131)	-0.342(10.916)	-6.474(10.916)
GEE, 無構造	30.588(7.462)	2.319(10.552)	-1.195(10.552)
ランダム効果	29.821(7.047)	3.348(9.966)	-0.022(9.966)
	傾きの推定値		
	$\hat{\beta}_1$ (s.e.)	$\hat{\beta}_2 - \hat{\beta}_1$ (s.e.)	$\hat{\beta}_3 - \hat{\beta}_1$ (s.e.)
プールした解析	6.324(1.143)	-1.994(1.617)	-2.686(1.617)
データ縮小	6.324(1.080)	-1.994(1.528)	-2.686(1.528)
GEE, 独立	6.324(1.143)	-1.994(1.617)	-2.686(1.617)
GEE, 等相関	6.324(0.496)	-1.994(0.701)	-2.686(0.701)
GEE, AR(1)	6.073(0.714)	-2.142(1.009)	-2.686(1.009)
GEE, 無構造	6.926(0.941)	-3.214(1.331)	-2.686(1.331)
ランダム効果	6.324(0.463)	-1.994(0.655)	-2.686(0.655)

逸脱度を自由度 $192-6=186$ で割った値の平方根である）. $\hat{\alpha}_1$ または $\hat{\beta}_1$ からの差の推定値はいずれも標準誤差に対して小さな値であるので，これらの結果は，切片，傾きのいずれについても群間差の存在を示唆しない．

データ縮小アプローチ（各患者について単回帰による切片と傾きを推定し，それらをデータとして群間比較を行う）は，同じ点推定値を与えるが，標準誤差は異なる．また表 11.5 および 11.6 から，切片データにおける標準偏差（誤差分散の推定値の平方根）は $\sqrt{459}=21.42$，傾きデータにおける標準偏差は $\sqrt{9.43}=3.056$ であり，これらのデータはやはり群間差の存在を示唆しない．

同じ患者からの異なる時点における測定値の等相関性を仮定した GEE 解析では，切片，傾きのいずれも同じ推定値が得られるが，標準誤差は異なる（切片の標準誤差はより大きく，傾きの標準誤差はより小さい）．共通と仮定されている相関係数の推定値は $\hat{\rho}=0.812$ であり，これは表 11.2 の値の平均値に近いが，しかし一般に等相関の仮定は適切ではないだろう．σ_e の推定値は 20.96 であり，独立性を仮定した GEE と同じとなる．

表 11.2 で示される相関係数のパターンにもとづけば，式 (11.9) の 1 次自己回帰モデル AR(1) は適切なモデルかもしれない．ρ と σ_e^2 に対する推定値はそれぞれ 0.964 と 21.08 である．切片と傾きの推定値，およびその標準誤差は上記のモデルと異なっている．傾きの差に対するワルド統計量は，群 A の患者が他の 2 群の患者よりも有意に早く回復しているという仮説を支持している．

無構造相関行列にもとづく GEE モデルは計 $28\ (=8\times 7\div 2)$ 個の相関パラメータを必要とする．σ_e の推定値は 21.21 である．点推定値は相関を含む他のGEE モデルと異なるが，傾きが群間で有意に異なるという結論は同じである．

最後のモデルは，混合モデル (11.13) である．パラメータは最尤法により推定されている．固定効果の点推定値およびその標準誤差は，等相関行列を仮定した GEE と同じである．級内相関係数の推定値は $\hat{\rho}=0.831$ なので，この類似は特に驚くべきことではない．

ここでの例は，繰返し測定データに相関を考慮することが重要であること，モデル化する相関構造を変えたとしても結果にあまり影響しないこと（頑健であること）を示している．もし相関を考慮した解析を実施しなければ，群 A のリ

ハビリ計画が患者の回復を有意に早めるという結果を見逃していたことになる．

11.7 コメント

繰返し測定データに対する**探索的な解析**(exploratory analysis) は，11.2 節で述べたステップに従って実施されるべきであろう．経時データでは，まず個々の対象ごとに，あるいはサブグループに対し，反応をプロットし，経時的な推移を確認する．さらに要約統計量により，適切なデータ縮小を行う．要約統計量は，母集団全体または部分標本に存在するパターンを探索するのに役立つ．クラスターデータでは，多段階モデルの各レベルで要約統計量を計算し，主効果やばらつきを検討することが重要であろう．

欠測データ (missing data) の存在は問題を引き起こす可能性があり，注意を要する．欠測値を無視して，個体ごとに観測値数が異なるアンバランスなデータとして解析することも，（適当なソフトウェアの使用により）可能である．しかし，なぜデータが欠測したのかを考えることなく，安易にこのようなことを実施するのは危険である．もし，反応変数やすべての共変量とは無関係に欠測が起こっていれば（つまり，欠測確率が完全にランダムならば），このような解析でもバイアスは原則的に生じない．ときには，このような欠測メカニズムもあり，**完全ランダム欠測** (missing completely at random; MCAR) と呼ばれている (Little and Rubin (1987))．しかし，欠測にはそれが起こるだけの理由をともなうことが多い．例えば，治療の効果を調べる経時的な研究の場合，何人かの患者は症状が悪化したために研究への参加を続けられず，その結果，それ以降の治療データが欠測になっているのかもしれない．別の例では，地域をクラスターとする集団調査を実施する場合，へんぴな地域は調査を実施できるようなインフラがなく，その結果，その地域のデータが欠測となっているのかもしれない．このような場合，利用可能なデータだけにもとづいて解析すれば，当然，結果はバイアスを含む．Diggle, Liang and Zeger (1994), Diggle and Kenward (1994) および Trozel, Harrington and Lipsitz (1998) はこういった欠測の問題を詳細に扱っており，また，いくつかのケースでどのような調整が可能なのかも論じているので参考になる．

観測の間隔が必ずしも一定でない，あるいは計画された時点で測定されていない，といったるいのアンバランスなデータや経時データに対しても，混合モデルや一般化推定方程式を適用できる．これについては，Cnaan et al.(1997)，Burton et al.(1998)，Carlin et al.(1999) などを参照してほしい．

GEE モデルに関する推測は，パラメータのワルド統計量およびその分散のサンドイッチ推定量にもとづいて実施するのがもっともよい．パラメータ推定量は作業相関行列の選択に対して頑健なので，相関構造を正確に選択することが非常に重要というわけではないのだが，しかし，あまりに乖離した選択は推定量の効率を下げることになる．実際には，相関構造の選択は推定すべき相関パラメータの数の影響を受けるだろう．例えば，大きな無構造相関行列を選択すると不安定な推定値が生み出されたり，計算が非収束しかねない．候補となる共分散構造を持つモデルをデータに当てはめ，赤池の情報量規準 (Akaike information criterion; AIC) で比較して，最適な相関行列を選択してもよい．AIC は共分散パラメータの数で調整した対数尤度の関数である (Caan, et al. (1997))．モデルのチェックは残差プロットで行うことができる．

多段階データにおいて，入れ子モデルは尤度比統計量を用いて比較できる．モデルのチェックに使われる残差は，分散がモデルの各レベルに適切に割り当てられるように標準化あるいは '縮小'(shrink) する必要がある (Goldstein (1995))．もし主たる関心がランダム効果にあるときは，本章で説明した頻度流の方法よりも，例えば，BUGS を使って，ベイズ流の解析を行う方が良いかもしれない (Best and Speigelhalter (1996))．

11.8 演習問題

11.1 心臓の左心室容積 (left ventricular volume; LVV) の測定は，心臓生理学の研究上，また心疾患患者の管理上，重要である．コンダクタンス容積 x の測定は，LVV y を間接的に測定する方法である．Boltwood (1989) は 5 匹の犬を対象とした 8 つの負荷条件における研究で，y と x の間に近似的に線形関係があることを発見した．表 11.8 にこの実験結果がまとめられている（出典：Glantz & Slinker (1990))．
 (a) データ縮小法による探索的な解析を行え．
 (b) (y_{jk}, x_{jk}) は犬 j の第 k 測定値を表すものとする $(j = 1, ..., 5, k = 1, ..., 8)$．

表 11.8 異なる 8 つの負荷条件の下での，5 匹の犬の左心室容積と平行コンダクタンス容積の関係．Boltwood ら (1989) のデータ

犬		1	2	3	4	5	6	7	8
					条件				
1	y	81.7	84.3	72.8	71.7	76.7	75.8	77.3	86.3
	x	54.3	62.0	62.3	47.3	53.6	38.0	54.2	54.0
2	y	105.0	113.6	108.7	83.9	89.0	86.1	88.7	117.6
	x	81.5	80.8	74.5	71.9	79.5	73.0	74.7	88.6
3	y	95.5	95.7	84.0	85.8	98.8	106.2	106.4	115.0
	x	65.0	68.3	67.9	61.0	66.0	81.8	71.4	96.0
4	y	113.1	116.5	100.8	101.5	129.8	95.0	91.9	94.0
	x	97.5	93.6	70.4	66.1	101.4	57.0	82.5	80.9
5	y	99.5	99.2	106.1	85.2	106.3	84.6	92.1	101.2
	x	79.4	82.5	87.9	66.4	59.4	59.5	58.5	69.2

確率変数 Y_{jk} はすべて独立と仮定して（すなわち，同じ犬の繰返し測定を無視して），線形モデル

$$E(Y_{jk}) = \mu = \alpha + \beta x_{jk}, \quad Y \sim N(\mu, \sigma^2)$$

を当てはめよ．この pooled analysis にもとづく結果（切片 α と傾き β の推定値とその標準誤差）を，データ縮小法にもとづく結果と比較せよ．

(c) 適当なランダム効果モデルを当てはめよ．

(d) GEE によるクラスターモデルを当てはめよ．

(e) これらの方法から得られる結果を比較せよ．どの方法が最も適当と考えるか，その理由を述べよ．

11.2 (y_{jk}, x_{jk}) をクラスター j の第 k 個体の観測値とし $(j = 1, ..., J, k = 1, ..., K)$，'原点を通る回帰' モデル

$$E(Y_{jk}) = \beta x_{jk}$$

を当てはめたい．ただし，同じクラスターに属する Y の間の分散共分散行列は

$$\mathbf{V}_j = \sigma^2 \begin{bmatrix} 1 & \rho & \cdots & \rho \\ \rho & 1 & & \rho \\ \vdots & & \ddots & \vdots \\ \rho & \rho & \cdots & 1 \end{bmatrix}$$

で与えられ，別のクラスターに属する Y とは互いに独立とする．

(a) Y が正規分布に従うなら，11.3 節の結果から，

$$b = (\sum_{j=1}^{J} \mathbf{x}_j^T \mathbf{V}_j^{-1} \mathbf{x}_j)^{-1} (\sum_{j=1}^{J} \mathbf{x}_j^T \mathbf{V}_j^{-1} \mathbf{y}_j), \quad \mathrm{var}(b) = (\sum_{j=1}^{J} \mathbf{x}_j^T \mathbf{V}_j^{-1} \mathbf{x}_j)^{-1}$$

である．ただし，$\mathbf{x}_j^T = [x_{j1}, ..., x_{jK}]$ としている．β の推定値 b は不偏であることを示せ．

(b)
$$c = \frac{1}{\sigma^2 \left[1 + (K-1)\phi\rho\right]}, \quad \phi = \frac{-\rho}{1 + (K-2)\rho}$$

とおけば，

$$\mathbf{V}_j^{-1} = c \begin{bmatrix} 1 & \phi & \cdots & \phi \\ \phi & 1 & & \phi \\ \vdots & & \ddots & \vdots \\ \phi & \phi & \cdots & 1 \end{bmatrix}$$

となる．このとき，

$$\text{var}(b) = \frac{\sigma^2 \left[1 + (K-1)\phi\rho\right]}{\sum_j \left\{\sum_k x_{jk}^2 + \phi \left[(\sum_k x_{jk})^2 - \sum_k x_{jk}^2\right]\right\}}$$

が成り立つことを示せ．

(c) もしクラスターを無視できるならば，β の推定値 b^* の分散は $\text{var}(b^*) = \sigma^2 / \sum_j \sum_k x_{jk}^2$ となることを示せ．

(d) クラスター内の相関がない，すなわち $\rho = 0$ ならば，$\text{var}(b) = \text{var}(b^*)$ となることを示せ．

(e) $\rho = 1$ ならば，$\mathbf{V}_j / \sigma^2$ は 1 からなる行列となり，逆行列は存在しない．しかし，最大相関 $\rho = 1$ を持つことは，クラスター内に唯 1 つの要素しかないことに同値である．もし $K = 1$ ならば，$\text{var}(b) = \text{var}(b^*)$ となることを示せ．

(f) $\sum_k x_{jk} = 0$ かつ $\sum_k x_{jk}^2$ がすべてのクラスターについて等しくなるよう試験がデザインされているとする．$W = \sum_j \sum_k x_{jk}^2$ とするとき，

$$\text{var}(b) = \frac{\sigma^2 \left[1 + (K-1)\phi\rho\right]}{W(1-\phi)}$$

となることを示せ．

(g) 以上の記号を使えば，$\text{var}(b^*) = \sigma^2 / W$ となり，したがって，

$$\frac{\text{var}(b)}{\text{var}(b^*)} = \frac{\sigma^2 \left[1 + (K-1)\phi\rho\right]}{(1-\phi)} = 1 - \rho$$

となることを示せ．クラスターを無視すると，モデルの傾きパラメータの標準誤差の推定にどのような影響があるかを考察せよ．

11.3 同一個人の耳や目に関するデータは，古くから知られているクラスターデータの例である．例えば，左耳のデータは，右耳のデータから独立であるとは考えにくい．表 11.9

のデータは，両耳が急性中耳炎となった小児患者に対して，CEF と AMO のいずれかの抗菌治療を行い，その治療効果をまとめたものである（出典：Rosmer (1989)）．治療効果は，治癒した耳の数 (0, 1, 2) で示されている．

表 11.9 両耳が急性中耳炎となった小児を対象に CEF または AMO による治療を行った結果，治療から 14 日目の時点で，聴力が完全に回復している耳の数．抗菌薬治療の種類と小児の年齢により分類されている．Rosner(1989) のデータ

年齢	CEF 耳の数				AMO 耳の数			
	0	1	2	計	0	1	2	計
< 2	8	2	8	18	11	2	2	15
2–5	6	6	10	22	3	1	5	9
≧ 6	0	1	3	4	1	0	6	7
計	14	9	21	44	15	3	13	31

(a) 探索的な解析として，各患者における左耳と右耳の相関を無視したうえで，治療群および年齢の違いと，治療効果の関係を考察せよ．

(b) Y_{ijkl} は，年齢群 i で治療 j をうけた第 k 患者の l 番目の耳に対する反応を表す．Y_{ijkl} は 2 値変数で，1 ならば '治癒' を，0 ならば '非治癒' を意味している．このとき，可能なモデルとして，

$$\mathrm{logit}\left(\frac{\pi_{ijkl}}{1-\pi_{ijkl}}\right) = \beta_0 + \beta_1 年齢 + \beta_2 治療 + b_k$$

が考えられる．b_k は第 k 患者におけるランダム効果であり，$\beta_0, \beta_1, \beta_2$ は固定効果に関するパラメータである．このモデル（ならびに関連するその他の可能なモデル）をデータに当てはめて，2 つの治療群の効果を比較せよ．モデルの適合度はどうだろうか？治療効果について最終的にどう結論したか？

(c) 別の解析方法として，反応変数カテゴリーを，(治癒または非治癒という 2 値の代わりに) 治癒した耳の数 0, 1, 2 とする名義ロジスティック回帰モデルを考える（この方法は Rosmer がもともと実施した方法と類似している）．このモデルを当てはめて，結果を (b) で得られたものと比較せよ．置かれた仮定の妥当性，計算のしやすさ，解釈のしやすさ，を総合的に考慮したとき，どちらの方法が望ましいだろうか？

ソフトウェア

Genstat
Numerical Algorithms Group, NAG Ltd, Wilkinson House, Jordan Hill Road, Oxford, OX2 8DR, United Kingdom
http://www.nag.co.uk/

Glim
Numerical Algorithms Group, NAG Ltd, Wilkinson House, Jordan Hill Road, Oxford, OX2 8DR, United Kingdom
http://www.nag.co.uk/

Minitab
Minitab Inc., 3081 Enterprise Drive, State College, PA 16801-3008, U.S.A.
http://www.minitab.com

MLwiN
Multilevel Models Project, Institute of Education, 20 Bedford Way, London, WC1H OAL, United Kingdom
http://multilevel.ioe.ac.uk/index.html

Stata
Stata Corporation, 4905 Lakeway Drive, College Station, Texas 77845, U.S.A.
http://www.stata.com

SAS
SAS Institute Inc., SAS Campus Drive, Cary, NC 27513-2414, U.S.A.
http://www.sas.com

SYSTAT
SPSS Science, 233 S. Wacker Drive, 11th Floor, Chicago, IL 60606-6307, U.S.A.
http://www.spssscience.com/SYSTAT/

S-PLUS
Insightful Corporation, 1700 Westlake Avenue North, Suite 500, Seattle, WA 98109-3044, U.S.A.
http://www.insightful.com/products/splus/splus2000/splusstdintro.html

StatXact and LogXact
Cytel Software Corporation, 675 Massachusetts Avenue, Cambridge, MA 02139, U.S.A.
http://www.cytel.com/index.html

参考文献

Aitkin, M., Anderson, D., Francis, B. and Hinde, J. (1989) *Statistical Modelling in GLIM*, Clarendon Press, Oxford.

Altman, D. G., Machin, D., Bryant, T. N. and Gardner, M. J. (2000) *Statistics with Confidence*, British Medical Journal, London.

Altman, D. G. and Bland, J. M. (1998) Statistical notes: times to event (survival) data. *British Medical Journal*, 317, 468-469.

Agresti, A. (1990) *Categorical Data Analysis*, Wiley, New York.

Agresti, A. (1996) *An Introduction to Categorical Data Analysis*, Wiley, New York.

Ananth, C. V. and Kleinbaum, D. G. (1997) Regression models for ordinal responses: a review of methods and applications. *International Journal of Epidemiology*, 26, 1323-1333.

Andrews, D. F. and Herzberg, A. M. (1985) *Data: A Collection of Problems from Many Fields for the Student and Research Worker*, Springer Verlag, New York.

Aranda-Ordaz, F. J. (1981) On two families of transformations to additivity for binary response data. *Biometrika*, 68, 357-363.

Ashby, D., West, C. R. and Ames, D. (1989) The ordered logistic regression model in psychiatry: rising prevalence of dementia in old people's homes. *Statistics in Medicine*, 8, 1317-1326.

Australian Bureau of Statistics (1998) *Apparent consumption of foodstuffs 1996-97*, publication 4306.0, Australian Bureau of Statistics, Canberra.

Baxter, L. A., Coutts, S. M. and Ross, G. A. F. (1980) Applications of linear models in motor insurance, in *Proceedings of the 21st International Congress of Actuaries*, Zurich, 11-29.

Belsley, D. A., Kuh, E. and Welsch, R. E. (1980). *Regression Diagnostics: Identifying Influential Observations and Sources of Collinearity,* Wiley, New York.

Best, N. G., Speigelhalter, D. J., Thomas, A. and Brayne, C. E. G. (1996) Bayesian analysis of realistically complex models. *Journal of the Royal Statistical Society, Series A*, 159, 323-342.

Birch, M. W. (1963) Maximum likelihood in three-way contingency tables. *Journal of the Royal Statistical Society, Series B*, 25, 220-233.

Bliss, C. I. (1935) The calculation of the dose-mortality curve. *Annals of Applied Biology*, 22, 134-167.

Boltwood, C. M., Appleyard, R. and Glantz, S. A. (1989) Left ventricular volume measurement by conductance catheter in intact dogs: the parallel conductance volume increases with end-systolic volume. *Circulation*, 80, 1360-1377.

Box, G. E. P. and Cox, D. R. (1964). An analysis of transformations. *Journal of the Royal Statistical Society, Series B*, 26, 211-234.

Breslow, N. E. and Day, N. E. (1987) *Statistical Methods in Cancer Research, Volume 2: The Design and Analysis of Cohort Studies*, International Agency for Research on Cancer, Lyon.

Brown, C. C. (1982) On a goodness of fit test for the logistic model based on score statistics. *Communications in Statistics – Theory and Methods*, 11, 1087-1105.

Brown, W., Bryson, L., Byles, J., Dobson, A., Manderson, L., Schofield, M. and Williams, G. (1996) Women's Health Australia: establishment of the Australian Longitudinal Study on Women's Health. *Journal of Women's Health*, 5, 467-472.

Bryk, A. S. and Raudenbush, S. W. (1992). *Hierarchical Linear Models: Applications and Data Analysis Methods*. Sage, Thousand Oaks, California.

Burton, P., Gurrin, L. and Sly, P. (1998) Tutorial in biostatistics – extending the simple linear regression model to account for correlated responses: an introduction to generalized estimating equations and multi-level modelling. *Statistics in Medicine*, 17, 1261-1291.

Cai, Z. and Tsai, C.-L. (1999) Diagnostics for non-linearity in generalized linear models. *Computational Statistics and Data Analysis*, 29, 445-469.

Carlin, J. B., Wolfe, R. Coffey, C. and Patton, G. (1999) Tutorial in biostatistics – analysis of binary outcomes in longitudinal studies using weighted estimating equations and discrete-time survival methods: prevalence and incidence of smoking in an adolescent cohort. *Statistics in Medicine*, 18, 2655-2679.

Charnes, A., Frome, E. L. and Yu, P. L. (1976) The equivalence of generalized least squares and maximum likelihood estimates in the exponential family. *Journal of the American Statistical Association*, 71, 169-171.

Chatterjee, S. and Hadi, A. S. (1986) Influential observations, high leverage points, and outliers in linear regression. *Statistical Science*, 1, 379-416.

Cnaan, A., Laird, N. M. and Slasor, P. (1997) Tutorial in biostatistics – using the generalized linear model to analyze unbalanced repeated measures and longitudinal data. *Statistics in Medicine*, 16, 2349-2380.

Collett, D. (1991) *Modelling Binary Data*, Chapman and Hall, London.

Collett, D. (1994) *Modelling Survival Data in Medical Research*, Chapman and Hall, London.

Cook, R. D. and Weisberg, S. (1999) *Applied Regression including Computing and Graphics*, Wiley, New York.

Cox, D. R. (1972) Regression models and life tables (with discussion). *Journal of the Royal Statistical Society, Series B*, 74, 187-220.

Cox, D. R. and Hinkley, D. V. (1974) *Theoretical Statistics*, Chapman and Hall, London.

Cox, D. R. and Oakes, D. V. (1984) *Analysis of Survival Data*, Chapman and Hall, London.

Cox, D. R. and Snell, E. J. (1968) A general definition of residuals. *Journal of the Royal Statistical Society, Series B*, 30, 248-275.

Cox, D. R. and Snell, E. J. (1981) *Applied Statistics: Principles and Examples*, Chapman and Hall, London.

Cox, D. R. and Snell, E. J. (1989) *Analysis of Binary Data, Second Edition*, Chapman and Hall, London.

Cressie, N. and Read, T. R. C. (1989) Pearson's χ^2 and the loglikelihood ratio statistic G^2: a comparative review. *International Statistical Review*, 57, 19-43.

Crowder, M. J., Kimber, A. C., Smith, R. L. and Sweeting, T. J. (1991) *Statistical Analysis of Reliability Data*, Chapman and Hall, London.

Crowley, J. and Hu, M. (1977) Covariance analysis of heart transplant survival data. *Journal of the American Statistical Association*, 72, 27-36.

Diggle, P. and Kenward, M. G. (1994) Informative drop-out in longitudinal data analysis. *Applied Statistics*, 43, 49-93.

Diggle, P. J., Liang, K.-Y. and Zeger, S. L. (1994) *Analysis of Longitudinal Data*, Oxford University Press, Oxford.

Dobson, A. J. and Stewart, J. (1974) Frequencies of tropical cyclones in the northeastern Australian area. *Australian Meteorological Magazine*, 22, 27-36.

Draper, N. R. and Smith, H. (1998) *Applied Regression Analysis, Third Edition*, Wiley-Interscience, New York.

Duggan, J. M., Dobson, A. J., Johnson, H. and Fahey, P. P. (1986) Peptic ulcer and non-steroidal anti-inflammatory agents. *Gut*, 27, 929-933.

Egger, G., Fisher, G., Piers, S., Bedford, K., Morseau, G., Sabasio, S., Taipim, B., Bani, G., Assan, M. and Mills, P. (1999) Abdominal obesity reduction in Indigenous men. *International Journal of Obesity*, 23, 564-569.

Evans, M., Hastings, N. and Peacock, B. (2000) *Statistical Distributions, Third Edition*, Wiley, New York.

Fahrmeir, L. and Kaufmann, H. (1985) Consistency and asymptotic normality of the maximum likelihood estimator in generalized linear models. *Annals of Statistics*, 13, 342-368.

Feigl, P. and Zelen, M. (1965) Estimation of exponential probabilities with concomitant information. *Biometrics*, 21, 826-838.

Finney, D. J. (1973) *Statistical Methods in Bioassay, Second Edition*, Hafner, New York.

Fleming, T. R. and Harrington, D. P. (1991) *Counting Processes and Survival Analysis*, Wiley, New York.

Fuller, W. A. (1987) *Measurement Error Models*, Wiley, New York.

Gehan, E. A. (1965) A generalized Wilcoxon test for comparing arbitrarily singly-censored samples. *Biometrika*, 52, 203-223.

Glantz, S. A. and Slinker, B. K. (1990) *Primer of Applied Regression and Analysis of Variance*, McGraw Hill, New York.

Goldstein, H. (1995) *Multilevel Statistical Modelling, Second Edition*, Arnold, London.

Graybill, F. A. (1976) *Theory and Application of the Linear Model*, Duxbury, North Scituate, Massachusetts.

Hand, D. and Crowder, M. (1996) *Practical Longitudinal Data Analysis*, Chapman and Hall, London.

Hastie, T. J. and Tibshirani, R. J. (1990) *Generalized Additive Models*, Chapman and Hall, London.

Healy, M. J. R. (1988) *GLIM: An Introduction*, Clarendon Press, Oxford.

Hogg, R. V. and Craig, A. T. (1995) *Introduction to Mathematical Statistics, Fifth Edition*, Prentice Hall, New Jersey.

Holtbrugger, W. and Schumacher, M. (1991) A comparison of regression models for the analysis of ordered categorical data. *Applied Statistics*, 40, 249-259.

Hosmer, D. W. and Lemeshow, S. (1980) Goodness of fit tests for the multiple logistic model. *Communications in Statistics - Theory and Methods*, A9, 1043-1069.

Hosmer, D. W. and Lemeshow, S. (2000) *Applied Logistic Regression, Second Edition*, Wiley, New York.

Jones, R. H. (1987) Serial correlation in unbalanced mixed models. *Bulletin of the International Statistical Institute*, 52, Book 4, 105-122.

Kalbfleisch, J. G. (1985) *Probability and Statistical Inference, Volume 2: Statistical Inference, Second Edition*, Springer-Verlag, New York

Kalbfleisch, J. D. and Prentice, R. L. (1980) *The Statistical Analysis of Failure Time Data*, Wiley, New York.

Kleinbaum, D. G., Kupper, L. L., Muller, K. E. and Nizam, A. (1998) *Applied Regression Analysis and Multivariable Methods, Third Edition*, Duxbury, Pacific Grove, California.

Krzanowski, W. J. (1998) *An Introduction to Statistical Modelling*, Arnold, London.

Lee, E. T. (1992) *Statistical Methods for Survival Data Analysis*, Wiley, New York.

Lee, Y. and Nelder, J. A. (1996) Hierarchical generalized linear models (with discussion). *Journal of the Royal Statistical Society, Series B*, 58, 619-678.

Lewis, T. (1987) Uneven sex ratios in the light brown apple moth: a problem in outlier allocation, in *The Statistical Consultant in Action*, edited by D. J. Hand and B. S. Everitt, Cambridge University Press, Cambridge.

Liang, K.-Y. and Zeger, S. L (1986) Longitudinal data analysis using generalized linear models. *Biometrika*, 73, 13-22.

Lipsitz, S. R., Laird, N. M. and Harrington, D. P. (1991) Generalized estimating equations for correlated binary data: using the odds ratio as a measure of association. *Biometrika*, 78, 153-160.

Littell, R. C., Pendergast, J. and Natarajan, R. (2000) Tutorial in biostatistics – modelling covariance structure in the analysis of repeated measures data. *Statistics in Medicine*, 19, 1793-1819.

Little, R. J. A. and Rubin, D. B. (1987) *Statistical Analysis with Missing Data*. Wiley, New York.

Longford, N. (1993) *Random Coefficient Models*. Oxford University Press, Oxford.

Madsen, M. (1971) Statistical analysis of multiple contingency tables. Two examples. *Scandinavian Journal of Statistics*, 3, 97-106.

McCullagh, P. (1980) Regression models for ordinal data (with discussion). *Journal of the Royal Statistical Society, Series B*, 42, 109-142.

McCullagh, P. and Nelder, J. A. (1989) *Generalized Linear Models, Second Edition*, Chapman and Hall, London.

McFadden, M., Powers, J., Brown, W. and Walker, M. (2000) Vehicle and driver attributes affecting distance from the steering wheel in motor vehicles. *Human Factors*, 42, 676-682.

McKinlay, S. M. (1978) The effect of nonzero second-order interaction on combined estimators of the odds ratio. *Biometrika*, 65, 191-202.

Montgomery, D. C. and Peck, E. A. (1992) *Introduction to Linear Regression Analysis, Second Edition*, Wiley, New York.

National Centre for HIV Epidemiology and Clinical Research (1994) *Australian HIV Surveillance Report*, 10.

Nelder, J. A. and Wedderburn, R. W. M. (1972) Generalized linear models. *Journal of the Royal Statistical Society, Series A*, 135, 370-384.

Neter, J., Kutner, M. H., Nachtsheim, C. J. and Wasserman, W. (1996) *Applied Linear Statistical Models, Fourth Edition*, Irwin, Chicago.

Otake, M. (1979) *Comparison of Time Risks Based on a Multinomial Logistic Response Model in Longitudinal Studies*. Technical Report No. 5, RERF, Hiroshima, Japan.

Pierce, D. A. and Schafer, D. W. (1986) Residuals in generalized linear models. *Journal of the American Statistical Association*, 81, 977-986.

Prigibon, D. (1981) Logistic regression diagnostics. *Annals of Statistics*, 9, 705-724.

Rasbash, J., Woodhouse, G., Goldstein, H., Yang, M. and Plewis, I. (1998) *MLwiN Command Reference*. Institute of Education, London.

Rao, C. R. (1973) *Linear Statistical Inference and Its Applications, Second Edition*. Wiley, New York.

Roberts, G., Martyn, A. L., Dobson, A. J. and McCarthy, W. H. (1981) Tumour thickness and histological type in malignant melanoma in New South Wales, Australia, 1970-76. *Pathology*, 13, 763-770.

Rosner, B. (1989) Multivariate methods for clustered binary data with more than one level of nesting. *Journal of the American Statistical Association*, 84, 373-380.

Sangwan-Norrell, B. S. (1977) Androgenic stimulating factor in the anther and isolated pollen grain culture of *Datura innoxia* Mill. *Journal of Experimental Biology*, 28, 843-852.

Senn, S., Stevens, L. and Chaturvedi, N. (2000) Tutorial in biostatistics – repeated measures in clinical trials: simple strategies for analysis using summary measures. *Statistics in Medicine*, 19, 861-877.

Sinclair, D. F. and Probert, M. E. (1986) A fertilizer response model for a mixed pasture system, in *Pacific Statistical Congress* (Eds I. S. Francis et al.) Elsevier, Amsterdam, 470-474.

Trozel, A. B., Harrington, D. P. and Lipsitz, S. R. (1998) Analysis of longitudinal data with non-ignorable non-monotone missing values. *Applied Statistics*, 47, 425-438.

Verbeke, G. and Molenberghs, G. (1997) *Linear Mixed Models in Practice*. Springer Verlag, New York.

Wei, L. J. (1992) The accelerated failure time model: a useful alternative to the Cox regression model in survival analysis. *Statistics in Medicine*, 11, 1871-1879.

Winer, B. J. (1971) *Statistical Principles in Experimental Design, Second Edition*, McGraw-Hill, New York.

Wood, C. L. (1978) Comparison of linear trends in binomial proportions. *Biometrics*, 34, 496-504.

Zeger, S. L., Liang, K.-Y. and Albert, P. (1988) Models for longitudinal data: a generalized estimating equation approach. *Biometrics*, 44, 1049-60.

索引

数字・記号
2 項分布, 55, 140
2 値確率変数, 139
2 値変数, 2, 139
50% 致死量, 142

英文
ANCOVA, 4
ANOVA, 4

Box-Cox 変換, 134
BUGS, 249

Cochran の定理, 12
complementary log-log 関数, 143
Cook の距離, 109
Cox 比例ハザードモデル, 206

delta-beta, 109
delta-deviance, 109
DFFITS, 109

F 分布, 11

GEE's, 6
Genstat, 1
Glim, 1, 95

LogXact, 148

MLn, 245, 246

R^2, 113

SAS, 245
Score statistic, 100
S-PLUS, 1
Stata, 1, 246
StatXact, 148
SYSTAT, 1

t 分布, 10
Type I 検定, 107
Type III 検定, 107

WAIS, 156
WAIS スコア, 156
Wald statistic, 100

ア 行
赤池の情報量規準, 249
悪性黒色腫, 189, 194
アスピリン, 191
当てはめ値, 23

胃潰瘍, 191
一元配置分散分析, 117
一次自己回帰モデル, 239
一次抽出単位, 227
一次の交互作用, 196
一様性, 196

逸脱度, 90–93, 95, 100, 105, 151, 166, 219
逸脱度残差, 154, 185, 221
一致推定量, 87
一致性, 14
一般化加法モデル, 52
一般化推定方程式, 6, 228, 241
一般化線形モデル, 4, 58, 140
一般線形モデル, 5, 103, 133
一般ロジスティック回帰モデル, 146
入れ子, 97, 133
入れ子構造, 228
入れ子モデル, 40, 177
因子, 3

ウェクスラー式知能検査, 156
打切られている, 205

影響観測値, 108

横断研究, 163, 189, 197
オッカムのかみそり, 39
オッズ, 65
オッズ比, 159
オフセット, 183
重み付き最小2乗推定量, 16

カ 行
階層的, 97, 196
カイ2乗分布, 9
過剰適合, 150
仮説検定, 4, 81, 97, 98, 105
加速故障時間, 212
加速故障時間モデル, 207, 224
カテゴリー変数, 2
カプラン・マイヤー推定, 213
加法モデル, 124
寛解持続期間, 214
間隔尺度, 2
頑健, 238

完全ランダム化実験, 117
完全ランダム欠測, 248
ガンマ分布, 80

記憶の欠如, 209
擬似 R^2, 167
擬似スコア方程式, 241
記述的なデータ解析, 228
基準カテゴリー, 165
球形, 238
級内相関係数, 238
共役分布, 246
共線性, 115
共分散分析, 4, 103, 130
共変量, 3, 130
共変量パターン, 158
局外パラメータ, 28, 53
曲線下面積, 234
極値分布, 65, 143
許容値分布, 141

区間推定, 67, 81
クラスター, 227
クラスター間分散, 243
クラスターサンプリング, 6, 242
クラスターデータ, 228
クラスター内相関係数, 243
繰返し, 90, 117, 123
繰返し測定, 228
繰返し測定値, 6
繰返し測定分散分析, 228, 239
繰返し測定モデル, 236, 240

経験生存関数, 213
経時データ, 227
形状パラメータ, 80
計数, 3, 181
結果変数, 2
欠測データ, 248

索　引　261

決定係数, 113, 114

交換可能, 238
交互作用効果, 124
交差, 123, 133
構造的ゼロ, 201
恒等関数, 60
恒等連結関数, 103
故障時間, 2
コックス・スネル残差, 220
固定効果, 229, 244
コーディング, 41
混合モデル, 229, 244, 245

サ　行

サイクロン, 17
最小 2 乗推定, 15, 104
最小 2 乗推定量, 104
最小 2 乗法, 15
最小モデル, 113, 153
再生性, 10
最大モデル, 90
最尤推定, 13, 73, 104
最尤推定値, 23
最尤推定量, 13, 69, 87, 88, 100, 104
最尤法, 16
作業相関行列, 241
残差, 23, 30, 37, 107
残差最尤法, 245
残差統計量, 153

試行, 55
指示変数, 42, 183
指数型分布族, 4, 52
指数型分布族の性質, 55
指数分布, 207, 209
指数モデル, 217
自然パラメータ, 53
質的, 3

死亡率, 62
射影行列, 108
尺度つき逸脱度, 95
尺度パラメータ, 95
重回帰, 5, 110
重回帰分析, 103
重相関係数, 115
従属変数, 2
十二指腸潰瘍, 191
十分性, 14
集落サンプリング, 6
縮小モデル, 124
主効果, 124
出生時体重, 26
順序尺度, 2
順序分類, 2
順序ロジスティック回帰, 5, 163
情報行列, 74, 86
情報サンドイッチ推定量, 238
情報量, 58
症例対照, 199
症例対照研究, 191
信号, 39, 60
診断統計量, 108
信頼区間, 81

水準, 3
推定量, 13
スコア関数, 69
スコア統計量, 57, 83–85, 100
スコアベクトル, 86
スコア法, 71
ステップワイズ回帰, 115

正規確率プロット, 38, 154
正規順序統計量, 38
正規線形モデル, 60
正規分布, 8, 54
正規方程式, 29

正準形, 53, 59
生存関数, 207
生存時間, 205
生存時間解析, 5
正定値, 12
生物検定法, 5, 141
積多項分布, 191, 193
積多項モデル, 194
積 2 項分布, 203
積分ハザード関数, 208
積極限推定値, 213
説明変数, 2
節約の原則, 40
セミパラメトリックモデル, 206
漸近正規性, 14
漸近的な期待値, 83
漸近有効性, 14
線形結合, 7
線形混合モデル, 245
線形重回帰, 4
線形成分, 36
線形モデル, 141
潜在変数, 173

相対ハザード, 210

タ 行
対数オッズ, 167
対数オッズスケール, 174
対数線形モデル, 5, 163, 182, 195
対数尤度関数, 13, 16, 23
対数尤度比統計量, 89, 91
対数累積ハザード関数, 211, 216
対数連結関数, 63, 79
対数ロジスティック分布, 224, 225
多項分布, 164
多項変数, 2
多項モデル, 193
多項ロジスティック回帰, 5

多重共線性, 115
多段階モデル, 6, 228, 242
多変量アプローチ, 240
多変量正規分布, 8
ダミー変数, 42
単回帰, 42
探索的データ解析, 35
探索的な解析, 233, 248
単純な解析, 232
端点制約, 44
端点制約によるパラメータ化, 120

中央生存時間, 208
中心 F 分布, 11
中心カイ 2 乗分布, 9
中心極限定理, 82
超過分散, 54, 155, 201
直交, 106
直交性, 106

定性反応, 141
テイラー級数近似, 86
テイラー展開, 151
適合度, 4
適合度カイ 2 乗統計量, 25
適合度統計量, 82
てこ比, 108, 184
デザイン行列, 42
データ縮小アプローチ, 247
データの縮小・要約, 233
点推定, 67

統計モデル構築, 35
等相関, 238
等分散性, 39
独立変数, 2
度数, 3, 181

ナ 行

二元配置分散分析, 123
二次形式, 11
ニュートン・ラプソンアルゴリズム, 67, 70
ニュートン・ラプソン法, 207
妊娠期間, 26

ノイズ, 39, 60
脳卒中発作, 230

ハ 行

曝露, 160, 167, 182
ハザード関数, 207, 208
ハザード比, 210
外れ値, 108
白血病, 159, 223
ハット行列, 94, 108
パラメータ空間, 13
バランスしている, 129
反応変数, 2
反復重み付き最小2乗法, 75

ピアソンカイ2乗残差, 166
ピアソンカイ2乗統計量, 151, 166
ピアソン残差, 154, 184
ピアソン統計量, 152
ピアソンの適合度統計量, 38
ピーク値, 234
比尺度, 2
非心 F 分布, 11
非心カイ2乗分布, 9
非心パラメータ, 9
非正規データ, 240
左側打切り, 206
非負定値, 12
標準化逸脱度残差, 154
標準化残差, 24, 30, 37, 108
標準化ピアソン残差, 154, 184

標準正規分布, 8
比例オッズモデル, 174, 225
比例ハザードモデル, 210, 224

複合対称, 238
負定値, 14
負の2項分布, 201
フーバー推定量, 238
不偏推定量, 104
不変性, 14
プールした解析, 233
フルモデル, 90
ブロック対角形, 237
プロビット分析, 5
プロビットモデル, 142
分割表, 5, 189, 193
分散拡大因子, 115
分散共分散行列, 8, 16
分散分析, 4, 103, 116

併合可能性, 175
ベースラインハザード, 210

ポアソン回帰, 5, 182
ポアソン分布, 14, 53, 181
ポアソンモデル, 190, 193
包括帰無仮説, 186
放射線, 159
飽和モデル, 89, 124
ホズマー・レメショウ統計量, 152

マ 行

前向き研究, 163
マルチンゲール残差, 221

右側打切り, 206

無構造相関行列, 239

名義尺度, 2
名義分類, 2

名義ロジスティック回帰, 5, 163, 165

モデル選択, 115
モデルのチェック, 37

ヤ　行

尤度関数, 13, 16
尤度比カイ2乗統計量, 153, 167

用量, 5
用量反応モデル, 141
予測変数, 2

ラ　行

ランダム化比較試験, 190
ランダム係数モデル, 245
ランダム効果, 229, 244

罹患, 160
離散尺度, 206
離散変数, 2
率比, 183
量的, 3

隣接カテゴリーロジットモデル, 176

累積ハザード関数, 208
累積ロジットモデル, 174

零和制約, 44, 120
連結関数, 52, 59, 103
連続尺度, 206
連続的な測定値, 2
連続比ロジットモデル, 176

ロジスティック関数, 65
ロジスティックモデル, 143
ロジット関数, 65, 143
ロジットスケール, 174
ロジットモデル, 143
ロバスト, 238

ワ　行

ワイブル比例ハザードモデル, 218
ワイブル分布, 67, 69, 207, 211
ワルド検定, 177
ワルド統計量, 87, 100

MEMO

MEMO

MEMO

MEMO

訳者紹介

田中　豊（たなか　ゆたか）
1962年　東京大学工学部応用物理学科卒業
現　在　岡山大学名誉教授・理学博士

森川敏彦（もりかわ　としひこ）
1970年　東京大学工学部計数工学科卒業
元　　　久留米大学教授・数理学博士

山中竹春（やまなか　たけはる）
2000年　早稲田大学大学院理工学研究科数学専攻修了
現　在　横浜市立大学医学部教授・博士（理学）

冨田　誠（とみた　まこと）
2001年　岡山大学大学院自然科学研究科修了
現　在　横浜市立大学大学院データサイエンス研究科
　　　　教授・博士（理学）

一般化線形モデル入門
原著 第2版

原題：*An Introduction to Generalized Linear Models* 2nd edition

2008年9月10日　初版1刷発行
2023年9月10日　初版10刷発行

訳　者　田中　豊・森川敏彦　　　ⓒ 2008
　　　　山中竹春・冨田　誠

発行者　南條光章

発行所　共立出版株式会社
　　　　〒112-0006
　　　　東京都文京区小日向 4-6-19
　　　　電話　03-3947-2511（代表）
　　　　振替口座　00110-2-57035
　　　　URL www.kyoritsu-pub.co.jp

印　刷　啓文堂
製　本　協栄製本

検印廃止
NDC 417

ISBN 978-4-320-01867-9　　Printed in Japan

一般社団法人
自然科学書協会
会員

JCOPY ＜出版者著作権管理機構委託出版物＞
本書の無断複製は著作権法上での例外を除き禁じられています．複製される場合は，そのつど事前に，出版者著作権管理機構（TEL：03-5244-5088，FAX：03-5244-5089，e-mail：info@jcopy.or.jp）の許諾を得てください．

◆ 色彩効果の図解と本文の簡潔な解説により数学の諸概念を一目瞭然化！

ドイツ Deutscher Taschenbuch Verlag 社の『dtv-Atlas事典シリーズ』は，見開き２ページで１つのテーマが完結するように構成されている．右ページに本文の簡潔で分り易い解説を記載し，かつ左ページにそのテーマの中心的な話題を図像化して表現し，本文と図解の相乗効果で理解をより深められるように工夫されている．これは，他の類書には見られない『dtv-Atlas 事典シリーズ』に共通する最大の特徴と言える．本書は，このシリーズの『dtv-Atlas Mathematik』と『dtv-Atlas Schulmathematik』の日本語翻訳版．

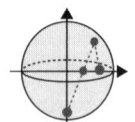

カラー図解 数学事典

Fritz Reinhardt・Heinrich Soeder [著]
Gerd Falk [図作]
浪川幸彦・成木勇夫・長岡昇勇・林 芳樹 [訳]

数学の最も重要な分野の諸概念を網羅的に収録し，その概観を分り易く提供．数学を理解するためには，繰り返し熟考し，計算し，図を書く必要があるが，本書のカラー図解ページはその助けとなる．

【主要目次】 まえがき／記号の索引／序章／数理論理学／集合論／関係と構造／数系の構成／代数学／数論／幾何学／解析幾何学／位相空間論／代数的位相幾何学／グラフ理論／実解析学の基礎／微分法／積分法／関数解析学／微分方程式論／微分幾何学／複素関数論／組合せ論／確率論と統計学／線形計画法／参考文献／索引／著者紹介／訳者あとがき／訳者紹介

■菊判・ソフト上製本・508頁・定価6,050円(税込)■

カラー図解 学校数学事典

Fritz Reinhardt [著]
Carsten Reinhardt・Ingo Reinhardt [図作]
長岡昇勇・長岡由美子 [訳]

『カラー図解 数学事典』の姉妹編として，日本の中学・高校・大学初年級に相当するドイツ・ギムナジウム第5学年から13学年で学ぶ学校数学の基礎概念を1冊に編纂．定義は青で印刷し，定理や重要な結果は緑色で網掛けし，幾何学では彩色がより効果を上げている．

【主要目次】 まえがき／記号一覧／図表頁凡例／短縮形一覧／学校数学の単元分野／集合論の表現／数集合／方程式と不等式／対応と関数／極限値概念／微分計算と積分計算／平面幾何学／空間幾何学／解析幾何学とベクトル計算／推測統計学／論理学／公式集／参考文献／索引／著者紹介／訳者あとがき／訳者紹介

■菊判・ソフト上製本・296頁・定価4,400円(税込)■

www.kyoritsu-pub.co.jp　　共立出版　　(価格は変更される場合がございます)